高等学校计算机基础教育系列教材

信息技术基础

王燚堂 主编

清华大学出版社
北京

内 容 简 介

本书根据《高等职业教育专科信息技术课程标准(2021年版)》编写,是一本全面而深入的信息技术教材,旨在培养学生的信息素养、计算思维和计算机应用能力。本书共包含8章,其中,第1章为信息技术基础知识,第2章为新一代信息技术概述,第3章为操作系统与计算机安全,第4章为信息网络与信息检索,第5章为信息素养,第6章为文档的编辑与排版,第7章为数据信息统计与分析,第8章为信息多媒体展示。

本书内容深入浅出,讲解通俗易懂、条理分明,以 WPS Office 办公软件为操作环境,重点培养学生的实际操作技能,实践任务配有操作演示视频,使读者能快速掌握计算机的有关实用知识和操作技能,可供高等学校各专业学生使用,也可作为全国计算机等级考试或计算机初学者的参考用书。

图书在版编目(CIP)数据

信息技术基础/王燚堂主编. -- 北京:清华大学出版社,2025.6. --(高等学校计算机基础教育系列教材). -- ISBN 978-7-302-69445-8

Ⅰ. TP3

中国国家版本馆 CIP 数据核字第 2025S0F578 号

责任编辑:龙启铭　王玉梅
封面设计:何凤霞
责任校对:王勤勤
责任印制:曹婉颖

出版发行:清华大学出版社
　　　　　网　　　址:https://www.tup.com.cn,https://www.wqxuetang.com
　　　　　地　　　址:北京清华大学学研大厦 A 座　　　　邮　　编:100084
　　　　　社 总 机:010-83470000　　　　邮　　购:010-62786544
　　　　　投稿与读者服务:010-62776969,c-service@tup.tsinghua.edu.cn
　　　　　质量反馈:010-62772015,zhiliang@tup.tsinghua.edu.cn
　　　　　课件下载:https://www.tup.com.cn,010-83470236
印 装 者:天津安泰印刷有限公司
经　　　销:全国新华书店
开　　　本:185mm×260mm　　　印　　张:18.25　　　字　　数:422 千字
版　　　次:2025 年 7 月第 1 版　　　印　　次:2025 年 7 月第 1 次印刷
定　　　价:59.00 元

产品编号:107278-01

前言

当今社会,信息技术已经成为经济社会转型与发展的主要驱动力,是建设创新型国家、制造强国、质量强国、网络强国、数字中国、智慧社会的基础支撑。"信息技术基础"课程是高等职业院校及其他各类高等院校开设范围最广的一门公共基础课,同时也是一门实践性和应用性都很强的课程。课程旨在帮助学生增强信息意识,提升计算思维,提高数字化创新与发展能力,促进专业技术与信息技术的融合,树立正确的信息社会价值观和责任感,为其职业发展、终身学习和服务社会奠定基础。

本书根据教育部最新制定的《高等职业教育专科信息技术课程标准(2021年版)》,以及北京卫生职业学院高质量发展"筑基行动"计划(2023—2025年)的具体要求编写而成。本书紧紧围绕信息意识、计算思维、数字化创新与发展、信息社会责任4项学科核心素养进行设计和编写,吸纳信息技术领域的前沿技术,通过理实一体化教学,提升学生应用信息技术解决问题的综合能力,从而培养适应职业岗位对信息技术技能要求的高素质技术技能人才。

本书理论部分简明扼要,充分考虑各层次学生的接受能力,尽量使内容深入浅出,讲解通俗易懂、条理分明;技能操作以 WPS Office 办公软件为环境,重点培养学生的实际操作技能,实践任务有操作演示视频,使学生能快速掌握计算机的有关实用知识和操作技能,并用来解决实际问题。在教学内容安排上,本书围绕培养学生的办公自动化操作能力而设计,内容分为8章,包括信息技术基础知识、新一代信息技术概述、操作系统与计算机安全、信息网络与信息检索、信息素养、文档的编辑与排版、数据信息统计与分析、信息多媒体展示。

本书的编写还参考了《全国计算机等级考试一级 WPS Office 考试大纲(2023年版)》和《全国计算机等级考试二级 WPS Office 高级应用与设计考试大纲(2023年版)》要求,可作为考试参考书使用。

本书由北京卫生职业学院王燚堂任主编,付名玮、牛庆亚、赵君任副主编,程思、曹玉娥、刘艺鸣、刘海娇参编。具体编写分工:第1章由王燚堂编写,第2章由刘艺鸣编写,第3章由程思编写,第4章由曹玉娥编写,第5章由刘海娇编写,第6章由赵君编写,第7章由付名玮编写,第8章由牛庆亚编写。本书为全国高等学校计算机教育研究会2025年规划教材建设课题(课题编号:CERACU2025P02)、北京卫生职业学院"筑基行动计划—教育教学改革平台"项目课题(项目编号:XJ2023001702)立项项目。本书是北京卫生职业学院与北京金山办公软件股份有限公司校企合作"书证融通"项目,在编写过程中,得到了北京金山办公软件股份有限公司的大力支持和帮助。本书还是北京市高等教育学会计算机教育研究分会推荐教材。清华大学出版社为本书的及时出版做了大量工作,在此一并表示感谢!

由于本书编写时间较紧,加之编者水平有限,书中难免存在缺漏之处,恳请读者不吝赐教。

编　者

2025 年 5 月于北京

目录

第 **1** 章 信息技术基础知识

在学习计算机应用技能知识之前,我们需要对一些理论基础的知识进行了解,掌握相关的基础知识,能够正确地认识并使用计算机。本章我们主要学习信息与计算机的相关概念,计算机系统的组成,计算机中数据与信息编码,程序设计概述等内容。建立信息思维,培育信息素养,提升信息处理能力,以信息技术知识为基础培养跨学科解决具体问题的能力,是本章学习的目标。

1.1 信息技术与计算机发展

知识目标:
- 了解信息技术的概念。
- 掌握计算机的发展过程、特点和应用领域。

能力目标:
- 掌握计算机的工作原理,了解工作岗位中应具备的计算机应用能力。

素养目标:
- 培养信息意识、科技创新精神,建立职业信息素养。

本节内容思维导图如图 1.1 所示。

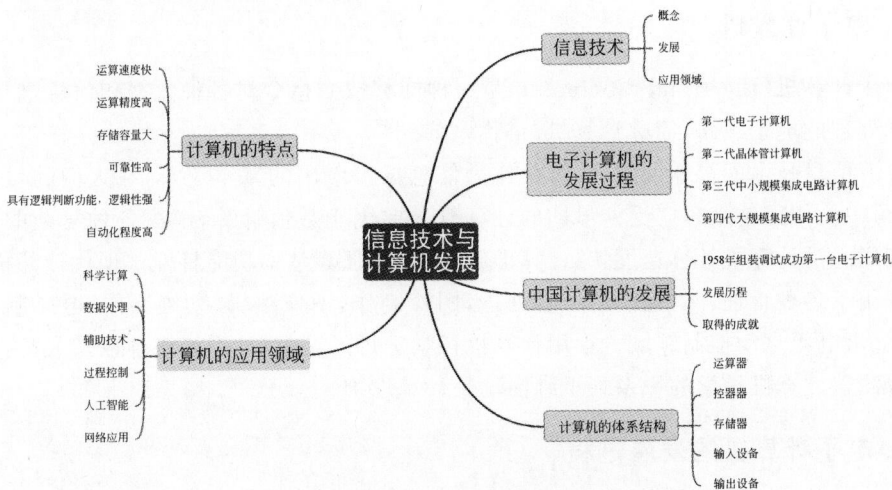

图 1.1 信息技术与计算机发展思维导图

当今是信息社会,信息的处理、存储大多数情况下使用计算机完成。计算机的产生与发展对各行各业都有着深远的影响。计算机有什么样的特点？应用在哪些领域？计算机体系有哪些组成以及计算机是如何处理信息的？学习完本部分知识,我们将能够回答这些问题。

【思考】

问题1：你了解电子计算机的发展历程吗？

问题2：电子计算机的应用领域有哪些？

问题3：结合所学专业,思考工作岗位中应具备哪些信息技术应用能力。

1.1.1　信息技术与电子计算机

1. 信息技术

信息技术(Information Technology)是指利用电子设备和计算机技术来处理、存储、传输、显示和应用信息的一种综合性技术。它是在计算机技术的基础上发展起来的,是数字化时代特有的技术体系。从更广义的角度来看,信息技术是指以计算机技术为基础,通过信息系统、通信网络和软件开发等手段,实现信息的获取、传输、加工和应用的一系列技术和方法。

信息技术的发展经历了5个阶段：语言的应用,文字的出现和使用,印刷术的发明与使用,电报、电话、广播、电视的发明和普及,计算机和计算机网络的普及。

信息技术的应用包括计算机硬件和软件、网络和通信技术、应用软件开发工具等。计算机和互联网普及以来,人们日益普遍地使用计算机来生产、处理、交换和传播各种形式的信息(如书籍、文件、报刊、唱片、电影、电视节目、语音、图形、图像等)。以计算机为代表的信息技术引发了第三次工业革命,在信息技术发展和扩展的过程中,信息技术在医疗、教育、金融、制造业、零售业、交通运输等领域应用广泛,深刻地改变着人类生产生活方式。

2. 电子计算机

电子计算机(Electronic Computer)是一种能够按照指令对各种数据和信息进行自动加工和处理的电子设备,简称计算机,俗称电脑。

随着信息技术的高速发展,计算机作为信息技术应用的基本工具,在人们的生活、工作、学习中使用得越来越广泛。早期的计算机主要用于数值计算,解决各种复杂的计算,此时利用的是计算机计算速度快、计算准确、逻辑性强等基本功能特性。现代计算机已经发展到用于各种管理,文字处理,声音处理,图片制作,图像编辑,动画制作,电影制作,以及机器、家电等自动控制领域。运用计算机科学进行问题求解、系统设计以及人类行为的理解等涵盖计算机科学的一系列思维活动是计算思维。

3. 电子计算机的发展过程

1936年,英国科学家阿兰·麦席森·图灵(Alan Mathison Turing)发表了著名的关于"理想计算机"的论文,后人将该论文描述的计算机称为图灵机(Turing Machine)。图灵机由 3 部分组成,包括一条带子、一个读写头和一个控制装置。图灵机理论的出现不但解决了数理逻辑的一个基础理论问题,而且证明了通用数字计算机是可能被制造出来的。一般认为,现代计算机的基本概念源于图灵,为纪念图灵对计算机的贡献,美国计算机协会于 1966 年设立了"图灵奖",专门奖励那些对计算机事业做出重要贡献的个人,有"计算机界的诺贝尔奖"之称。

世界上公认的第一台电子计算机 ENIAC(Electronic Numerical Integrator And Computer),即电子数字积分计算机,于 1946 年 2 月诞生在美国宾夕法尼亚大学,由莫尔电机工程学院的约翰·莫克利(John Mauchley)和约翰·普雷斯珀·埃克特(John Presper Eckert)研制发明,该计算机的主要任务是计算弹道轨迹,后来经过多次改进,成为能进行各种科学计算的通用电子计算机。

ENIAC 如图 1.2 所示,长 30.48 米,宽 6 米,高 2.4 米,有 30 个操作台,耗电量 150 千瓦。它包含了 18000 多只电子管,1500 个继电器,70000 多只电阻,10000 多只电容,计算速度是每秒 5000 次加法或 400 次乘法,是使用继电器运转的机电式计算机的 1000 倍、手工计算的 20 万倍。与以前的计算工具相比,它的计算速度快、精度高,能按给定的程序自动进行计算。但与现代计算机相比,它的运算速度较慢,容量小,操作复杂,稳定性差。尽管如此,这台计算机的问世,仍标志着电子计算机时代的开始,开创了计算机的新纪元。

图 1.2　ENIAC

随着电子技术的发展,电子计算机依据使用的主要元器件可以分为 4 个阶段。

第一代(1946—1958 年)是电子管计算机时代。这一代计算机的逻辑元件采用电子管,如图 1.3 所示。使用机器语言编程,机器语言之后又产生了汇编语言。代表机型有 ENIAC、IBM650(小型机)、IBM709(大型机)等。

第二代(1959—1964 年)是晶体管计算机时代。这一代计算机逻辑元件采用晶体管,如图 1.4 所示。出现了管理程序和 COBOL、FORTRAN 等高级编程语言。代表机型有 IBM7090、IBM7094、CDC7600 等。

图 1.3 电子管计算机

图 1.4 晶体管计算机

第三代(1965—1970年)是中小规模集成电路计算机时代。这一代计算机逻辑元件采用中、小规模集成电路,如图1.5所示。出现了操作系统和诊断程序,高级语言更加流行,如BASIC、Pascal、APL等。代表机型有IBM360系列、富士通F230系列等。

第四代(1971年至今)是大规模集成电路计算机时代。这一代计算机逻辑元件是大规模和超大规模集成电路,使用微处理器(Microprocessor)芯片,如图1.6所示。这一代计算机速度快、存储容量大、外部设备种类多、用户使用方便、操作系统和数据库技术进一步发展。计算机技术与网络技术、通信技术相结合,使计算机应用进入了网络时代,多媒体技术的兴起扩大了计算机的应用领域。

图 1.5 中小规模集成电路计算机

图 1.6 大规模集成电路计算机

微型计算机随着集成电路技术的发展而发展,集成电路的发展经历了5个发展阶段,如表1.1所示。

表 1.1 集成电路发展情况表

年 代	处理数据的字长	代 表 型 号
第一代(1971—1973年)	4位或准8位微型计算机	CPU的代表是Intel4004、Intel8008
第二代(1974—1977年)	8位微型计算机	CPU的代表是Intel8080、M6800、Z80
第三代(1978—1980年)	16位微型计算机	CPU的代表为Intel8086、M68000、Z8000
第四代(1981—1992年)	32位微型计算机	CPU的代表是Intel80386、Intel 80486、IAPX432、MAC2、HP32、M68020
第五代(1993年至今)	64位微型计算机	CPU的代表是Pentium芯片、Alpha芯片

4. 中国计算机的发展

中华人民共和国成立后,开始研制计算机,近年超级计算机的研发已进入世界先进水平。中国计算机的研制起步于 20 世纪 50 年代。与国外计算机发展历程相同,国内计算机的发展也经历了从早期的基于电子管、晶体管的计算机,到基于中小规模集成电路的计算机,一直到基于超大规模集成电路的计算机的过程。相对于国际上计算机研制的状况,国内计算机研制起步较晚,但是经过科研人员的艰苦努力,直至目前,中国计算机在很多方向的研究走在世界前沿,且部分研究已达到国际领先水平。

1956 年,我国开始制订计算机的发展规划。

1957 年,筹建中国第一个计算技术研究所。

1958 年,组装调试成功第一台电子管计算机 103 机。

1960 年,夏培肃院士领导的科研小组首次自行设计研制成功一台小型通用电子数字计算机 107 机。

1964 年,我国第一台自行设计的大型通用数字电子管计算机 119 机研制成功。

1965 年,中国科学院计算技术研究所研制成功了我国第一台大型晶体管计算机,在我国两弹试制中发挥了重要作用,被誉为"功勋机"。

1977 年,中国第一台微型计算机 DJS-050 机研制成功。

1983 年,第一台运算速度达 1 亿次的银河Ⅰ型巨型计算机问世。

20 世纪 90 年代,我国独立自主研发了"银河""曙光""神威"等巨型计算机。

2009 年,自主研发的超级计算机"天河一号"每秒峰值运算速度达 1206 万亿次,运行速度最快,为当时世界第一。

2013 年 5 月,我国研制成功"天河二号"计算机,如图 1.7 所示。每秒峰值运算速度达 5 亿亿次,再次荣登世界第一。

2016 年 6 月 20 日,我国研制成功的"神威·太湖之光"计算机,每秒峰值运算速度达 12.5 亿亿次,运行速度世界第一。

2020 年 12 月,我国研制成功量子计算原型机"九章"。

2023 年 12 月 6 日,中国发布了最新的超级计算机——天河星逸,如图 1.8 所示。其每秒峰值运算速度达到 62 亿亿次,位居全球第二。"天河星逸"以应用为中心,采用国产先进计算架构、高性能多核处理器、高速互联网络、大规模存储等关键技术构建,全面满足高性能计算、AI 大模型训练、大数据分析等应用场景需求。

图 1.7　天河二号

图 1.8　天河星逸

近年来,中国在超级计算机领域取得了令人瞩目的成就,从引进国外技术到自主研发,从跟随世界潮流到局部领先,从关键核心技术受制于人到实现安全自主可控,展现了中国在科技创新领域的雄心壮志和实力崛起。

1.1.2 计算机的特点与应用领域

1. 计算机的特点

计算机是一种可以进行自动控制、具有记忆功能的现代化计算工具和信息处理工具。计算机之所以能够被应用于各个领域,能够完成各种复杂的工作,主要因为它有以下六方面的特点。

(1) 运算速度快。现代巨型计算机系统的运算速度已达到每秒千万亿次浮点运算。例如 2016 年 6 月 20 日,在法兰克福世界超算大会上,国际 TOP500 组织发布的榜单显示,我国的"神威·太湖之光"超级计算机系统登顶榜单之首,不仅速度比第二名"天河二号"快出近两倍,其效率也提高了三倍。计算机的运行速度越来越快,在以前人工需要进行几年、几十年完成的数据计算量,现在利用电子计算机只需要几天或几小时甚至几分钟就可以完成。

(2) 运算精度高。在计算机运算过程中,其字长越长则表示数的范围就越大,同时运算精度也就越高。随着计算机硬件技术的不断发展,计算机的字长也在不停地增加,使得它能够满足高精度数值计算的需要。例如对圆周率的计算,数学家们经过长期艰苦的努力只算到了小数点后 500 位,而使用计算机很快就能够算到小数点后 200 万位。

(3) 存储容量大。计算机的存储器可以存储大量数据,这使计算机具有了"记忆"功能。目前计算机的存储容量越来越大,已高达千兆数量级。计算机具有"记忆"功能,是与传统计算工具的一个重要区别。

(4) 可靠性高。计算机基于数字电路的工作原理,而在数字电路中表示"0""1"这样的二进制数非常方便,其运行状态稳定,加上计算机内部电路所采用的各种校验手段,使得计算机具有非常高的可靠性。

(5) 具有逻辑判断功能,逻辑性强。计算机不仅能进行数值运算,还可以进行逻辑运算,即对文字或符号等非数值计算问题进行判断和比较,进行逻辑分析和证明。计算机内部含有的算术和逻辑运算单元,加上程序的控制,就可以让计算机进行各种复杂的推理。这样,在人工智能等研究方面,计算机就可以发挥出巨大的作用。

(6) 自动化程度高、通用性强。计算机内部操作是按照人们事先编制的程序自动执行的,不需要人工操作和干预。现代计算机不仅可以用于数据计算,还可以用于数据处理、工业控制、辅助设计等,具有很强的通用性和可靠性。当前所说的通用计算机,一般理解为至少要能够面向科学计算、信息处理以及自动控制三个应用领域。

2. 计算机的应用领域

计算机以其速度快、精度高、能记忆、会判断和自动化等特点,经过短短几十年的发展,它的应用已经渗透到人类社会的各方面,可谓无所不在。从国民经济各部门到生产和工作领域,从家庭生活到消费娱乐,到处都可见到计算机的应用,例如计算机技术在医学中的医院信息系统、医学图像处理与图像识别、远程医疗等方面有着重要的应用。总的来讲,计算机的应用领域可以归纳为6大类:科学计算、信息处理、辅助技术、过程控制、人工智能、网络应用。

(1) 科学计算。科学计算(Scientific Calculation)是计算机应用最早的领域。科学计算是指应用计算机处理科学研究和工程技术中所遇到的大量的、复杂的数学计算问题,这些问题用一般的计算工具来解决非常困难,而用计算机来处理却非常容易。科学计算主要包括建立数学模型、建立求解的计算方法和计算机实现三个阶段。

(2) 数据处理(信息处理)。数据处理(Data Processing)是指用计算机对大量数据进行加工、存储、统计、分析等工作,其目的是为有各种需求的人们提供有价值的信息,作为管理和决策的依据。例如,市场信息分析、人口普查资料的统计、企业财务管理、商品信息记录等都是信息处理的例子,数据处理成为计算机应用最广泛的领域之一。

(3) 辅助技术。计算机辅助技术主要包括以下几方面。

计算机辅助设计(Computer Aided Design,CAD)是指利用计算机来帮助设计人员进行设计,如飞机设计、船舶设计、建筑设计、机械设计、集成电路设计等。采用计算机辅助设计可降低设计人员的工作量,提高工作效率,缩短产品开发周期,提高产品质量。

计算机辅助制造(Computer Aided Manufacturing,CAM)就是用计算机进行生产设备的管理、控制和操作的过程,用计算机来控制其运行,处理生产过程中的数据,控制材料的流动,对产品进行检验等。使用CAM技术可以提高产品的质量,提高生产效率,改善劳动强度。

计算机辅助工程(Computer Aided Engineering,CAE)就是将工程的各个环节有机地组织起来,应用计算机技术、现代管理技术、信息科学技术等科学技术的成功结合,实现全过程的科学化、信息化管理,以取得良好的经济效益和优良的工程质量。CAE包含计算机辅助工程计划管理、计算机辅助工程设计、计算机辅助工程施工管理及工程文档管理等。

计算机辅助测试(Computer Aided Test,CAT)是指利用计算机协助进行测试的一种方法。在教学领域,可以使用计算机对学生的学习效果进行测试和对学习能力进行估量;在软件开发领域,可以使用计算机进行软件的测试,提高测试效率。

计算机辅助教学(Computer Aided Instruction,CAI)是在计算机辅助下进行的各种教育和学习活动。教师可以利用计算机创设仿真的情境,在教学中讨论教学内容、安排教学进程、进行教学训练,向学生提供丰富的学习资源,提高教学效果。CAI可实现在计算机辅助下的师生交互,构成新型的人机交互学习系统,学习者可以自主确定学习计划和进度,既灵活又方便。

(4) 过程控制。计算机过程控制(Process Control)是指用计算机对工业过程或生产装置的运行状况进行检测,并实施生产过程自动控制。例如通过集散控制系统(Distribute Control System)对冶金、石油、化工、纺织、电力等连续生产过程进行控制,实现生产过程自动化。

(5) 人工智能。人工智能(Artificial Intelligence,AI)是利用计算机对人的智能进行模拟,模仿人的感知能力、思维能力和行为能力的计算机等多门类技术应用系统,应用领域包括机器视觉、指纹识别、人脸识别、视网膜识别、虹膜识别、掌纹识别、专家系统、自动规划、智能搜索、自动程序设计、智能控制、机器人学、语言和图像理解、遗传编程等。

(6)网络应用。计算机从孤立使用到联网使用,带来了重大的变革,计算机之间能够实现数据和信息共享。从局域网到广域网,到互联网和移动互联网,海量的知识、信息在网上传播,为人们方便、快捷地获取信息创造了条件。网络应用是目前计算机应用最普遍的领域和方式之一。

信息技术与计算机的应用越来越广泛,也越来越深入。例如,随着信息科学与计算机技术在医疗卫生各个领域的应用和发展,医学信息化进程正在不断加快,也建立了相应的信息标准体系和一系列的信息标准内容,不但满足了基本的健康医疗信息化的工作需要,而且积极推动着智慧医疗、医疗协作、数据共享的落地应用。

1.1.3　计算机的体系结构

美籍匈牙利科学家冯·诺依曼(von Neumann)在 ENIAC 的研制过程中加入了莫克利和埃克特的 ENIAC 研制小组。针对 ENIAC 在存储程序方面存在的致命弱点总结并提出两点改进意见:其一是计算机内部直接采用二进制数进行计算;其二是将指令和数据存储起来,由程序控制计算机自动执行。他提出了全新的"存储程序通用电子计算机方案"——EDVAC(Electronic Discrete Variable Automatic Computer),这对后来计算机的设计有决定性的影响,特别是确定了计算机的结构采用存储程序及二进制编码,其工作原理的核心是"存储程序"和"程序控制",就是通常所说的"存储程序"的概念。当前的计算机主要是基于冯·诺依曼体系结构设计的。人们把按照这一原理设计的计算机称为"冯·诺依曼型计算机",因此冯·诺依曼也被称为"现代计算机之父"。当代计算机体系结构如图 1.9 所示。

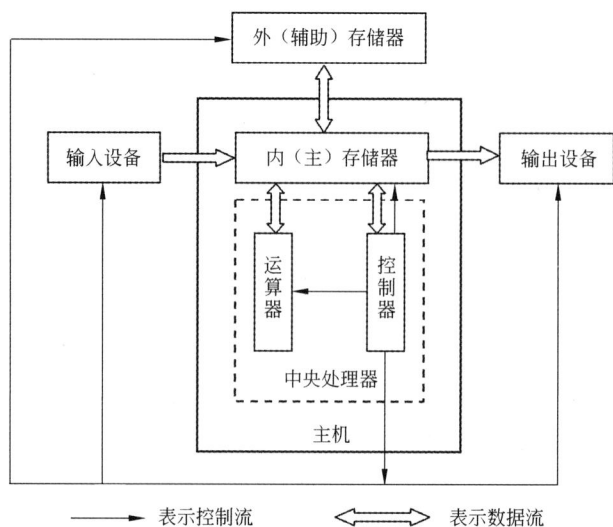

图 1.9　当代计算机体系结构

当代计算机体系结构的硬件系统由运算器、控制器、存储器、输入设备和输出设备 5 大部分构成。

运算器（Arithmetic and Logic Unit，ALU）是计算机中对数据进行加工处理的部件。它的主要功能是对二进制形式的数据进行加、减、乘、除等算术运算和与、或、非等逻辑运算。

控制器（Control Unit，CU）是计算机中指挥其他各功能单元协调工作的控制部件。它的基本功能是根据程序指令的要求，发出一系列控制信号，使运算器、存储器、输入设备、输出设备等相互配合完成数据处理任务。

存储器（Memory）是计算机中存储程序和数据的部件。它的主要功能是将待处理的数据、处理数据的程序（指令集合）、经处理后的结果数据等，有序地保存起来，并在控制器的控制下随时进行存、取操作，配合整个计算机的数据处理工作。

运算机、控制器、存储器构成计算机系统的硬件核心，人们常称这部分为计算机的“主机”。

除主机之外，输入设备和输出设备（Input/Output Devices，I/O 设备）是计算机主机与人（或其他设备）交换信息的设备，也是人们使用计算机时接触最多的设备。

1.2　计算机系统组成

知识目标：

● 掌握计算机软硬件系统的组成；掌握计算机的主要硬件性能指标。

能力目标：

● 能够判断计算机的综合性能；判断解决常见的计算机软件硬件问题，理解操作系统的作用，会使用常见的输入、输出设备。

素养目标：

● 培养应用所学知识分析、解决实际问题的能力；培养工作岗位中应具备的计算机应用能力。

本节内容思维导图如图 1.10 所示。

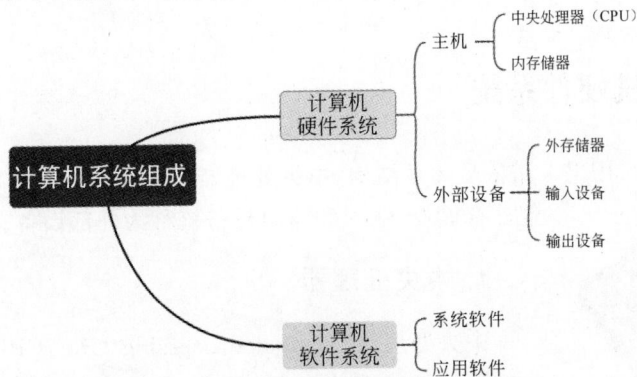

图 1.10　计算机系统组成思维导图

了解电子计算机系统的组成,有助于我们更好地使用计算机,例如计算机的硬件性能怎么样?需要安装什么版本的操作系统,有哪些常用的应用软件,计算机需要哪些外部设备?学习完本节知识,我们将能够回答这些问题。

【思考】

问题1:如何判断CPU的性能?

问题2:常见的输入、输出设备有哪些?

问题3:计算机操作系统的作用是什么?

1.2.1 微型计算机的系统组成

一个完整的计算机系统应该包括硬件系统和软件系统两部分,如图1.11所示。计算机硬件(Hardware)是指那些由电子元器件和机械装置组成的"硬"设备,如键盘、显示器、主机等,它们是计算机能够工作的物质基础。计算机软件(Software)是指那些在硬件设备上运行的各种程序、数据和有关的技术资料,如操作系统、数据库管理系统等。没有软件的计算机称为"裸机",裸机无法工作。

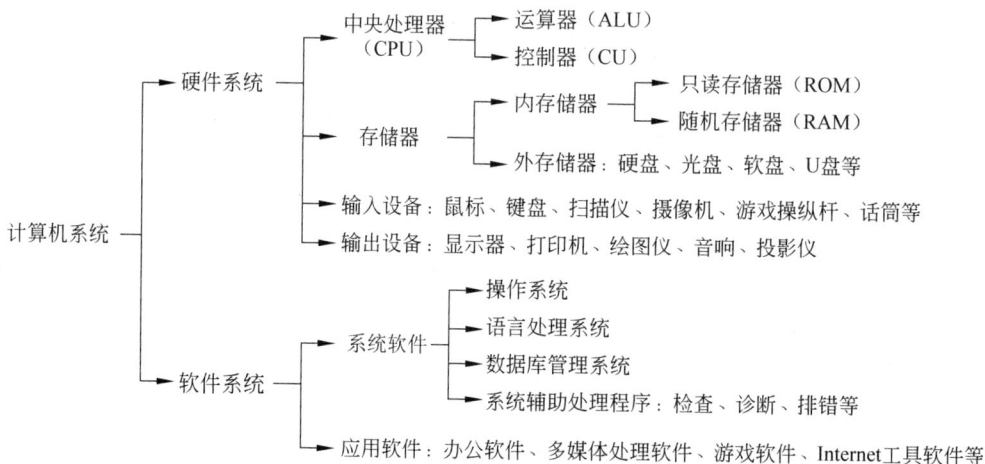

图 1.11　微型计算机系统组成

1.2.2 计算机硬件系统

当今计算机采用冯·诺依曼体系结构,中央处理器与内存储器构成计算机的主机,其他外存储器、输入和输出设备统称为外部设备。

1. 中央处理器

图 1.12　CPU

中央处理器(Central Processing Unit,CPU)是一块超大规模的集成电路,如图1.12所示,是计算机中的核心配件,包括运算器、控制器、寄存器、总线、缓存等。

CPU 的主要技术指标如下：

（1）字长。字（Word）是中央处理器处理数据的基本单位，字中所包含的二进制数的位数称为字长，它反映了计算机一次可以处理的二进制代码的位数。CPU 的字长通常由其内部数据总线的宽度决定，它是 CPU 性能最重要的指标之一。字长越长，数据处理精度越高，速度越快。

（2）主频。CPU 的主频是指 CPU 的工作时钟频率，是衡量 CPU 运行速度的指标。例如，Core i7（酷睿 i7）的主频是 2.5GHz。

（3）整数和浮点数性能。整数运算由 ALU 实现，而浮点数运算由浮点处理器（Floating Point Unit，FPU）实现，浮点运算主要应用在图形软件、游戏程序处理等。浮点运算能力也是 CPU 主要性能指标之一。

（4）高速缓冲存储器。高速缓冲存储器（Cache）设置在 CPU 内部，工作过程完全由硬件电路控制，其存取速度高出内存数倍，设置 Cache 可以提高计算机的运行速度。在相同的主频下，Cache 容量越大，CPU 性能越好。

2. 内存储器

内存储器又称为主存储器，分为只读存储器和随机存储器两种。只读存储器如图 1.13 所示，存放固定不变的程序和数据，关机后程序和数据不会丢失。随机存储器，如图 1.14 所示，用来在计算机运行时存放系统程序和应用程序以及数据结果等，关机后存放的内容消失。在计算机系统中，内存容量主要由随机存储器的容量来决定，习惯上将随机存储器直接称为内存。内存通常做成条形，故俗称内存条。

图 1.13　只读存储器　　　　图 1.14　随机存储器

只读存储器。只读存储器（Read-Only Memory，ROM）：在计算机工作时只能读出（取），不能写入（存）。只读存储器中存储的程序或数据是在组装计算机之前就写好的。只读存储器芯片有 3 类：MROM 称为掩模只读存储器，存储内容在芯片生产过程中就写好了；PROM 称为可编程只读存储器，存储内容由使用者一次写入，不能更改；EPROM 称为可擦可编程只读存储器，使用者可以多次更改写入的内容。

随机存储器。随机存储器（Random Access Memory，RAM）在计算机工作时可随时读出和写入，分为 DRAM（动态 RAM）和 SRAM（静态 RAM）两大类。DRAM 存储容量大、速度较慢、价格低，内存的大部分都是由 DRAM 构成的；SRAM 速度快、价格较高，常用于高速缓冲存储器。

3. 外存储器

外存储器简称外存,也称为辅助存储器。外存储器由磁性材料或光反射材料制成,价格低,容量大,存取速度慢,用于长期存放暂时不用的程序和数据,常用的有硬盘(图1.15)、光盘(图1.16)、移动存储器(图1.17)。

图 1.15　硬盘

图 1.16　光盘

图 1.17　移动存储器

1) 硬盘

硬盘是计算机的基本配件,几乎所有的用户数据都要存储到硬盘中。分为机械硬盘和固态硬盘两类。

机械硬盘由电机带动磁盘高速旋转,通过磁头进行数据读写。其主要优点是数据可以永久保存,并且可以无限复写。然而,其缺点在于机械运动过程中存在延迟,不能同时进行多向读写,且容易受到外界冲击、挤压或震动的影响。机械硬盘的主要技术指标是容量和转数。

固态硬盘(Solid State Disk,SSD)是由控制单元和存储单元(如 FLASH 芯片)组成的硬盘。与传统的机械硬盘相比,SSD 具有更快的读取速度和更小的寻道时间,这有助于加速操作系统和软件的启动速度。

固态硬盘具有传统机械硬盘不具备的快速读写、质量轻、能耗低以及体积小等特点,同时其有一个弱点,一旦硬件损坏,数据较难恢复。

计算机存储信息容量的单位用 B(字节)、KB(千字节)、MB(兆字节)、GB(吉字节)、TB(太字节)来表示,1024B=1KB,1024KB=1MB,1024MB=1GB,1024GB=1TB。

2) 光盘

光盘是以光信息作为存储的载体并用来存储数据的存储设备,分不可擦写光盘(如 CD-ROM、DVD-ROM)和可擦写光盘(如 CD-RW、DVD-RW)。

普通 CD-ROM 光盘的容量约 650 MB,单面 DVD-ROM 光盘的容量约 4.7GB,双面双层 DVD-ROM 光盘的容量可达 17GB。光盘驱动器是对光盘进行读/写操作的一体化设备,光盘驱动器可以同时带有刻录功能,称为光盘刻录机。

3) 移动存储器

移动存储器主要有移动硬盘和 U 盘两类。移动硬盘和普通硬盘没有本质区别,经过防震处理,提供 USB 接口,实现即插即用。U 盘属于移动半导体存储设备(闪存),也采用 USB 接口,存储容量已经达到 TB 级别,成为计算机使用者必备的移动存储设备。

4. 输入设备

输入设备用于向计算机输入程序和数据。它将程序和数据从人类习惯的形式转换成计算机的内部二进制代码放在内存中。常见的输入设备有键盘、鼠标等。

键盘是向计算机发布命令和输入数据的重要输入设备。根据接口的不同,键盘可分为 PS/2 接口键盘和 USB 接口键盘,当前的主板大多同时支持这两种接口的键盘。根据键盘与计算机连接方式不同,键盘可分为有线键盘和无线键盘。

整个键盘分为 5 个区:功能键区、主键盘区、控制键区、数字键区和状态指示区,如图 1.18 所示。

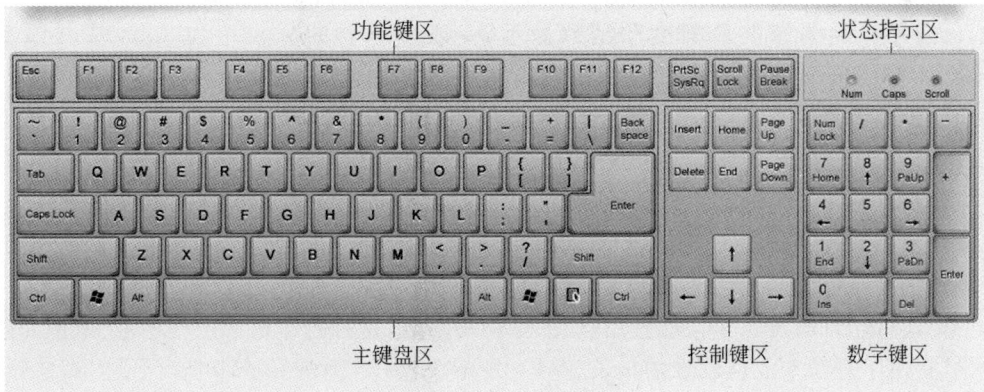

图 1.18　键盘分区图

(1) 主键盘区。主键盘区主要包括 26 个英文字母、10 个阿拉伯数字和一些特殊符号,还有一些功能键。

(2) 功能键区。功能键区为【F1】~【F12】,功能根据具体的操作系统或应用程序而定。【Print Screen】是截取当前屏幕内容并复制到剪贴板。【Scroll Lock】是滚动锁定键,随着技术发展,【Scroll Lock】键的作用越来越小。【Pause/Break】是在某些程序中用于暂停当前操作或中断程序的执行,但在现代操作系统中较少使用。

(3) 控制键区。控制键区中包括插入字符键【Insert】,删除当前光标位置的字符键【Delete】,将光标移至行首的【Home】键和将光标移至行尾的【End】键,向上翻页【Page Up】键和向下翻页【Page Down】键,以及上下左右箭头。

(4) 数字键区。数字键区(小键盘区)有 9 个数字键,可用于数字的连续输入,用于输入大量数字的情况。

(5) 状态指示区。【Num】键是数字开关灯,【Caps】键是大小写开关灯,【Scroll】键是滚动锁开关灯。

进行文字录入时可以使用快捷键,例如【Ctrl+Shift】为输入法循环切换键(每按一次,变换一种输入法),【Ctrl+Space】为中/英文输入法切换键,【Shift+Space】为全角和半角切换键。

鼠标是计算机显示系统纵横坐标定位的指示器,目前常用的鼠标是光电式鼠标。光电式鼠标有一个光电探测器,在具有反光功能的板上使用,检测鼠标移动产生电信号,传给计算机完成光标的同步移动。

5. 输出设备

输出设备将计算机内的二进制代码形式的数据转换成人类习惯的文字、图形和声音等形式输出。常见的输出设备有显示器、打印机等。

显示器是必备的输出设备，主要有 CRT 阴极射线管显示器和 LCD 液晶显示器两类。

显示器的主要技术指标为分辨率、尺寸、刷新率。分辨率是指屏幕每行每列的像素数，分辨率影响图像的清晰度和细节显示，一般显示器的分辨率为 800×600 像素、1024×768 像素或更高。尺寸是显示器的物理尺寸，影响可显示内容的多少，尺寸一般指显示器对角线的长度。刷新率是显示器每秒刷新图像的次数，影响动态画面显示的流畅度。

打印机是用来打印文字或图片的设备，是办公自动化必不可少的输出设备之一。常见的打印机有针式打印机、喷墨打印机、激光打印机三种。根据打印颜色可分为单色打印机和彩色打印机。

针式打印机的特点是耗材费用低、纸张适用面广，这种打印机靠击打色带（单色）打印输出，常用于打印专业性较强的报表、存折、发票、车票、卡片等输出介质，但噪声高。喷墨打印机与针式打印机相比，打印头换成喷头，色带换成墨水盒，因此打印质量较好，噪声小，价格较低。激光打印机将打印页面经过打印控制器转换成点阵信号后，驱动半导体激光器发射激光束，激光照射在感光鼓表面，感光鼓吸附硒鼓中的墨粉形成图像，打印到介质上，再经热压固定完成打印过程。激光打印机打印速度快、质量高、不褪色、噪声低，但成本较高。

1.2.3　计算机软件系统

自从 1946 年第一台电子计算机问世以来，随着计算机速度和存储容量的不断提高，计算机软件得到了迅速发展，从最初用手工方式输入二进制形式的指令和数据进行运算，到现在只需单击鼠标就可以编制丰富多彩的多媒体应用软件，真可谓天壤之别。经过数十年的发展，目前已经形成了庞大的计算机软件系统，它们是人类智慧的结晶。

软件是指计算机运行所需的程序及其有关的文档资料。软件系统是指各种软件的集合，软件系统可分为系统软件（System Software）和应用软件（Application Software）两大类。

1. 系统软件

系统软件是为高效使用和管理计算机而编制的软件，是计算机系统的重要组成部分。系统软件是为了提高计算机的使用效率，对计算机的各种软硬件资源进行管理的一系列软件的总称。相对于计算机硬件，软件是看不到、摸不着的部分，但是它的作用是很大的，其保证计算机硬件的功能得以充分发挥，并为用户提供一个宽松的工作环境。

系统软件包括操作系统、语言处理程序、数据库管理系统和服务程序等。

1）操作系统

操作系统(Operating System,OS)是最基本的系统软件,操作系统是高级管理程序,是软件的核心,是系统软件中最基础的部分,是用户和计算机之间的接口,操作系统的任务是更加有效地管理和使用计算机系统的各种资源,发挥各个功能部件的最大功效,方便用户使用计算机系统。它通常具有进程管理、存储管理、设备管理、作业管理、文件管理5个功能。

2）语言处理程序

计算机只能直接识别和执行机器语言,因此要计算机上运行高级语言程序就必须配备程序语言翻译程序,翻译程序本身就是语言处理软件,不同的高级语言都有相应的语言处理程序。

编程语言包括机器语言、汇编语言和高级语言,用来编写计算机程序或开发应用软件。机器语言是一种用二进制代码表示的计算机能直接识别和执行的机器指令的集合。机器语言具有灵活、直接执行和速度快等特点,机器语言是最低级的语言。用汇编语言书写的符号程序称为源程序。汇编语言源程序需要汇编语言编译器中的编译程序将其编译成机器语言。汇编语言编译器的作用是将源程序翻译成机器语言程序,机器语言源程序安置在内存的预定位置上后,就能被计算机的 CPU 处理和执行。如 C++语言、Java语言、Python语言等高级语言想要被计算机执行,也需要语言编译器或解释器中的语言处理程序将高级语言翻译成机器语言。

编译过程与解释过程虽然都是将高级语言翻译成机器语言,但两者还是有一些区别的。

编译程序将高级语言源程序一次全部翻译成目标程序(通常是机器语言)。编译后的目标程序可以直接在机器上运行,无须再次转换。编译的特点是,只要源程序不变,就无须重新编译,因为翻译过程只进行一次。常见的编译型语言包括 C、C++、Go、Rust 等。解释程序将高级语言程序的每一条语句翻译成对应的机器目标代码,并立即执行。解释程序不会产生目标文件,它的执行过程是翻译一句执行一句。由于每次执行程序时都需要进行转换,因此解释执行的效率通常低于编译执行。常见的解释型语言包括 Python、JavaScript 等。

3）数据库管理系统

数据库管理系统(Data Base Management System,DBMS)是一种操纵和管理数据库的大型软件,用于建立、使用和维护数据库。数据库(Data Base,DB)能够动态地存储大量相关数据、方便多用户访问。数据分为结构化数据和非结构化数据。结构化数据可以用二维表来管理,主要采用关系数据库,如 MySQL、SQL Server、Oracle 等。非结构化数据结构不规整或不完整,没有预定义的数据模型,形态上呈现为文本、图像、音频、视频等,非结构化数据使用 NoSQL 数据库来管理,如 HBase、Redis、MongoDB 等。

4）服务性程序

服务性程序是指为了帮助用户使用与维护计算机,提供服务性手段并支持其他软件开发而编制的一类程序,主要有编辑程序、软件调试程序、工具软件以及诊断程序等几种,可用于程序装入、硬件检测、备份还原、磁盘管理、系统优化、硬件驱动、压缩解压、卸载工具、病毒检查等。

2. 应用软件

应用软件是指为解决计算机用户的具体问题而编译的软件,它运行在系统软件之上,运用系统软件提供的手段和方法,完成用户实际要做的工作,如财务管理软件、文字处理软件、绘图软件、信息管理软件等。应用软件的内容非常广泛,涉及社会的各个领域,常见的各种信息管理软件,办公自动化软件,文字处理、图形图像处理软件,计算机辅助设计软件和计算机辅助教学软件等都属于应用软件。下面列出了几种常用的应用软件。

(1)办公软件。办公软件指可以进行文字处理、表格制作、幻灯片制作、简单数据库的处理等方面工作的软件。包括金山 WPS 系列、微软 Office 系列等。

(2)制图软件。制图软件可根据创作者的意图在屏幕上制出各种图形、图表、曲线图和三维图像等,并能根据需要做出恰当的修饰和编辑处理。常用的 AutoCAD、Photoshop等都属于制图软件。

(3)网络与通信软件。随着网络的发展,当今个人计算机(Personal Computer,PC)上配置了大量的网络软件,如电子邮件软件、浏览器软件、下载软件、远程控制软件等。通过它们,分散在各处的人们可以相互交流、学习。

(4)教育软件。辅助教学软件目前大多运用了多媒体技术,具有个性化学习、互动性高、实时反馈、数据分析等特点。

(5)娱乐性软件。娱乐性软件目前主要是指各种游戏、软件模拟玩具(如电子宠物)。游戏软件可分成多个类别,如角色扮演类游戏、模拟类游戏、即时战略游戏、益智游戏等。

目前我国计算机软件领域已经创新突破,特别是在软件的开发方面,我国已经积累了相当丰富的经验和技术储备。以医院信息系统为例,医院信息系统(Hospital Information System,HIS)是帮助医院准确有效地处理人、物信息的系统。医院信息系统是计算机技术、通信技术和管理科学在医院信息管理中的应用,是计算机技术对医院管理、临床医学、医院信息管理长期影响、渗透以及相互结合的产物。它充分应用数据库、互联网以及云计算、物联网、大数据等先进技术,实现就医流程最优化。医疗服务信息化不仅提升了医院的工作效率,同时也树立了医院的科技形象。

3. 软件系统的层次

计算机软件系统可以分为多个层次,如图 1.19 所示。这些层次共同构成了软件的体系结构,这种层次关系是指处在内层的软件要向外层的软件提供服务,处在外层的软件要在内层软件的支持下才能运行。同时软件系统的层次关系也使得软件能够更加模块化和可扩展。

信息技术基础

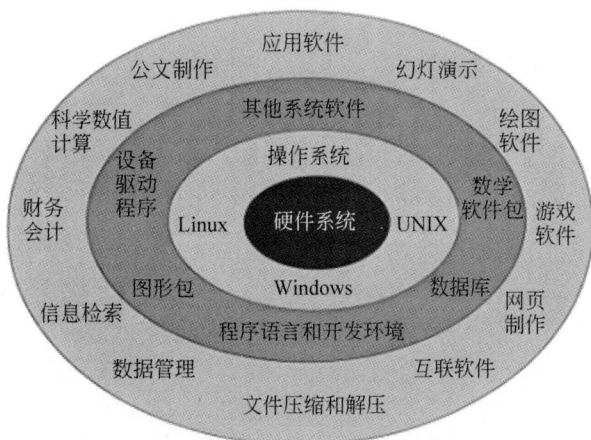

图 1.19　软件系统层次图

1.3　计算机中的数与数制转换

知识目标：

● 了解常用数制的表示方法、掌握常用数制的表达标识方式。

能力目标：

● 掌握常用数制的转换方法，能够对常用数制进行转换。

素养目标：

● 培养计算思维、逻辑思维能力，提高信息素养。

本节内容思维导图如图 1.20 所示。

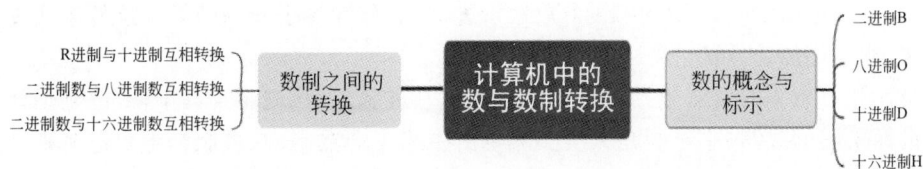

图 1.20　计算机中的数与数制转换思维导图

计算机通过二进制形式的数字进行运算加工，实现对各种信息的加工处理。信息 (Information)泛指人类社会中传播的一切内容，是以适合于通信、存储或处理的形式来表示的知识或消息。人们将各种信息用二进制数字(代码)来表示，便可以输入计算机中进行快速、准确、自动的加工处理。但是二进制是计算机使用的数制，我们平时生活中常使用的是十进制，还有八进制、十六进制。常用数制和二进制是如何转换的呢？我们下面来学习数和数制的转换。

【思考】

问题1：请查询或网络搜索"数制"的概念。

问题2：平时生活中除了十进制，还常使用哪些数制？

1.3.1 数制的概念与标示

一切数据(数值、文字、声音、图像等)在计算机内部都以二进制数的方式被传送、存储和处理。

1. 计算机采用二进制的原因

(1) 技术实现简单。信息在计算机中以器件的物理状态表示,只需具有两种稳定状态的元件(如晶体管的导通和截止、继电器的接通和断开、脉冲电平的高和低等)来对应二进制的"1"和"0"两个数即可。

(2) 运算规则简单。有利于简化计算机内部结构,提高运算速度。

(3) 适合逻辑运算。逻辑代数是逻辑运算的理论依据,二进制只有两个数码,正好与逻辑代数中的"真"和"假"相吻合。1 表示真,0 表示假。逻辑运算规则如下:

"与"运算(当且仅当两个运算量都为 1 时,运算结果为 1,其余情况运算结果为 0): 1 AND 1=1,1 AND 0=0,0 AND 0=0。

"或"运算(只需两个运算量中有一个值为 1,运算结果就为 1): 1 OR 1=1,1 OR 0=1,0 OR 0=0。

非运算(取其相反值): NOT 1=0,NOT 0=1。

(4) 易于进行转换。二进制与十进制数或其他数制数易于互相转换。

2. 数制的概念与标示

"数制"是指进位计数制,指按进位的原则进行计数,实现了用很少的符号表示大范围数字的目的。在日常生活中,最常用的为十进制数,即"满十进一"。还有许多其他的计数方法,如十二进制("一打"表示 12 个)、六十进制(一分钟等于 60 秒)等。这种逢几进一的计数法,称为进位计数法。

与计算机有关的数制包括二进制、十进制、八进制、十六进制。其中,二进制是计算机数字世界采用的数制;十进制是人类实际生活中采用的数制;八进制和十六进制则是在编写程序中常用的数制。

为了能正确区分数制,常采用下标或者字母来标示数制,一般情况下,没有任何标示的数据默认为十进制,常用数制的标示如表 1.2 所示。

表 1.2 常用数制标示表

数 制	下 标	字 母	样 例
二进制	2	B	$(110110)_2$ 或 110110B
八进制	8	O	$(12345)_8$ 或 12345O
十进制	10	D	$(12345)_{10}$ 或 12345D
十六进制	16	H	$(12345)_{16}$ 或 12345H

1.3.2 数制之间的转换

将数由一种数制转换成另一种数制称为数制间的转换。例如，使用计算机进行数据处理时首先必须把输入的十进制数转换成二进制数，在处理结束后，再把二进制数转换为十进制数输出。4 种常用数制的对应关系如表 1.3 所示。

表 1.3　4 种常用数制的对应关系表

十　进　制	二　进　制	八　进　制	十　六　进　制
0	000	0	0
1	001	1	1
2	010	2	2
3	011	3	3
4	100	4	4
5	101	5	5
6	110	6	6
7	111	7	7
8	1000	10(逢 8 进 1)	8
9	1001	11	9
10	1010	12	A
11	1011	13	B
12	1100	14	C
13	1101	15	D
14	1110	16	E
15	1111	17	F
16	1000	20(逢 8 进 1)	10(逢 16 进 1)

1. R 进制与十进制互相转换

1）R 进制转换为十进制的方法

R 进制(即除十进制之外的其他数制)转换为十进制的转换方法：将 R 进制数按权展开式求和，即可得到相应的十进制数。

$$(1101.01)_2 = 1 \times 2^3 + 1 \times 2^2 + 0 \times 2^1 + 1 \times 2^0 + 0 \times 2^{-1} + 1 \times 2^{-2}$$
$$= 8 + 4 + 0 + 1 + 0 + 0.25 = (13.25)_{10}$$

$$(372.6)_8 = 3 \times 8^2 + 7 \times 8^1 + 2 \times 8^0 + 6 \times 8^{-1} = 192 + 56 + 2 + 0.75 = (250.75)_{10}$$

$$(B7.F)_{16} = 11 \times 16^1 + 7 \times 16^0 + 15 \times 16^{-1} = 176 + 7 + 0.9375 = (183.9375)_{10}$$

2）十进制转换为 R 进制的方法

十进制数转换成 R 进制数,需要将整数部分与小数部分分开进行转换,然后再连接起来。整数部分转换方法:连续除以 R 取余数,至商为零,逆序取值。小数部分转换方法:连续乘以 R 取整,达到精度为止,正序取值。

将$(35.375)_{10}$转换成二进制数的过程如下:

根据上述计算过程,十进制整数部分转换二进制数为 100011(逆序取值),小数部分转换二进制数为 011(正序取值),连接后得到结果$(100011.011)_2$,即$(35.375)_{10}=(100011.011)_2$。

需要注意如下事项:

- 十进制纯小数不一定能转换成完全等值的二进制纯小数。
- 当乘 2 后使代表小数的部分等于零时,转换结束。
- 当乘 2 后小数部分总是不等于零时,转换过程将是无限的。这时,应根据精度要求取近似值。

将$(91.453)_{10}$转换成八进制数(精确到小数点后 3 位)的过程如下:

根据上述计算过程,十进制整数部分转换八进制数为 133(逆序取值),小数部分转换八进制数为 347(正序取值),连接后得到结果$(133.347)_8$,即$(91.453)_{10}=(133.347)_8$。

2. 二进制数与八进制数互相转换

1）二进制转换八进制的方法

因为$2^3=8$,1 位八进制数相当于 3 位二进制数。二进制数转换成八进制数,只需以小数点为界,分别向左、向右,每 3 位二进制数分为一组,不足 4 位时用 0 补足 3 位(整数在高位补零,小数在低位补零),小数点位置对应不变。然后将每组分别用对应的 1 位八进制数替换。

$$(0.10111)_2 = (\underline{000}.\underline{101}\ \underline{110})_2 = (0.56)_8$$
$$(11101.01)_2 = (\underline{011}\ \underline{101}.\underline{010})_2 = (35.2)_8$$

2）八进制转换二进制的方法

八进制数转换成二进制数方法：由于 1 位八进制数正好对应 3 位二进制数，把每个八进制数字改写成等值的 3 位二进制数，并保持高低位的次序不变即可。

$$(0.754)_8 = (\underline{000}.\underline{111}\ \underline{101}\ \underline{100})_2 = (0.111101100)_2$$
$$(16.327)_8 = (\underline{001}\ \underline{110}.\underline{011}\ \underline{010}\ \underline{111})_2 = (1110.011010111)_2$$

3. 二进制数与十六进制数互相转换

1）二进制数转换成十六进制数的方法

因为 $2^4 = 16$，1 位十六进制数相当于 4 位二进制数。二进制数转换成十六进制数，只需以小数点为界，分别向左、向右，每 4 位二进制数分为一组，不足 4 位时用 0 补足 4 位（整数在高位补零，小数在低位补零），小数点位置对应不变。然后将每组分别用对应的 1 位十六进制数替换。

$$(11101.01)_2 = (\underline{0001}\ \underline{1101}.\underline{0100})_2 = (1D.4)_{16}$$
$$(101011101.011)_2 = (\underline{0001}\ \underline{0101}\ \underline{1101}.\underline{0110})_2 = (15D.6)_{16}$$

2）十六进制数转换成二进制数方法

由于 1 位十六进制数正好对应 4 位二进制数，把每个十六进制数字改写成等值的 4 位二进制数，并保持高低位的次序不变即可。

$$(4C.2E)_{16} = (\underline{0100}\ \underline{1100}.\underline{0010}\ \underline{1110})_2 = (1001100.0010111)_2$$
$$(AD.7F)_{16} = (\underline{1010}\ \underline{1101}.\underline{0111}\ \underline{1111})_2 = (10101101.01111111)_2$$

1.4 常用的信息编码

知识目标：

- 理解编码的定义，掌握数值型数据、西文字符、汉字的编码的规律。

能力目标：

- 能够熟练地使用输入设备进行数据与文本的输入，理解编码在计算机内存储的原理。

素养目标：

- 培养信息意识、信息思维，建立信息素养。

本节内容思维导图如图 1.21 所示。

计算机中的"数据"指具体的数或二进制代码，而"信息"则是二进制代码所表达（或承载）的具体内容。在计算机中，"数据"都是以二进制形式存的，同样各种"信息"包括文字、声音、图形等也是以二进制形式存在的，那各种信息在计算机系统中是如何被编辑表达的呢？学习完本节内容，我们将能够回答这些问题。

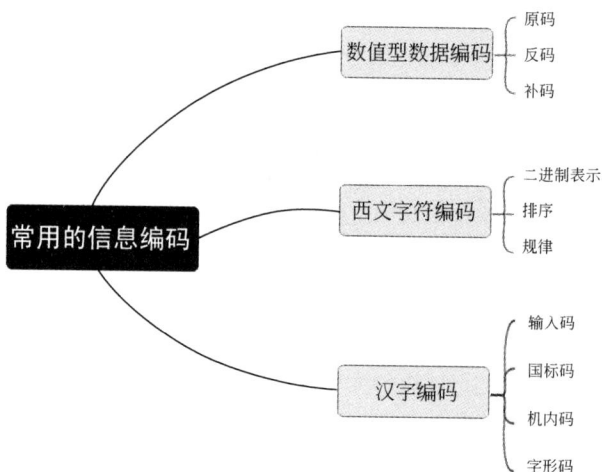

图 1.21　常用的信息编码思维导图

【思考】

问题 1：在计算机内如何表示数据的正或负？

问题 2：一个英文字符在计算机内占用多大的空间？

问题 3：为什么不能像英文一样按一个键出现一个汉字？

问题 4：你所知道的汉字输入法有哪些？你每分钟能正确录入多少个汉字？

1.4.1　数值型数据编码

　　计算机处理的数据分为数值型和非数值型两大类。数值型数据指数学中的代数值，具有量的含义，且有正负之分。数值型数据一般可以进行算术运算，如我们之前学的 100D、101010B、5EH 等都是数值型数据；非数值型数据则没有量的含义，不能进行算术运算，如字符串"ABC""WPS 软件""信息技术"等都是非数值型数据。常见的非数值型数据有大小写字母、汉字、图形、声音、视频等。

　　在计算机内部，对数据加工、处理和存储都以二进制形式进行。二进制只有 0、1 两个数码，例如用 8 位二进制数来表示数据，可以用 b_0，b_1，…，b_7 标注每一位。

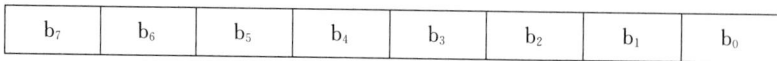

b_7	b_6	b_5	b_4	b_3	b_2	b_1	b_0

　　计算机中最小的数据单位是二进制的一个"位"（bit）。上面图中表示 8 个二进制位，每一位可以放 0 或 1（二进制数）。相邻的 8 个二进制位成为一个"字节"（Byte），简写为 B。字节是计算机的基本容量单位。连续 8 个二进制位的取值范围是 00000000～11111111，即十进制的 0～255。

　　（1）在计算机中，数分为整数和浮点数。整数的表示，整数分为有符号数和无符号数，计算机中的地址和指令通常用无符号数表示，计算机中的数通常用有符号数表示。有符号数的最高位为符号位，用 0 表示正，用 1 表示负。正数和零的最高位为 0，负数的最高位为 1。8 位有符号数的二进制数范围为 $11111111 \sim 01111111$,即 $-127 \sim +127$。

$+/-$	b_6	b_5	b_4	b_3	b_2	b_1	b_0

最高位为符号位,其余位表示数的绝对值,这种数的表示方法称为原码;最高位为符号位,整数的其余位不变,负数的其余位按位取反,这种数的表示方法称为反码;最高位为符号位,整数的其余位不变,负数的其余位在反码的基础上再加 1(即按位取反再加 1),这种数的表示方法称为补码。为了便于计算,计算机中的数通常使用补码的形式。

$$[+7]_原 = 00000111 \qquad [-7]_原 = 10000111$$
$$[+7]_反 = 00000111 \qquad [-7]_反 = 11111000$$
$$[+7]_补 = 00000111 \qquad [-7]_补 = 11111001$$

(2)浮点数的表示。在计算机中,实数通常用浮点数来表示。浮点数采用科学记数法来表征,科学记数表示如下:

十进制数:$57.625 = 10^2 \times (0.57265)$
$-0.00456 = 10^{-2} \times (0.456)$

二进制数:$110.101 = 2^{+11} \times (0.110101)$

浮点数由阶码和尾数两部分组成:

阶符	阶码	数符	尾数

阶码表示指数的大小(尾数中小数点左右移动的位数),阶符表示指数的正负(小数点移动的方向);尾数表示数值的有效数字,为纯小数(即小数点位置固定在数符与尾数之间),数符表示数的正负。阶符和数符各占一位,阶码和尾数的位数因精度不同而异。

1.4.2 西文字符编码

西文字符编码是指对字母、数字、各种控制符和一些图形符号进行编码。目前国际上通用的西文字符编码是美国标准信息交换码(American Standard Code for Information Interchange,ASCII 码)。

标准 ASCII 码用 7 位二进制码来表示 128(2^7)个符号,如表 1.4 所示,其中包括 34 个通用控制字符、10 个十进制数字、52 个大小写英文字母和 32 个标点和运算符号。

表 1.4 ASCII 码

低位	高位							
	000	001	010	011	100	101	110	111
0000	NUL	DLE	SP	0	@	P	`	p
0001	SOH	DC1	!	1	A	Q	a	q
0010	STX	DC2	"	2	B	R	b	r

低位	高位							
	000	001	010	011	100	101	110	111
0011	ETX	DC3	♯	3	C	S	c	s
0100	EOT	DC4	MYM	4	D	T	d	t
0101	ENQ	NAK	%	5	E	U	e	u
0110	ACK	SYN	&.	6	F	V	f	v
0111	BEL	ETB	·	7	G	W	g	w
1000	BS	CAN	(	8	H	X	h	x
1001	HT	EM	)	9	I	Y	i	y
1010	LF	SUB	*	:	J	Z	j	z
1011	VT	ESC	+	;	K	[	k	{
1100	FF	FS	,	<	L	\	l		
1101	CR	GS	-	=	M	]	m	}
1110	SO	RS	.	>	N	^	n	~
1111	SI	US	/	?	O	-	o	DEL

在 ASCII 码表中,"A"的 ASCII 码高位是"100",低位是"0001",高位与低位拼起来是 1000001,计算机内,用 1 个字节(8 位二进制数)表示 7 位 ASCII 码字符时,最高位取 0。在键盘上输入大写"A",系统自动转换为 01000001 存入内存。ASCII 码表中的字符排列是有一定规律的:数字(0~9) < 大写字母(A~Z) < 小写字母(a~z)。

数字、大写英文字母、小写英文字母均按顺序依次编码。当知道了一个字母或数字的 ASCII 码,就可以推算出其余的字母或数字。

小写字母比相应大写字母的 ASCII 码值大 32(十进制)、20H(十六进制)。

标准 ASCII 码只用了字符的低七位,最高位并不使用。后来为了扩充 ASCII 码,将最高的一位也进行编码,成为 8 位的 ASCII 码,也称为扩展 ASCII 码,成为目前的常用编码。这套编码的最高位如果为 0,则表示出来的字符为标准的 ASCII 码,如果为 1,则表示出来的字符为扩充的 ASCII 码,因此最高位又称为校验位。

1.4.3 汉字编码

计算机在处理汉字时同样需要将其转换为二进制代码,即需要对汉字进行编码。但由于汉字的数量庞大,字形复杂,其编码较西文字符要复杂得多,计算机对汉字信息的处理过程实际上是各种汉字编码间的转换过程。汉字在计算机中的处理分为 3 个阶段:汉字输入、汉字处理、汉字输出。当一个汉字通过输入码输入计算机后就会转换为内码,然后才能在机器内传输处理,最后通过地址码和字形码进行汉字的输出。汉字处理流程图如图 1.22 所示。以汉字"中"为例,处理流程如图 1.23 所示。

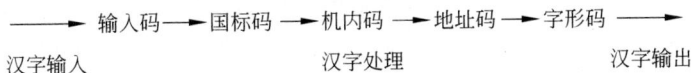

输入码 → 国标码 → 机内码 → 地址码 → 字形码

汉字输入　　　　　　　　汉字处理　　　　　　　　汉字输出

图 1.22　汉字处理流程图

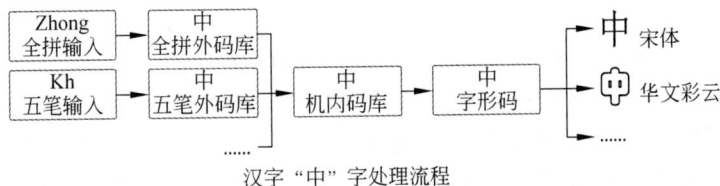

汉字"中"字处理流程

图 1.23　汉字"中"处理流程图

1. 输入码

输入码(外码)是用英文键盘输入汉字时设计的编码,人们从不同角度总结出各种汉字的构字规律,设计出了很多种输入码方案,主要有以下 4 种。

(1) 数字编码:例如区位码。

(2) 字音编码:例如全拼输入法。

(3) 字形编码:例如五笔字型输入法。

(4) 音形编码:根据语音和字形双重因素确定输入码。

估计同学们对以上 4 种输入码中的区位码并不熟悉,下面我们来介绍一下区位码。

区位码是一个 4 位的十进制数,每个区位码都对应着一个唯一的汉字或符号,相当于一个 94 行×94 列的队列。区位码的区码和位码均采用从 01~94 的十进制数进行编号,区位码的前两位称为区码,后两位称为位码。每个常用汉字都有一个固定的区位码。

2. 国标码

国家标准汉字编码简称国标码。1980 年,我国颁布了《信息交换用汉字编码字符集·基本集》(GB/T 2312—1980),国标码中收录了 7445 个汉字及符号,其中一级常用汉字 3755 个,汉字按拼音字母顺序排列,二级常用汉字 3008 个,汉字按偏旁部首顺序排列,图形符号 682 个。国标码中每个汉字或字符用双字节表示,国标码采用十六进制编码。

因为 GB/T 2312—1980 只覆盖了常用汉字,未能覆盖繁体中文字、部分人名、方言、古汉语等方面出现的罕用字。所以中华人民共和国国家标准总局于 2000 年推出强制性的 GB/T 18030—2000 标准,覆盖了简体、繁体、古汉语等方面的汉字。

国标码是汉字信息交换的标准编码,国标码是由区位码稍作转换得到,其转换方法为:先将十进制区码和位码转换为十六进制的区码和位码,再将这个代码的第一字节和第二字节分别加上 20H,就得到国标码。

3. 机内码

机内码是计算机内部存储和处理汉字时所用的编码,不管用何种输入法,将汉字输入到计算机内时,都需要变成汉字机内码。在国标码建立后,汉字编码在计算机内存储时无法和 ASCII 编码同时存在,因为文本中通常混合使用汉字和西文字符,汉字信息如果不予以特别标识,就会与单字节的 ASCII 码混淆。所以机内码一般采用变形的国标码,我们将国标码最高位的 0 变为 1 得到机内码,所以区位码、国标码与机内码三者转换关系用十六进制数表示如下:

$$区位码+2020H=国标码$$

$$国标码+8080H=机内码$$

例如,已知汉字“中”的区位码是 5448,计算其国标码和机内码方法如下:

汉字“中”的区号 54 转换成十六进制数字为 36H,位号 48 转换成十六进制数字为 30H,两个汉字分别加上 20H,即 3630H+2020H,得到汉字“中”的国标码为 5650H。

汉字“中”的国标码为 5650H,因此汉字“中”的机内码为 5650H+8080H=D6D0H。

4. 字形码

字形码提供输出汉字时所需要的汉字字形,在显示器或者打印机中输出所用字形的汉字或者字符。字形码与机内码对应,字形码集合在一起,形成字库。字库分为点阵字库和矢量字库。

无论汉字的笔画多少,都可以将其放在相同大小的方框里。我们用 M 行 N 列的点组成这个方框的点阵,如果将一个点用一位二进制表示,有笔形的位为 1,否则为 0,就可以得到该汉字的字形。

输出汉字的要求不同,点阵的多少也不同,常见有 16×16 点阵、24×24 点阵、32×32 点阵、48×48 点阵等。字模点阵占用的存储空间很大,只能用来构成汉字字库,不能用于机内存储。以 16×16 点阵为例,这样的一个汉字的字形码就要占用 32 字节(每一行占用 2 字节,共 16 行)。点阵密度越大,输出的效果就越好。

中文汉字编码如表 1.5 所示。

表 1.5　中文汉字编码表

汉字输入码	数字　字音　字形　音形
国标码	GB/T 2312—1980 GBK
汉字机内码	二进制表示
汉字字形码	字体

1.5　程序设计概述

知识目标:

- 了解计算机语言的发展过程;掌握 C 语言的特点;掌握算法的概念和特性。

能力目标:

- 掌握 C 语言程序设计的方法和步骤,能够利用流程图表示算法。

素养目标:

- 培养逻辑思维能力,探索问题的发展规律、探究解决问题方法的科研素养。

本节内容思维导图如图 1.24 所示。

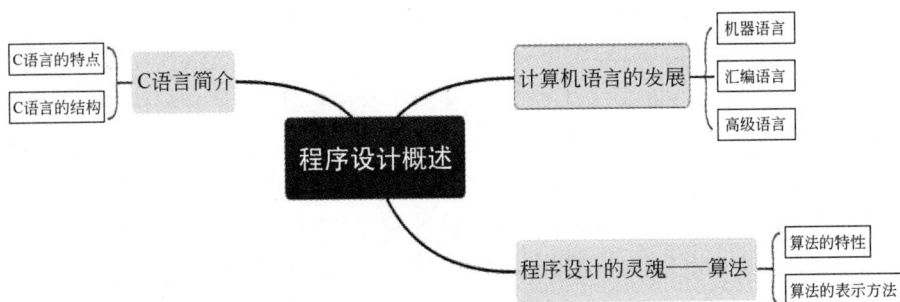

图 1.24　程序设计概述思维导图

语言是人类进行沟通交流的表达方式,语言是人与人交流的一种工具,更是信息的重要载体。那么人如何与计算机进行信息交流呢?答案是使用计算机语言与计算机进行对话,计算机语言是人与计算机之间传递信息的媒介。

【思考】

问题1:我们使用的应用软件都是通过编程语言开发的,你都听说过哪些编程语言呢?

问题2:你听说过"算法"这个词吗? "算法"的定义是什么呢?

1.5.1　计算机语言的发展

计算机语言是一种特殊的语言,因为它是用于人与计算机之间传递信息的,所以人和计算机都能"读懂"。具体地说,一方面,人们要使用计算机语言指挥计算机完成某种工作,就必须对这种工作进行特殊描述,所以它能够被人们读懂。另一方面,计算机必须按计算机语言描述来行动,从而完成其描述的特定工作,所以能够被计算机读懂。计算机语言经历了以下几个发展阶段。

(1) 机器语言:最底层的计算机语言。在用机器语言编写的程序中,每一条机器指令都是二进制形式的代码,即由一连串的二进制数符 0 和 1 组合起来的编码。程序中的每一条指令规定了计算机要完成的一个操作。在指令代码中,一般包括操作码和地址码,其中操作码告诉计算机做何种操作,即"干什么";地址码则指出被操作的对象存放在什么位置。用机器语言编写的程序,计算机硬件可以直接识别。所以机器语言编写的程序直接针对计算机硬件,执行效率高,能充分发挥计算机的速度和性能,这也是机器语言的优点。但是由于二进制数序列"难学、难记、难写、难检查、难调试",编写起来非常烦琐,程序的可读性、可移植性差,所以一般不用机器语言编写程序。

(2) 汇编语言:人们用一些容易记忆和辨别的有意义的符号来表示机器指令,如用指令助记符表示机器语言指令代码中的操作码,用地址符号表示地址码("ADD A,B"表示将 A 和 B 寄存器中的值相加,结果再放到 A 寄存器中)。这样用一些符号表示机器指令的语言就是汇编语言,也称为符号语言。汇编语言与机器语言一一对应,依赖于机器硬件,移植性不好,但执行效率比较高。针对计算机特定硬件而编制的汇编语言程序,能准确发挥计算机硬件的功能和特长,程序精练而质量高,所以至今仍是一种常用而强有力的软件开发工具。

（3）高级语言：一种更接近自然语言的计算机语言，包括 C 语言、C++ 语言、Java 语言、Python 语言等。高级语言源程序主要由语句（statements）构成，语句是要计算机完成指定任务的命令。高级语言有各自的语法，独立于具体机器，移植性好。为了使高级语言编写的程序能够在不同的计算机系统上运行，首先必须将程序翻译成计算机特有的机器语言。在高级语言和机器语言之间执行这种翻译任务的程序称为编译器（compiler）。由于高级语言不依赖具体的机器，因此用高级语言编写的程序可移植性较好。根据编程机制的不同，高级语言又分为面向过程的程序设计语言和面向对象的程序设计语言。

面向过程的程序设计语言由一个入口和一个出口构成，程序的每次执行都必须从这个入口开始，按照程序的结构执行到出口为止，这属于过程驱动的编程机制，由过程控制程序运行的流向。编程人员要以过程为中心来考虑应用程序的结构，执行哪一部分代码和按何种顺序执行代码都由程序本身控制。它允许将程序分解为多个函数，这使得同一个程序可以由多人分工开发，大大提高了编程效率，使人们能够开发出规模越来越大、功能越来越强的应用软件和系统软件。常用的面向过程的语言有 C、FORTRAN、Pascal 等。

面向对象的程序设计语言将整个现实世界或者其中的一部分看作是由不同种类的对象构成的，同一类型的对象既有相同点又有不同点。各种类型的对象之间通过发送消息进行联系，消息能够激发对象作出相应的反应，从而构成一个运动的整体，这属于事件驱动的编程机制，由事件控制着程序运行的流向。编程人员要以对象为中心来设计模块，代码不是按预定的顺序执行，而是在响应不同的事件时执行不同的代码。当前使用较多的面向对象的程序设计语言有 C++、C♯、Java 等。

高级语言的运行方式有解释和编译两种。所谓解释，是指边解释边执行，不生成目标代码，执行速度不快，源程序保密性不强，如 VisualBasic 属于解释方式。所谓编译，是将源程序使用语言本身提供的编译程序编译为目标程序，再使用连接程序与库文件连接成可执行程序，可执行程序能够脱离语言环境独立运行。

机器语言、汇编语言、C 语言程序代码对比如表 1.6 所示。

表 1.6　机器语言、汇编语言、C 语言程序代码对比表

语　　言	程 序 代 码	完 成 功 能
机器语言	10110000 00000111	把数据 7 送到寄存器 AL 中
	00000100 00001000	把 AL 中的内容与 8 相加，结果仍放到 AL 中
	11110100	停止操作
汇编语言	MOV AL，7	把数据 7 送到寄存器 AL 中
	ADD AL，8	把 AL 中的内容与 8 相加，结果仍放到 AL 中
	HLT	停止操作

C 语言	main(　　)
	{
	　　　int al;
	　　　al＝7＋8;
	}
		把数据 7 送到寄存器 AL 中
		把 AL 中的内容与 8 相加，结果仍放到 AL 中
		停止操作

1.5.2　C语言简介

C语言诞生于美国的贝尔实验室,以丹尼斯·里奇(Dennis Ritchie)以及肯尼斯·莱恩·汤普森(Kenneth Lane Thompson)设计的B语言为基础发展而来,C语言之所以命名为C,是因为C语言源自B语言,而B语言则源自BCPL语言。

C语言是一种结构化语言,它有着清晰的层次,可按照模块的方式对程序进行编写,十分有利于程序的调试,且C语言的处理和表现能力都非常的强大,依靠非常全面的运算符和多样的数据类型,可以轻易完成各种数据结构的构建,通过指针类型更可对内存直接寻址以及对硬件进行直接操作,因此既能够用于开发系统程序,也可用于开发应用软件。

1. C语言的特点

(1)简洁紧凑、灵活方便。C语言一共只有43个关键字、9大控制语句,程序书写自由,主要用小写字母表示。它把高级语言的基本结构和语句与低级语言的实用性结合起来。C语言可以像汇编语言一样对位、字节和地址进行操作,而这三者是计算机最基本的工作单元。

(2)运算符丰富。C语言的运算符包含的范围很广泛,共有44个运算符。C语言把括号、赋值、强制类型转换等都作为运算符处理,从而使C语言的运算类型极其丰富,表达式类型多样化。灵活使用各种运算符,可以实现在其他高级语言中难以实现的运算。

(3)数据结构丰富。C语言的数据类型有整型、实型、字符型、数组类型、指针类型、结构体类型以及共用体类型等。C语言能用来实现各种复杂的数据类型的运算,并引入了指针概念,使程序效率更高,同时使程序更加灵活和多样化。

(4)结构式语言。C语言是结构式语言,其显著特点是代码及数据的分隔化,即程序的各个部分除了必要的信息交流外彼此独立。这种结构化方式可使程序层次清晰,便于使用、维护以及调试。C语言是以函数形式提供给用户的,这些函数调用方便,并具有多种循环、条件语句控制程序流向,从而使程序完全结构化。

(5)语法限制不严格、程序设计自由度大。一般的高级语言语法检查比较严,能够检查出几乎所有的语法错误。而C语言允许程序编写者有较大的自由度。

(6)允许直接访问物理地址,进行位(bit)一级的操作,能实现汇编语言的大部分功能,可以直接对硬件进行操作。C语言既具有高级语言的功能,又具有低级语言的许多功能,这种双重性,使它既是系统描述语言,又是程序设计语言。

(7)生成代码质量高,程序执行效率高。C语言程序一般只比汇编程序生成的目标代码效率低10%～20%

(8)适用范围广,可移植性好(与汇编语言相比)。C语言有一个突出的优点就是适合于多种操作系统,基本上不做修改就能用于各型号的计算机和各种操作系统,如DOS、UNIX等。

2. C 语言的结构

1976 年,瑞士计算机科学家尼古拉斯·沃斯(Niklaus Wirth),提出了著名的公式:

算法＋数据结构＝程序

算法:要求计算机对数据进行加工、处理和操作的步骤。

数据结构:用于描述数据类型以及数据的组织形式。

中国有句名言:巧妇难为无米之炊。数据解决的是"米"的问题,算法就是巧妇做饭的方法和步骤,而最后美味可口的佳肴就是程序了。

时至今日,一个完备的程序,除了算法、数据结构之外,还要采用结构化程序设计的方法进行程序设计,同时要选用一种计算机语言来表示,把算法、数据结构、程序设计方法、语言工具这四者结合起来。

下面我们来看一个 C 语言的小程序 helloworld.c。

```
1   #include <stdio.h>
2   int main()
3   {
4       //使用系统提供的标准输出,在控制台显示信息
5       printf("Hello, World!\n");
6       return 0;
7   }
```

程序中共包含 7 行代码,各行代码的功能与含义分别如下:

第 1 行代码的作用是进行相关的预处理操作。其中字符"♯"是预处理标志,♯include 后面跟着一对尖括号,表示头文件在尖括号内读入。stdio.h 就是标准输入/输出头文件。因为第 5 行用到了标准库中的 printf()输出函数,printf()函数定义在 stdio.h 头文件中,所以程序需要包含此头文件。

第 2 行～第 7 行代码声明了一个 main()函数,该函数是程序的入口,程序运行从 main()函数开始执行。

第 2 行代码中,main()函数前面的 int 表示该函数的返回值类型是整型。

第 3 行～第 7 行代码是 main()函数的函数体,程序的相关操作都要写在函数体中,"{ }"定义了函数的边界,"{ }"内的语句被称为语句块。

第 4 行是程序注释,注释使用"//"表示,从"//"开始到该行结束部分属于注释部分,注释不参与程序编译过程。

第 5 行代码调用了格式化输出函数 printf(),该函数用于输出一行信息,可以简单理解为控制台输出文字或符号等。printf()函数括号中的内容称为函数的参数,括号内可以看到输出的字符串"Hello,World!\n",其中"\n"表示换行操作。

第 6 行代码中 return 语句的作用是返回函数的执行结果,后面紧跟着函数的返回值,如果程序的返回值是 0,则表示正常退出。在 C 语言程序中,以分号";"为结束标记的代码都可称为语句,如第 5 行、第 6 行代码都是语句。

C 语言编写的程序为源程序,计算机不能直接识别和执行用高级语言编写的程序或指令,而必须用编译程序把 C 源程序翻译成二进制形式的目标程序,然后将该目标程序与系统的函数库以及其他目标程序连接起来,形成可执行的程序,才能在计算机上执行。

C 语言程序在经过编辑、编译、连接、运行 4 个步骤后,才能输出执行结果。C 语言程序运行流程图如图 1.25 所示。

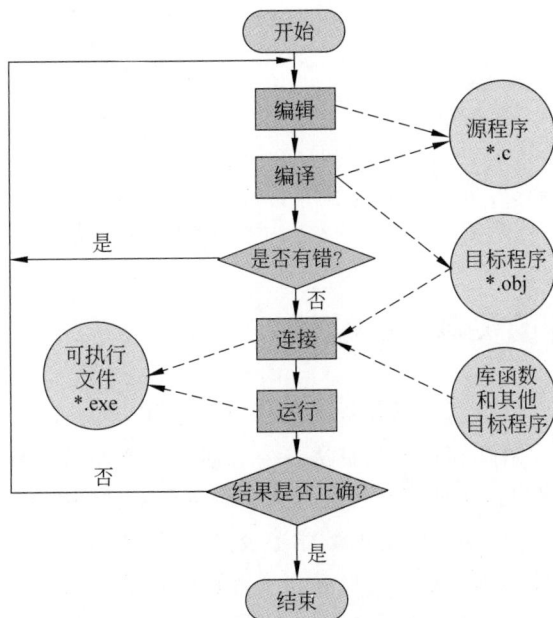

图 1.25　C 语言程序运行流程图

(1) 编辑。编辑就是建立、修改 C 语言源程序并把它输入计算机的过程。C 语言的源文件以文本文件的形式存储在磁盘上,它的扩展名为".c"。对源文件的编辑可以用任何文字处理软件完成,一般用编译器本身集成的编辑器进行编辑。

(2) 编译。C 语言是以编译方式实现的高级语言,C 语言程序的实现必须经过编译程序对源文件进行编译,生成目标代码文件,它的扩展名为".obj"。编译前一般先要进行预处理,如进行宏代换、包含其他文件等。编译过程主要进行词法分析和语法分析,如果源文件中出现错误,编译器一般会指出错误的种类和位置,此时要回到编辑步骤修改源文件,然后再进行编译。

(3) 连接。编译形成的目标代码还不能在计算机上直接运行,必须将其与库文件进行连接处理,这个过程由连接程序自动进行,连接后生成可执行文件,它的扩展名为".exe"。如果连接出错,同样需要返回到编辑步骤修改源程序,直至正确为止。

(4) 运行。一个 C 源程序经过编译、连接后生成了可执行文件。要运行这个程序文件,可通过编译系统下的运行功能,也可以在 DOS 系统的命令行中输入文件名后按 Enter 键确定,或者在 Windows 系统中双击该文件名。程序运行后,可以根据运行结果判断程序是否还存在其他方面的错误。编译时产生的错误属于语法错误,而运行时出现的错误一般是逻辑错误。出现逻辑错误时,需要修改原有算法,重新进行编辑、编译和连接,再运行程序。

请尝试输入下列程序代码并运行程序,程序名称为 s.c。

```
#include <stdio.h>                    //预编译命令
main()                               //函数头
{                                    //函数体开始标志
    int a,b,s;                       //定义 3 个整型变量 a,b,s
    printf("输入两个整数 a,b\n");    //输出提示信息
    scanf("%d%d", &a, &b);           //输入 2 个整数 a,b
    s=a+b;                           //计算 a,b 的和存入 s 中
    printf("a+b=%d", s);             //输出变量 s 的值
}                                    //函数体结束标志
```

1.5.3 程序设计的灵魂——算法

"算法"的中文名称出自西汉末年编纂的天文学著作《周髀算经》(约成书于公元前 1 世纪),其中提出了测太阳高和陈子测日法。公元前 400 年至公元前 300 年,古希腊数学家欧几里得(Euclid)提出了求两个正整数最大公约数的算法,称为欧几里得算法,它被人们认为是史上第一个算法。20 世纪的数学家艾伦·图灵(Alan Turing)和冯·诺依曼(von Neumann)等的思想对算法的发展起到了重要作用。

算法,顾名思义,就是计算方法,主要解决"做什么"和"怎么做"的问题。广义上来说,算法就是一系列的计算步骤,用来将输入数据转换成输出结果。可以把算法理解为问题解决的方法。一个算法也是一个有穷规则的集合,其中规则定义了一个解决某一特定类型问题的运算序列。算法,有优劣之分,常理上讲,方法简单、运算步骤少的算法更可取。因此,为了有效地进行解题,不仅需要保证算法的正确性,还要考虑算法的质量。

算法有如下 5 个重要的特性。

(1) 输入。一个算法有零个或多个输入,即在算法开始之前,对算法最初给出的量。这些输入取自于特定的对象集合。

(2) 输出。一个算法有一个或多个输出,即同输入有某个特定关系的量。一个算法可以没有输入但是必须要有输出,因为人们想要得到处理结果。

(3) 确定性。算法的每一个步骤,必须是确切定义的,不应是含糊不清、模棱两可的,对于每种情况,有待执行的动作必须有严格和清晰的规定。

(4) 有穷性。一个算法必须总是在执行有穷步骤之后结束。

(5) 可行性。一般来说,还期望一个算法是可行的。这意味着算法中所有有待实现的运算必须都是基本的,即它们原则上都是能够精确运行的,而且人们用笔和纸做有穷次运算即可完成。

为了表示一个算法,可以用不同的方法。常用的方法有自然语言和流程图。

自然语言就是人们日常使用的语言,可以是汉语或其他语言。用自然语言表示通俗易懂,但文字冗长,容易出现歧义。因此,除了那些简单的算法,一般不使用自然语言。

流程图是使用一些图框来表示各种操作,流程图基本符号如图 1.26 所示。用图形表示算法,直观、形象,易于理解。美国国家标准学会(American National Standards Institute,ANSI)规定了流程图常用的符号,该符号已被全世界程序工作者普遍采用。3 种基本结构的流程图分别是顺序结构、选择结构和循环结构,如图 1.27 所示,用这 3 种基本结构作为表示一个良好算法的基本单元。

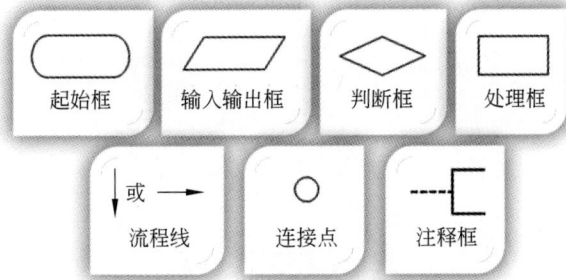

图 1.26　流程图基本符号

(1) 顺序结构。在顺序结构中,其中 A 和 B 两个框是顺序执行的,即执行完 A 框操作后,接着执行 B 框操作。顺序结构是最简单的一种基本结构。

(2) 选择结构。选择结构又称分支结构,此结构中必包含一个判断。根据给定的条件 P 是否成立,而选择执行 A 框操作或者 B 框操作。

(3) 循环结构。循环结构又称重复结构,即反复执行某一部分的操作。主要有两类循环结构,第一类为当型(while 型)循环结构,它的作用是,当给定的条件 P1 成立时,执行 A 框操作,执行完后,再判定条件 P1 是否成立,如果仍然成立,则继续执行 A 框操作,如此反复直到 P1 不成立,退出循环结构;第二类为直到型(until 型)循环结构,它的作用是,先执行 A 框操作,然后判断给定条件 P2,若 P2 成立,则继续执行 A 框操作,如此反复直到 P2 不成立,退出循环结构。

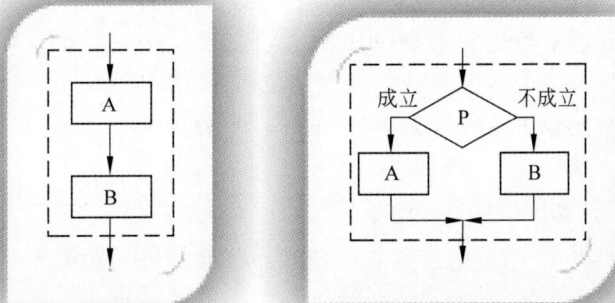

图 1.27　基本流程图

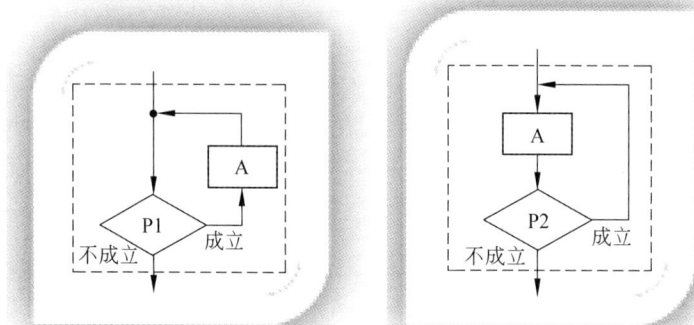

图 1.27 （续）

练 习 题

一、单选题

1. 世界上第一台电子计算机诞生的时间为（　　）。

    A. 1942 年   B. 1943 年   C. 1945 年   D. 1946 年

2. 我国于（　　）年研制出第一台电子计算机。

    A. 1956   B. 1957   C. 1958   D. 1959

3. 计算机最早的应用领域是（　　）。

    A. 人工智能   B. 过程控制   C. 信息处理   D. 数值计算

4. 以下为冯·诺依曼体系结构计算机的基本思想之一的是（　　）。

    A. 计算精度高   B. 存储程序控制

    C. 处理速度快   D. 可靠性高

5. 计算机中,负责指挥计算机各部分自动协调一致地进行工作的部件是（　　）。

    A. 运算器   B. 控制器   C. 寄存器   D. 总线

6. 一般计算机硬件系统的主要组成有 5 大部分,下列选项中不属于这 5 部分的是（　　）。

    A. 输入设备和输出设备   B. 软件

    C. 运算器   D. 控制器

7. 下列不属于计算机信息处理的是（　　）。

    A. 图像信息处理   B. 视频信息处理

    C. 火箭轨道计算   D. 信息检索

8. 第四代计算机的主要元件是（　　）。

    A. 晶体管   B. 电子管

C. 中小规模集成电路   D. 超大规模集成电路

9. 计算机对人进行模拟,模仿人的感知能力、思维语言等能力称为( )。

    A. 人工智能   B. 信息处理

    C. 科学计算过程控制   D. 过程控制

10. 医院信息系统(HIS)是具有一定个性化的计算机系统,其核心是( )。

    A. 经营方式   B. 数据库管理

    C. 网络技术   D. 远程技术

11. 完整的计算机系统是由以下( )两部分组成的。

    A. 硬件系统和软件系统   B. CPU 系统和其他系统

    C. 机箱系统和外设系统   D. 操作系统和应用系统

12. 中央处理器(CPU)可以直接访问的计算机部件是( )。

    A. CD-ROM   B. 硬盘   C. 内存储器   D. 运算器

13. 下面关于随机存取存储器(RAM)的叙述中,正确的是( )。

    A. RAM 分静 RAM(SRAM)和动态 RAM(DRAM)两大类

    B. SRAM 的集成度比 DRAM 高

    C. DRAM 的存取速度比 SRAM 快

    D. DRAM 中存储的数据无须"刷新"

14. 以下程序设计语言是低级语言的是( )。

    A. FORTRAN 语言   B. Java 语言

    C. Visual Basic 语言   D. 80x86 汇编语言

15. 关于存储设备 CD-ROM 说法正确的是( )。

    A. 只读型大容量软盘   B. 只读型光盘

    C. 只读型硬盘   D. 半导体只读存储器

16. RAM 具有的特点是( )。

    A. 海量存储   B. 存储在其中的信息可以永久保存

    C. 一旦断电,存储的信息将全部消失   D. 存储在其中的数据不能改写

17. 下列叙述中,错误的是( )。

    A. 内存储器 RAM 中主要存储当前正在运行的程序和数据

    B. 高速缓冲存储器(Cache)一般采用 DRAM 构成

    C. 外部存储器(如硬盘)用来存储必须永久保存的程序和数据

    D. 存储在 RAM 中的信息会因断电而全部丢失

18. 下列说法正确的是( )。

    A. 与编译方式执行程序相比,解释方式执行程序的效率高

    B. 与汇编语言相比,高级语言执行程序效率更高

    C. 与机器语言相比,汇编语言的可读性差

    D. 以上三项都不对

19. 计算机的技术性能指标主要是指( )。

    A. 显示器的分辨率,打印机的性能等配置

B. 字长、主频、运算速度、内/外存容量

C. 计算机的可靠性、可维性和可用性

D. 计算机所配备的程序设计语言、操作系统、外部设备

20. 64 位计算机是指它所用的 CPU（　　　）。

    A. 一次能处理 64 位二进制数　　　　　　B. 有 64 个计算核心

    C. 能计算 64 位的数据　　　　　　　　　D. 有 64 个寄存器

21. 计算机中所有信息的存储都采用（　　　）。

    A. 二进制　　　　　　B. 八进制　　　　　　C. 十进制　　　　　　D. 十六进制

22. 计算机中采用二进制数字系统是因为（　　　）。

    A. 代码短，易读，不易出错

    B. 容易表示和实现；运算规则简单；便于设计且可靠

    C. 可以精确表示十进制

    D. 运算简单

23. 按照数的进位制概念，下列各数中正确的八进制数是（　　　）。

    A. 8707　　　　　　B. 1101　　　　　　C. 4109　　　　　　D. 10BF

24. 根据数制的基本概念，下列各数制的整数中，值最大的一个是（　　　）。

    A. 十六进制数 10　　　　　　　　　　　B. 十进制数 10

    C. 八进制数 10　　　　　　　　　　　　D. 二进制数 10

25. 十六进制数 4DE.7 转换成二进制数是（　　　）。

    A. 10011011110.111　　　　　　　　　B. 10011011110.1110

    C. 100011011110.1110　　　　　　　　D. 10011011110.0111

26. 用 8 个二进制位能表示的最大的无符号整数等于十进制整数为（　　　）。

    A. 127　　　　　　B. 128　　　　　　C. 255　　　　　　D. 256

27. 一个非零无符号二进制整数之后添加一个 0，则此数的值为原数的（　　　）。

    A. 4 倍　　　　　　B. 2 倍　　　　　　C. 1/2 倍　　　　　　D. 1/4 倍

28. 全拼或简拼汉字输入法的编码属于（　　　）。

    A. 音码　　　　　　B. 形声码　　　　　　C. 区位码　　　　　　D. 形码

29. 在 ASCII 码表中，按照 ASCII 码值从大到小排列顺序是（　　　）。

    A. 数字、小写英文字母、大写英文字母

    B. 小写英文字母、大写英文字母、数字

    C. 数字、大写英文字母、小写英文字母

    D. 大写英文字母、小写英文字母、数字

30. 一个字符的标准 ASCII 码用（　　　）位二进制位表示。

    A. 8　　　　　　B. 7　　　　　　C. 6　　　　　　D. 4

31. 区位码输入法的最大优点是（　　　）。

    A. 一字一码，无重码　　　　　　　　　B. 易记易用

    C. 只用数码输入效率高　　　　　　　　D. 编码有规律，不易忘记

32. 根据汉字国标码 GB/T 2312—1980 的规定，总计有各类符号和一、二级汉字个数

是（　　）。

  A. 6763 个   B. 7445 个   C. 3008 个   D. 3755 个

33. 根据汉字国标 GB/T 2312—1980 的规定，一个汉字的内码码长为（　　）。

  A. 8 位   B. 12 位   C. 16 位   D. 24 位

34. ASCII 码被（　　）认定为国际标准，是一种（　　）通用的字符编码，有（　　）种版本。

  A. 国际编码组织，IBM 计算机上，2 B. 世界计算机协会，微型计算机上，1

  C. 世界编码协会，IBM 计算机上，1 D. 国际标准化组织，微型计算机上，2

35. 下列说法中，正确的是（　　）。

  A. 同一个汉字的输入码的长度随输入方法不同而不同

  B. 一个汉字的机内码与它的国标码是相同的，且均为 2 字节

  C. 不同汉字的机内码的长度是不相同的

  D. 同一汉字用不同的输入法输入时，其机内码是不相同的

36. 以下关于汇编语言的描述中，错误的是（　　）。

  A. 汇编语言诞生于 20 世纪 50 年代初期

  B. 汇编语言不再使用难以记忆的二进制代码

  C. 汇编语言使用的是助记符号

  D. 汇编程序是一种不再依赖机器的语言

37. C 语言属于（　　）类计算机语言。

  A. 汇编语言 B. 机器语言 C. 高级语言 D. 以上均不属于

38. 以下叙述中正确的是（　　）。

  A. C 语言程序中的注释必须与语句写在同一行

  B. C 语句必须在一行内写完

  C. C 程序中的每一行只能写一条语句

  D. C 语言中语句必须以分号结束

39. 关于高级程序设计语言编写的程序称为源程序，说法正确的是（　　）。

  A. 只能在专门的机器上运行

  B. 无须编译或解释，可直接在机器上运行

  C. 可读性不好

  D. 具有良好的可读性和可移植性

40. 下列叙述中，错误的一条是（　　）。

  A. 高级语言编写的程序的可移植性最差

  B. 不同型号的计算机具有不同的机器语言

  C. 机器语言是由一串二进制数 0、1 组成的

  D. 用机器语言编写的程序执行效率最高

二、填空题

1. 世界上第一台电子计算机产生的时间为 _____，地点为 _____，名称

为_____。

2. 计算机发展过程中使用的主要器件第 1 代为_____,第 2 代为_____,第 3 代为_____,第 4 代为_____。

3. 电子计算机主要特点分别是_____、_____、_____、_____、_____、_____。

4. 计算机模仿人的感知能力、思维能力、行为能力等多种类技术的综合应用叫_____。

5. 在计算机的主机中,运算器的作用是_____,控制器的作用是_____,存储器的作用是_____。

6. 一个完整的计算机系统包括_____和_____两大部分。

7. 计算机硬件系统的 5 个组成部分是_____、_____、_____、_____、_____。

8. 中央处理器(_____)由_____和_____构成。

9. 用 MIPS 为单位来衡量计算机的性能,它指的是计算机的_____。

10. 如果要运行一个指定的程序,那么必须将这个程序装入计算机_____中。

11. 要存放 10 个 24×24 点阵的汉字字模,需要_____存储空间。

12. 根据 ASCII 码表查出小写字符 E 的编码是_____。

13. 大写字符 A 的 ASCII 码是 65,小写字符 c 的 ASCII 码是_____。

14. 根据汉字国标码 GB/T 2312—1980 的规定,将汉字分为常用汉字(一级)按照_____排列,次常用汉字(二级)汉字按照_____排列。

15. 汉字国标码的全称是_____。

16. 中国的国字区位码是 2590,该字区位码转换为国标码是_____,转换为机内码是_____。

三、计算题

1. 将二进制数 110001.101 转换成十进制数。

2. 将十进制数 45.8125 转换成二进制数。

3. 将十六进制数 B34B 转换成二进制数。

4. 将二进制数 10101111011.0011001011 转换成十六进制数。

四、问答题

通过查询资料或信息检索,回答下列问题。

1. 简述我国电子计算机的发展和取得的新成就。

2. 信息技术在医药卫生领域有哪些新的应用?

3. "摩尔定律"的确切含义是什么?是什么技术的发展引发了这一现象?

4. 建立一个文本文档并打印输出,简述这一操作的数据处理过程。

五、文字录入

请在文本文档中输入下列文字,并设置合理的字体与格式。

医学检验领域 AI 技术的应用与展望

血细胞形态学检查是一门传统的检验技术,常被认为是血液形态疾病诊断的"金标准"。近年来,随着计算机技术的进步,AI 在医疗领域的应用与日俱增,血细胞形态学检查引入 AI 可大大降低人力成本,提高工作效率和质量,更易实现标准化,提高检测结果的一致性和可比性。

在计算机技术和"互联网+"时代,在 AI、大数据、云计算、云存储、物联网等技术不断与医疗、大健康行业互相渗透的环境下,以大数据为基础的 AI 模型的建立,将对疾病防控、病种分布、遗传图谱、基因检测、药品分析等领域带来有价值的发现和应用。

六、算法分析题

有 3 个水桶,容量分别为 3 升、5 升、8 升。8 升水桶水是满的,另外两个水桶是空的。应如何将水分成两部分,使每部分都是 4 升?

第 2 章 新一代信息技术概述

在信息时代,技术与硬件设备的发展日新月异,了解和使用新一代信息技术可以更好地为我们学习和工作带来便利、提高效率。通过本章的学习,我们将了解新一代信息技术的基本概念及国家政策;了解新一代信息技术的主要代表技术;了解新一代信息技术的主要代表技术的发展历程及产生原因;了解各主要代表技术的核心技术特点;了解新一代信息技术产业的范围及与其他产业的融合。能够在所从事专业中挖掘与新一代信息技术相关联的领域,通过思维迁移的方式提高解决所学专业或职业岗位相关问题的能力。

2.1 新一代信息技术

知识目标:

- 了解以 5G、物联网、云计算、大数据、区块链、人工智能等为代表的新一代信息技术的基本概念。
- 了解新一代信息技术各主要代表技术的特点、发展现状和趋势。
- 掌握新一代信息技术各主要代表技术的典型应用。

能力目标:

- 能够清晰认知新一代信息技术发展的影响力。
- 能够运用新一代信息技术解决本专业领域实际问题。

素养目标:

- 树立科技创新意识,勇担民族复兴使命,发扬时代精神。
- 培养信息意识、数字化创新与发展意识,建立职业信息素养。

本节内容思维导图如图 2.1 所示。

图 2.1 新一代信息技术思维导图

新一代信息技术创新异常活跃,技术融合步伐不断加快,催生出一系列新产品、新应用和新模式,如大数据、物联网、人工智能、云计算、区块链等。而新一代信息技术的应用场景也变得多种多样。什么是新一代信息技术?新一代信息技术主要包含哪几方面?新一代信息技术的发展是怎样的?生活中还有哪些新一代信息技术的典型应用场景?

【思考】

问题1:新一代信息技术主要包含哪几方面?

问题2:结合自己专业,思考岗位工作中能用到哪些新一代信息技术。

2.1.1 新一代信息技术的概念和发展趋势

1. 新一代信息技术的概念

新一代信息技术是在云计算、大数据等一批新兴技术产业不断产生和发展壮大的过程中,逐渐产生并完善的概念,承接原有"信息技术"的概念,并赋予了新的内涵。新一代信息技术是指以5G、区块链、大数据、云计算、人工智能、量子信息、移动通信、物联网等为代表的新兴技术。它既是信息技术的纵向升级,也是信息技术之间及其与相关产业的横向融合。

国家规划中明确了战略新兴产业是国家未来重点扶持的对象,其中信息技术被确立为七大战略性新兴产业之一,将被重点推进。

2. 新一代信息技术的发展趋势

未来信息技术的发展趋势主要体现在以下几方面。

(1)网络互联的移动化。随着移动互联网的普及程度不断提高,5G通信技术的推进将进一步构建低延时、高密度、高可信的移动计算与通信基础设施。未来信息网络发展的一个重要趋势是实现物与物、物与人、物与计算机的交互联系,进入万物互联时代。

(2)信息处理的集中化和大数据化。云计算技术的发展使得服务器资源得到统一调配,提高了服务效率,满足了动态变化的信息服务需求。大数据技术的应用进一步推动了信息处理的集中化和智能化,为各行各业的智能化转型提供了坚实的基础。

(3)人工智能和机器学习的融合。人工智能技术正逐步从"弱人工智能"向"强人工智能"转变,将在智能硬件、智能家居、智能交通等领域得到更广泛的应用。通过深度学习等技术,人工智能将实现更精准的预测和决策,推动多学科交叉创新。

(4)技术与行业的深度融合。物联网、云计算、大数据等技术深度融合,催生更多新应用和服务,提升了产品和服务的智能化水平,拓宽了市场应用场景。例如,物联网技术在家庭、城市和工业等领域的广泛应用,云计算和大数据技术在金融、医疗、电商等行业的深入渗透。

2.1.2 新一代信息技术主要的应用领域

1. 5G 通信

5G 通信是第五代移动通信技术（5th Generation Mobile Communication Technology）的简称，是具有高速率、低时延和大连接特点的新一代宽带移动通信技术，是实现人、机、物互联的网络基础设施。

移动通信技术大致经历了 1G、2G、3G、4G 到 5G 的发展历程，如图 2.2 所示。其中，5G 是指第五代移动通信标准，也称第五代移动通信技术。它是前几代通信技术的延伸，也是最新一代的移动通信技术。

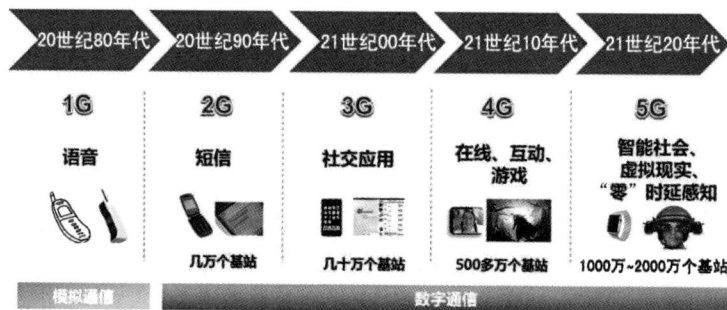

图 2.2 移动通信技术发展进程图

5G 通信性能指标如下：

（1）用户体验速率。用户体验速率是指在真实网络环境下，用户可获得的最低传输速率。5G 旨在提供更高的数据传输速率，以满足用户在移动互联网、物联网等场景下的需求。国际电信联盟（International Telecommunication Union，ITU）定义的 5G 用户体验速率可达 1Gbps（吉比特每秒），这意味着用户可以享受到更快速的网络连接和更流畅的数据传输体验。

（2）连接数密度。连接数密度是指单位面积上支持的在线设备总和。5G 技术具有更高的连接能力，可以支持更多设备同时在线，适应物联网等场景下的大量设备连接。5G 用户连接能力可达 100 万连接/千米²。

（3）端到端时延。端到端时延是指数据包从源节点开始传输到目的节点正确接收的时间。5G 时延低至 1ms（毫秒），比 4G 技术提升了数百倍，能够显著减少数据传输的延迟时间。

5G 作为一种新型移动通信网络，不仅要解决人与人通信，为用户提供增强现实、虚拟现实、超高清（3D）视频等更加身临其境的极致业务体验，更要解决人与物、物与物通信问题，满足移动医疗、车联网、智能家居、工业控制、环境监测等物联网应用需求。

2. 物联网

物联网是指通过信息传感设备，按约定的协议，将任何物体与网络相连接，物体通过信息传播媒介进行信息交换和通信,以实现智能化识别、定位、跟踪、监管等功能。

物联网作为一个网络系统,与其他网络一样,也有其特有的体系结构。它包括感知层、网络层和应用层3个层次,如图2.3所示。

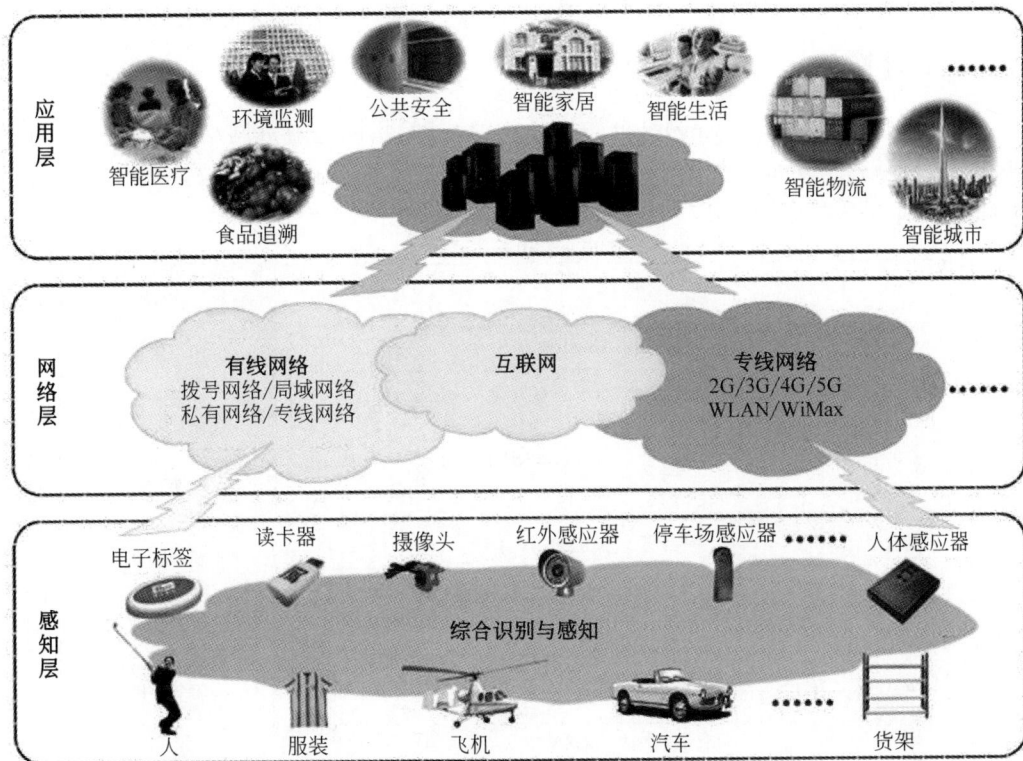

图2.3 物联网体系结构图

物联网的主要应用场景如下:

(1)智能医疗。智能医疗利用最先进的物联网技术,实现患者与医务人员、医疗机构、医疗设备之间的互动,逐步达到信息化。物联网在智能医疗中的应用包括病人监控、远程医疗、医疗管理、医院物资管理等。

(2)智能家居。智能家居可通过互联网实现各设施的互联互通,形成一个小型的物联网系统。实现人远程控制设备、设备间互联互通、设备自我学习等功能,并通过收集、分析用户行为数据为用户提供个性化生活服务。

(3)智慧交通。智慧交通通过高新技术汇集交通信息,对交通管理、交通运输、公众出行等交通领域全方面以及交通建设管理全过程进行管控支撑,使交通系统在区域、城市甚至更大的时空范围具备感知、互联、分析、预测、控制等能力。物联网在智能交通中的应用包括车辆定位与调度、交通状况感知、交通智能化管控、停车管理等。

(4)智慧农业。智慧农业主要是指现代科学技术与农业种植相结合,实现无人化、自动化、智能化管理。智慧农业利用物联网技术,在农业生产中实现智能感知、智能预警、智能决策、智能分析、专家在线指导等功能,为农业生产提供精准化种植、可视化管理、智能化决策技术支持。

（5）智慧物流。智慧物流是利用先进的信息技术和智能化设备来优化物流运作和管理的现代化物流模式。物联网在智能物流中的应用包括库存监控、物品识别、配送管理、运输管理、包装管理、装卸管理、安全追踪等，从而提高物流系统的智能化分析决策和自动化操作执行能力，最终提升物流运作效率。

3. 云计算

云计算（Cloud Computing）是分布式计算的一种，指的是通过网络"云"将巨大的数据计算处理程序分解成无数个小程序，然后通过多部服务器组成的系统处理和分析这些小程序得到结果并返回给用户。云计算技术架构图如图 2.4 所示。

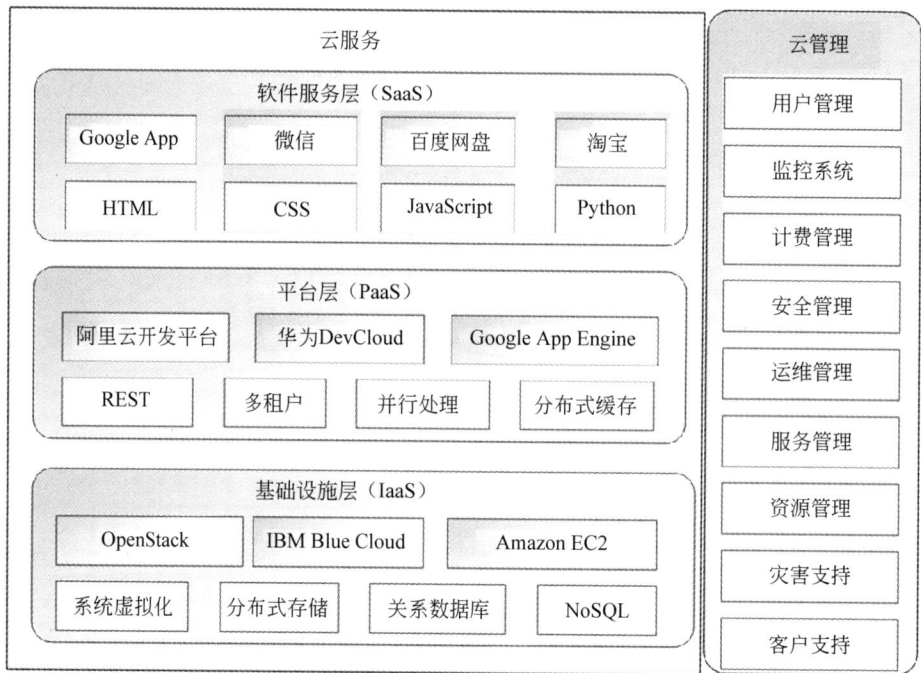

图 2.4　云计算技术架构图

1）云计算的特点

（1）弹性扩展。云计算能够根据需求实现资源的弹性扩展和收缩。无论是应对突发的高负载还是规模的变化，云计算能够灵活地分配和释放计算资源，提供高效的服务。

（2）共享资源。云计算的特点之一就是资源的共享。多个用户可以共享同一组硬件、存储设备和网络基础设施，从而实现资源的高效利用和成本的优化。

（3）高可靠性。云计算通过多个数据中心和冗余部署，确保了系统的高可靠性和可用性。即使出现硬件故障或自然灾害，云计算系统仍能够持续提供稳定的服务。

（4）灵活性。云计算能够根据用户需求提供各种不同的服务模式，如基础设施服务、平台服务和软件服务。用户可以根据自己的需要选择适合的服务模式，灵活部署和使用各种应用。

（5）安全性。云计算提供了多层次的安全机制和技术，在数据传输、存储和访问方面提供了高级别的保护。云服务提供商会采取各种措施,确保用户数据的安全性和隐私。

（6）超大规模。云计算具有相当的规模,能够赋予用户前所未有的计算能力。

2）云计算的主要应用

（1）存储云,又称云存储,是在云计算技术上发展起来的一个新的存储技术。云存储是一个以数据存储和管理为核心的云计算系统。用户可以将本地的资源上传至云端上,可以在任何地方连入互联网来获取云上的资源。

（2）医疗云,是指在云计算、移动技术、多媒体、4G通信、大数据,以及物联网等新技术基础上,结合医疗技术,使用"云计算"来创建医疗健康服务云平台,实现了医疗资源的共享和医疗范围的扩大。医院的预约挂号、电子病历、医保等都是云计算与医疗领域结合的产物,医疗云还具有数据安全、信息共享、动态扩展、布局全国的优势。

（3）云物流,是指基于云计算应用模式的物流平台服务。云物流通过云平台将物流公司、代理服务商、设备制造商、行业协会、管理机构、行业媒体和法律结构等整合成资源池,各个资源相互展示和互动,按需交流,达成意向,从而降低成本,提高效率。

（4）教育云,实质上是指教育信息化的一种发展。具体地,教育云可以将所需要的任何教育硬件资源虚拟化,然后将其传入互联网中,以向教育机构和学生老师提供一个方便快捷的平台。

云计算是一种趋势,将会在方方面面得到应用,还有很多细分领域的应用随着技术的更新,将会渗透到越来越多的领域。

4. 大数据

大数据是规模庞大、结构复杂、难以通过现有工具和技术在可容忍的时间内获取、管理和处理的数据集。

1）大数据的结构类型

大数据的结构按照数据是否有强的结构模式,可将数据划分为结构化数据、半结构化数据和非结构化数据。

（1）结构化数据是指那些能够在固定格式或有限空间内存储的数据,通常具有明确定义数据类型、格式和结构。这类数据在存储和处理时遵循严格的规则和标准,主要通过关系数据库进行存储和管理。数据以二维表的形式组织,每一列都有一个特定的数据类型,所有数据项都需要符合这个数据类型。结构化数据易于查询和处理,查询速度快。

（2）半结构化数据介于结构化数据和非结构化数据之间,它不符合严格的结构化数据模式,但仍带有一定的组织结构。这类数据通常包含标签或键值对,用以表达数据的层次结构和关系。数据结构具有一定的灵活性,能够适应数据结构的变化。

（3）非结构化数据是指没有固定结构或格式的数据,通常包括文本、图片、音频、视频等各种类型的数据。这类数据不便于用传统的数据库软件进行存储和分析。数据类型多样,没有固定的格式和长度规范。非结构化数据的数据量通常很大,且增长迅速。非结构化数据难以用传统的数据库方法进行存储和查询。

2）大数据的特点

大数据的特点是容量大、多样性、速度快、应用价值高和价值密度低,如图2.5所示。

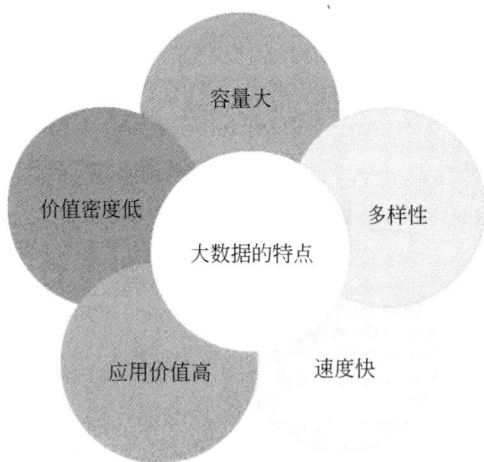

图 2.5　大数据的特点

（1）容量大。大数据特征首先体现为"容量大"，存储单位从过去的 GB 到 TB 直至 PB、EB、ZB、YB、BB、NB、DB。1PB 相当于全中国学术研究图书馆藏书信息内容的 50％，1EB 相当于至今全世界人类所讲过的话语的 20％，1ZB 相当于全世界海滩上沙子的数量总和，1YB 相当于 7000 位人类体内的微细胞总和。

（2）多样性。多样性主要体现在数据来源多、数据类型多和数据之间关联性强 3 方面。数据来源多，由于数据来源于不同的应用系统或不同的设备决定了大数据来源的多样性；数据类型多，并且以非结构化数据为主；数据之间关联性强，频繁交互。

（3）速度快。大数据的速度快体现在数据产生得快、数据处理得快、数据传播速度快。数据产生得快体现在生产生活中无时无刻不在产生新的数据；数据处理得快体现在大数据可以通过实时处理、并行处理等方式，快速对所产生的数据进行处理；数据传播速度快体现在大数据的交换和传播是通过互联网、云计算等方式实现的，远比传统媒介信息交换的传播速度快。数据的增长速度和处理速度是大数据高速性的重要体现。

（4）应用价值高。大数据正在渗透到我们生活的方方面面，在生产生活、经营活动、流通、生物医学、城市管理、安全防护、金融、营销等各个领域大放异彩。随着大数据的应用越来越广泛，我们在日常生活中，会越来越受益于大数据带来的高应用价值。

（5）价值密度低。现实世界所产生的数据中，有价值的数据所占比例很小，价值密度低。大数据最大的价值在于通过从大量不相关的各种类型数据中，挖掘出对未来趋势与模式预测分析有价值的数据，并通过机器学习、人工智能或数据挖掘等方法进行深度分析，发现新规律和新知识。

5. 人工智能

人工智能（Artificial Intelligence，AI）是一门模拟、延伸和扩展人类智能的科学与技术。它旨在使计算机系统能够执行通常需要人类智慧才能完成的任务，包括但不限于学习、推理、自我修正、自然语言处理、图像识别、语音理解及生成等。人工智能不局限于特定任务的自动化,更核心的是通过复杂的算法和模型模拟人类的思维过程,以实现更高的智能水平。

人工智能的发展历程可以追溯到 20 世纪 50 年代,经历了起起伏伏的 3 个阶段,如图 2.6 所示。

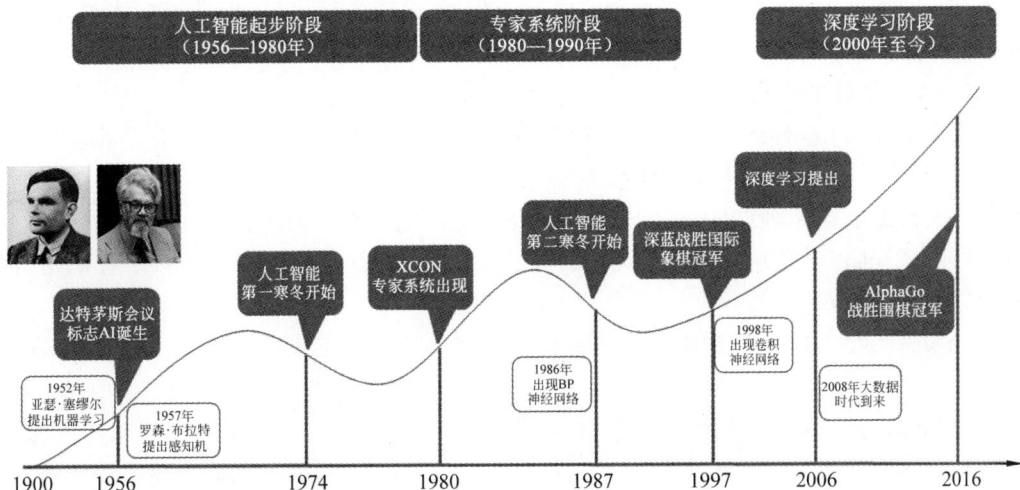

图 2.6 人工智能发展过程

第一阶段:人工智能起步阶段。

第二阶段:专家系统阶段。

第三阶段:深度学习阶段。

中国在人工智能领域立足自主创新,已构建起包括智能芯片、大模型、基础架构和操作系统、工具链、深度学习平台和应用技术在内的人工智能技术体系、产业创新生态和企业联盟,对重塑工业体系、大力推进新型工业化的关键支撑效应正逐渐显现。

图灵测试(The Turing Test)起源于计算机科学和密码学的先驱艾伦·图灵发表于 1950 年的一篇论文《计算机器与智能》。该测试的流程是,一名测试者写下自己的问题,随后将问题以纯文本的形式(如计算机屏幕和键盘)发送给另一个房间中的一个人与一台计算机。测试者根据他们的回答来判断哪一个是真人、哪一个是计算机。所有参与测试的人或计算机都会被分开。这个测试旨在探究计算机能否模拟出与人类相似或无法区分的智能。

现在的图灵测试时长通常为 5 分钟,如果计算机能回答由人类测试者提出的一系列问题,且其超过 30% 的回答让测试者误认为是人类所答,则该计算机通过测试。

1)人工智能技术

人工智能技术包括但不限于以下几方面。

(1)自然语言处理:让计算机理解自然语言,能够正确地处理文本,实现语音识别、自动翻译、智能问答等功能。

(2)计算机视觉:让计算机可以像人一样"看",识别图像和视频,并且理解场景,实现自动驾驶、智能监控、人脸识别等功能。

（3）语音识别：通过识别语音，将人的声音转换为文本或指令，实现智能助手、搜索等功能。

（4）机器人技术：让机器具备人类行为特征和认知能力，通过仿真和机器学习，实现自主决策和智能互动。

（5）智能推荐：通过对用户行为和数据的分析，自动推荐内容，提升用户体验和服务精准度。

2）人工智能的应用

人工智能的应用已经渗透到现代社会的各个角落，从日常生活到高科技产业，无一不体现着 AI 的广泛影响。人工智能在不同领域的主要应用如下。

（1）自然语言处理（Natural Language Processing，NLP）是人工智能的一个重要分支，它使计算机能够理解和生成人类语言。这一技术广泛应用于机器翻译、语音识别、情感分析、智能客服等领域。

（2）机器学习是人工智能的核心技术之一，它使计算机能够从数据中学习并改进其性能。

（3）医疗健康是人工智能在医疗健康领域的应用。人工智能技术正在改变传统的医疗模式。人工智能的知识表示、推断，机器学习等技术将在智能诊疗、医学影像智能识别、医疗机器人、药物智能研发和智能健康管理等多个领域得到应用，例如，深度学习模型可以通过分析医学影像资料来辅助医生进行疾病诊断，提高诊断的准确性和效率。

（4）在教育领域，人工智能可以为学生提供个性化的学习体验和辅导服务。通过智能推荐系统、虚拟助教等工具，人工智能可以根据学生的学习习惯和兴趣推荐适合的学习资源，并提供实时的学习反馈和指导。

（5）自动驾驶技术是人工智能在交通领域的杰出应用。它结合了传感器技术、计算机视觉、机器学习等先进技术，使车辆能够自主感知环境、规划路径并执行驾驶任务。

（6）智能家居是人工智能与物联网技术结合的产物。通过智能家电、智能安防等设备，用户可以实现对家居环境的远程控制和智能化管理。

（7）在娱乐领域，人工智能技术则被用于游戏开发、虚拟现实体验等方面，为用户带来更加沉浸式的娱乐体验。

（8）在智能制造与工业自动化领域，人工智能通过机器视觉、机器人技术、预测性维护等技术，可以实现生产过程的智能化、自动化和精细化管理。这不仅可以提高生产效率和质量，还可以降低生产成本和能耗。

2.2　生成式人工智能的应用

知识目标：
- 了解人工智能的发展过程与应用现状。
- 掌握生成式人工智能的沟通技巧。

能力目标：

- 能够熟练使用生成式人工智能工具。
- 能够应用所学知识解决实际问题。

素养目标：

- 培养学生对人工智能技术的兴趣，激发探索未知的热情，培养创新思维和解决问题的能力。

本节内容思维导图如图 2.7 所示。

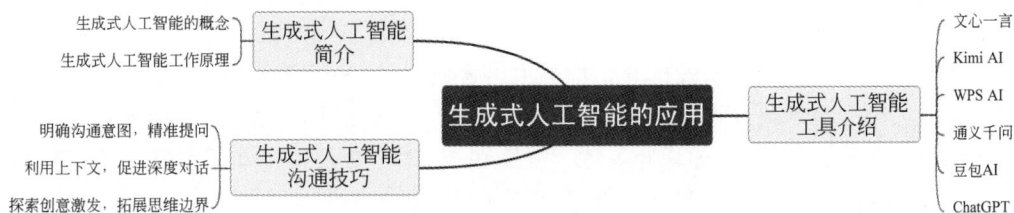

图 2.7　生成式人工智能的应用思维导图

在过去的几年中，生成式人工智能经历了飞速发展。从最初的简单图像生成，到如今能够生成高质量的文章、绘画，甚至进行视频合成，生成式人工智能的能力不断提升。这些技术的普及不仅使得人工智能能够在更多领域中应用，也在逐步改变人们的生活和工作方式。

【思考】

问题 1：你平时常用的生成式人工智能工具有哪些？

问题 2：结合自己专业，思考岗位工作中能用到哪些人工智能技术。

2.2.1　生成式人工智能简介

生成式人工智能（Generative Artificial Intelligence，GAI）是一种人工智能技术，其核心目标是利用计算机算法和数据生成新的、具有实际价值的内容。这种技术可以模拟人类的创造力和想象力，从而生成文本、图像、音频和视频等多种类型的数据。

生成式人工智能的工作原理主要基于深度神经网络和概率模型。模型通过大量数据进行训练，学习数据的概率分布和内在规律。在训练过程中，模型会不断调整其参数以更好地拟合数据。一旦训练完成，模型就能够根据输入的初始条件（如噪声向量）生成新的数据。生成式人工智能在自然语言处理、计算机视觉、音频生成等多个领域都有广泛的应用，相关应用介绍如下。

（1）文本生成。基于大规模语料库训练的语言模型可以创作新闻文章、故事、诗歌甚至剧本。

（2）图像生成。近年来，生成式人工智能在图像生成领域取得了显著进展，为艺术家、设计师和普通用户提供了全新的创作工具和手段。

（3）音乐创作。生成式人工智能作曲系统能够依据既定风格或情绪要求创作出原创音乐作品，改变了传统音乐制作格局。

（4）程序代码生成。生成式人工智能可以根据自然语言的需求描述直接生成代码片段，开启了自动编程的新纪元。

（5）设计与创新。在工业设计、建筑设计等领域，生成式人工智能亦能辅助设计师快速生成多种设计方案，极大地提升了创新效率。

2.2.2 生成式人工智能工具介绍

1. 文心一言

文心一言是百度公司研发的知识增强大语言模型，它基于 Transformer 结构，依托百度强大的大模型技术研发而成。文心一言能够与人对话互动，回答问题，协助创作，高效便捷地帮助人们获取信息、知识和灵感。百度在 2023 年 3 月推出知识增强大语言模型；2023 年 6 月，百度文心大模型 3.5 版本已内测可用；2023 年 8 月，文心一言向全社会开放；2023 年 10 月，文心大模型 4.0 正式发布，在理解、生成、逻辑和记忆能力上都有着显著提升。文心一言界面如图 2.8 所示。

图 2.8　文心一言界面

文心一言的对话功能是一个基于 Transformer 结构的知识增强大语言模型，是核心的能力之一。通过对话，文心一言可以与用户进行自然语言交互，回答用户的问题，提供相关信息，甚至进行知识解答、计算、生成图片等。对话功能具备以下几个特点：自然语言理解、知识问答、上下文关联、多轮对话、个性化与适应性。

2. Kimi AI

Kimi AI 是一款由北京月之暗面科技有限公司（Moonshot AI）开发的智能助手，通过对话的形式为用户提供帮助和信息。Kimi AI 具备阅读和理解用户上传文件的能力，能够访问互联网搜索信息，并结合这些信息为用户提供准确的回答，其界面如图 2.9 所示。

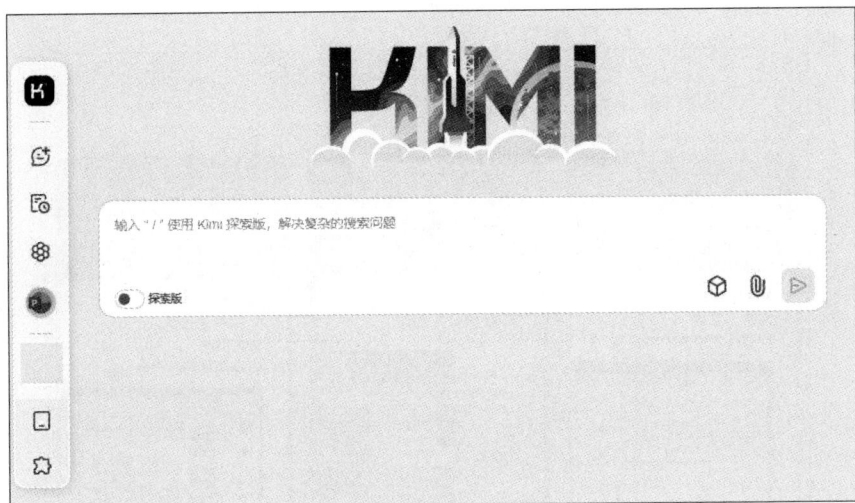

图 2.9　Kimi AI 界面

Kimi AI 主要特点如下：

（1）长文本处理能力。Kimi AI 在发布时便支持约 20 万汉字的无损上下文输入，这一功能在当时创造了消费级 AI 产品所支持的上下文输入长度的新纪录。随后，Kimi AI 在长文本处理方面持续突破，目前支持的无损上下文长度已提升至 200 万字，这一升级使得 Kimi AI 在处理复杂、长篇的文本输入时更加得心应手。

（2）多语言能力。Kimi AI 具备多语言能力，尤其在中文处理上具有显著优势。其结合了 GPT 系列模型的语言处理能力，并增加了文件解析和网页内容提取功能，使得回答更加全面丰富。

（3）文件处理能力。Kimi AI 可以处理各种格式的文件，如 PDF、DOC、XLSX、PPT 等，并且具有较大的处理上限。用户可以上传文件并请求 Kimi AI 进行解析、总结或回答问题。

（4）智能搜索功能。Kimi AI 的智能搜索功能可以根据用户的问题，主动去互联网上搜索、分析和总结最相关的多个页面，生成更直接、更准确的答案。

Kimi AI 的应用场景如下：

（1）学术研究。对于科研人员来说，Kimi AI 可以快速阅读并深入理解大量文献，用母语掌握文献的精髓，解释复杂学术概念，分析研究结果，并撰写论文。

（2）教育学习。对于学生来说，Kimi AI 可以帮助处理学习资料，提供学习指导，激发创作灵感，辅助写作和研究。

（3）程序设计。Kimi AI 可以辅助编程、问题解答、代码注释、API 文档阅读等。

（4）内容创作。Kimi AI 可以学习特定风格辅助创作，快速搜集创作所需信息提供丰富的资料与灵感。

3. WPS AI

WPS AI 是金山办公软件中的一款智能助手，它集成了先进的 AI 技术，为用户提供高效、便捷的办公体验,其界面如图 2.10 所示。

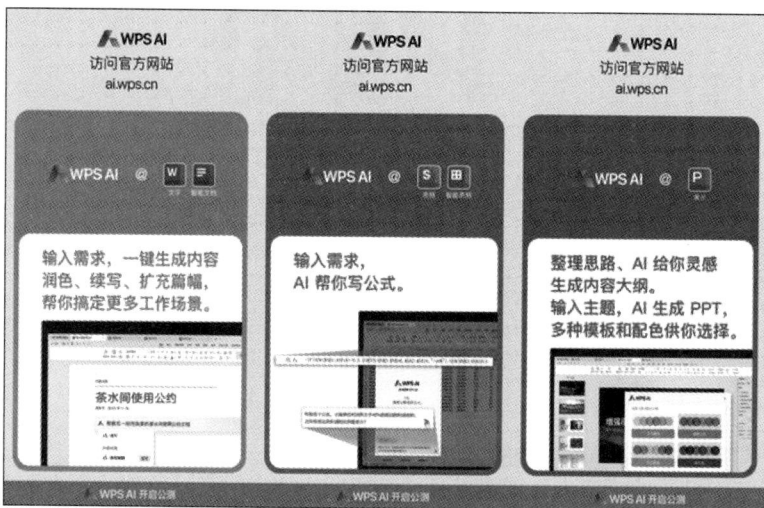

图 2.10 WPS AI 界面

WPS AI 主要功能如下:

(1) 自动生成内容。WPS AI 可以根据用户的需求,自动生成文档、表格、幻灯片等各类办公文件。

(2) 智能排版。WPS AI 可以自动调整文档的格式、字体、段落等,使文档更加美观和专业。特别在 PPT 演示文稿中,WPS AI 能一键调整主题、配色和字体,实现高效排版美化。

(3) 智能纠错。WPS AI 可以自动检测文档中的拼写、语法等错误,并提供纠正建议,提高文档质量。

(4) 智能翻译。WPS AI 支持多语言翻译功能,可将文档中的内容快速翻译成多种语言,方便与国际合作伙伴沟通交流。

(5) 数据统计与分析。WPS AI 对表格数据进行快速分析和处理,帮助用户更好地掌握数据情况。在智能表单中,WPS AI 还具备数据分析功能,提升信息收集和处理效率。

4. 通义千问

通义千问是阿里云推出的一个大规模的语言模型,功能包括多轮对话、文案创作、逻辑推理、多模态理解、多语言支持。它具备多种强大功能,并在多个领域取得了显著成就,如图 2.11 所示。

通义千问的应用领域非常广泛,可以应用于金融、医疗、教育、物流等多个行业和领域,主要功能如下:

(1) 多轮对话。通义千问能够与用户进行连续、连贯的对话交流,理解和记忆对话上下文,实现深层次的沟通。

(2) 文案创作。通义千问能够根据用户需求生成各类文章、故事、新闻稿件、广告语、

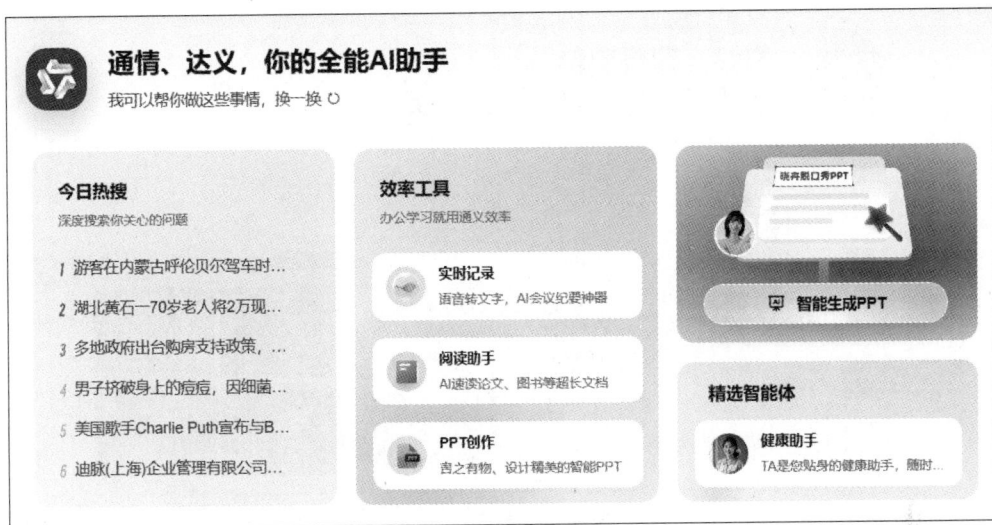

图 2.11　通义千问界面

产品说明等,展现了强大的文本生成能力。

（3）逻辑推理。通义千问面对复杂问题时,能够进行一定程度的逻辑分析和推理,给出合理解答。

（4）多模态理解。通义千问能够融合并理解文本、图像等多种信息源,进行跨模态的智能交互,满足用户多样化的信息需求。

（5）多语言支持。通义千问能够处理和生成多种语言的内容,实现跨语言的沟通与信息获取,打破语言障碍。

（6）知识问答。通义千问基于大量的训练数据,能够解答各个领域的常见问题及部分专业问题,为用户提供准确、全面的知识服务。

5. 豆包 AI

豆包 AI 是由字节跳动开发的一款智能 AI 机器人,它集成了多种功能,为用户提供了便捷的智能化服务,其界面如图 2.12 所示。

豆包 AI 的应用场景包括个人生活、工作学习、企业服务等多个领域。可以帮助用户进行日常写作、翻译、图片生成、内容创作、数据分析等任务。豆包 AI 主要功能如下:

（1）AI 智能写作。豆包 AI 可以智能生成各种文案,包括日报、周报、月报、文本大纲、朋友圈等内容。用户只需简单描述文案主题,选择文案语气,即可生成高质量文案内容。

（2）AI 智能翻译。豆包 AI 支持多国语言翻译,能够轻松处理各种文本内容,甚至包括外语文献的专业词汇翻译,并确保翻译的准确性和专业性。

（3）AI 智能生成图片和漫画。用户只需简单描述图片内容,豆包 AI 即可生成贴合文案的图片或漫画,为内容创作提供有力支持。

（4）虚拟 AI 人物聊天。豆包 AI 提供虚拟 AI 人物聊天功能,用户可以与自己喜欢的

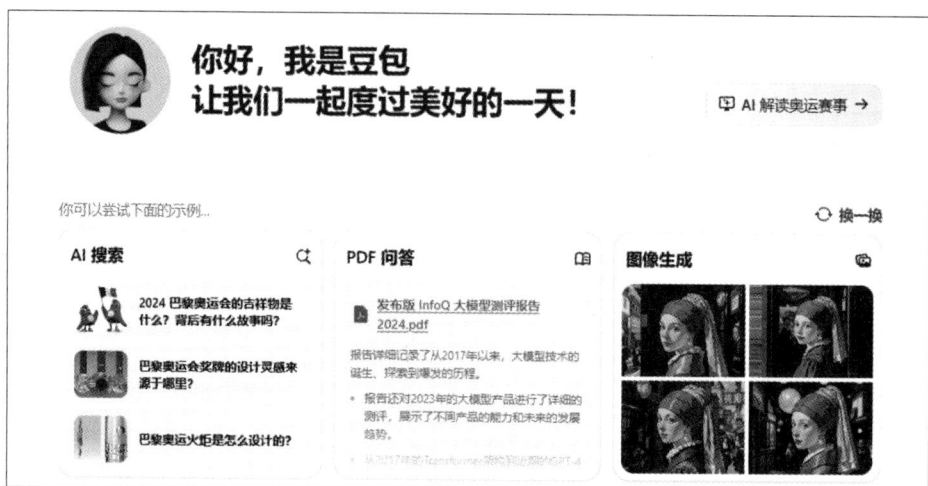

图 2.12　豆包 AI 界面

游戏、动漫、影视剧、历史人物等进行对话，体验如真人般的聊天体验。同时，用户还可以自己创建虚拟 AI 角色，或直接与他人创建分享的角色进行对话。

（5）AI 学习工具。豆包 AI 具备拍照搜题和学习问答功能，可以帮助用户解决学习中的问题，提高学习效率。

6. ChatGPT

ChatGPT(Chat Generative Pre-trained Transformer)是美国开放人工智能研究中心 (OpenAI)研发的一款聊天机器人程序，其界面如图 2.13 所示。ChatGPT 是人工智能技术驱动的自然语言处理工具，它能够基于在预训练阶段所见的模式和统计规律，来生成回答，还能根据聊天的上下文进行互动，真正像人类一样来聊天交流，还能完成撰写论文、邮件、脚本、文案、翻译、代码等任务。作为最知名的 AI 工具，ChatGPT 功能全面，智能化程度非常高，在文字处理、文档识别、数据分析、图像处理方面都有巨大的先发优势。

ChatGPT 的主要功能如下：

（1）对话生成。ChatGPT 能够与用户进行流畅、自然的对话，提供实时的智能问答功能。这种能力使得它在客户服务、智能助手和聊天机器人等领域具有很高的应用价值。

（2）文本生成。除了对话生成外，ChatGPT 还具备强大的文本生成能力。它可以根据给定的主题、关键词或开头，自动生成结构合理、内容丰富的文章，适用于新闻撰写、博客创作、营销宣传等内容创作领域。

（3）编程帮助。ChatGPT 还能理解和生成编程语言，为程序员提供实时的编程帮助，如解答代码相关问题、提供代码示例、帮助检查和调试程序等。

（4）语言翻译。ChatGPT 支持多语言之间的实时翻译，为跨语言交流提供便利，特别适用于国际贸易、旅游、教育等领域。

（5）教育辅导。作为在线教育辅导工具，ChatGPT 能够帮助学生解答各类学术问题，提供定制化的学习建议和资料，从而提高学习效率。

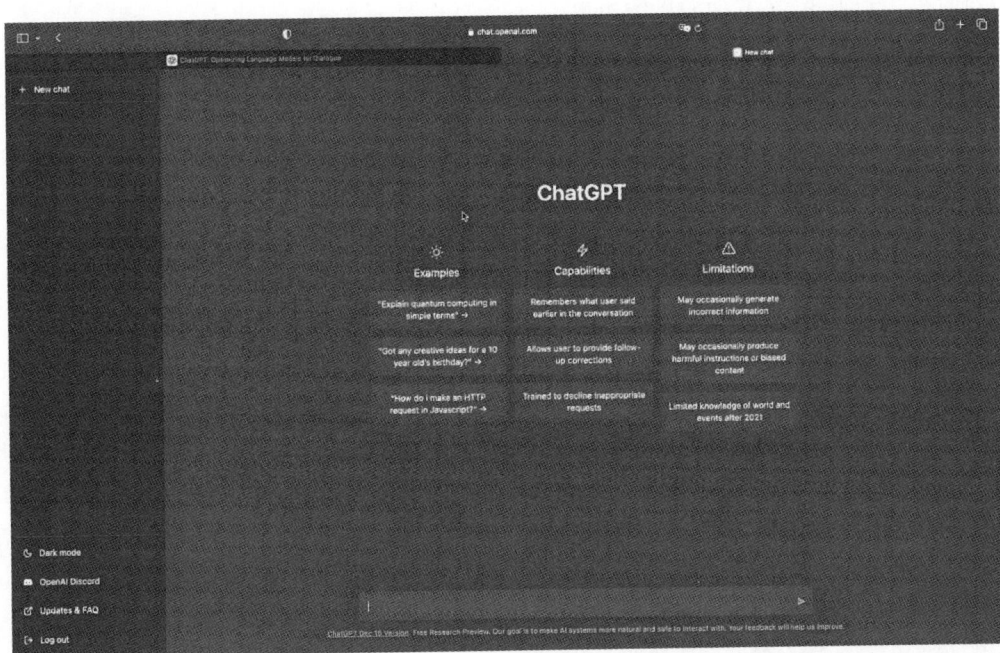

图 2.13　ChatGPT 界面

2.2.3　生成式人工智能沟通技巧

在使用生成式人工智能工具时,"具体而详细"对于提高问题解答的有效性至关重要。明晰具体需求,细节描述尽可能全面,如此操作能够显著提升获得满意答案的概率,确保沟通无障碍,效果显著。

生成式人工智能本质上就是人机对话机器人,要熟练掌握人机对话的技巧。从基础的对话到高阶对话,解锁智能对话的无限可能。可以从以下几方面增强生成式人工智能使用的有效性。

(1)明确沟通意图,精准提问。互动的第一步,是清晰而明确地表达你的需求。构建问题时,务必简洁明了,直指核心。例如,与其问"关于人工智能的应用有哪些?"不如具体化为"请介绍人工智能在医疗领域的应用及优势"。这样的提问方式不仅能更快得到针对性回答,还能引导生成式人工智能展现其深度解析的能力。

(2)利用上下文,促进深度对话。使用生成式人工智能工具时,使得该工具能理解并记住对话的上下文,从而实现连续、流畅的交互体验。这要求我们在对话中保持话题的连贯性,利用前文的信息进行进一步的探讨或追问,让对话逐步深入,挖掘更多有价值的信息。

(3)探索创意激发,拓展思维边界。生成式人工智能工具不仅是一个知识库,更是一个创意的火花源。当你需要灵感时,不妨尝试向它提出开放性问题,如"请构想一篇关于未来城市的科幻故事"。这类问题能够激发生成式人工智能工具的创造力,为你提供多种新颖的想法和视角,拓宽你的思维边界。

【实践任务】

与 AI 对话最关键的是输入准确的提示词。提示词包括参考、动作、目标、要求。参考是指完成任务时需要知道的一切背景和材料。比如你想包括的要点,结构范围等。动作是指具体要解决某件事的动作,比如撰写、生成、总结、回答。目标是指动作的对象,比如文章、图片、视频方案。简单地说,动作是谓语,目标则是宾语。要求是指生成内容时需要遵循的各种细节要求。

下面给出一个实际的案例:

当时我出差准备返程,由于买票太迟了,已经没有直达的车票,所以我就多买了两站,结果报销差旅费用时,财务审核人员说必须提交书面说明。所以我提示词是这么写的:"你是一个应用文写作资深专家,现在帮我写一篇报销差旅费的情况说明,我出差返程期间,因为车票售罄而被迫选择了多买两站到 A 站点,导致费用超标,请写一段文字,让我能顺利通过报销。"首先来分析一下这个提示参考信息,包括我给 AI 设立的作家角色、车票售罄的背景和多买票费用超标等信息。动作就一个字"写",目标则是差旅费用报销情况说明,要求信息只有一条,就是要写的能通过财务审核。大家可以通过反复修改提示,直到生成的结果满意为止。一般用这个公式写的提示词不会偏差太远。

请结合课本知识,合理利用人工智能工具,使用人工智能工具完成一份"智慧医疗现状及其未来发展"报告。请注意提示词的输入。

步骤 1:了解当前各国在智慧医疗应用领域有哪些成果。

步骤 2:了解智慧医疗的技术支持有哪些。

步骤 3:利用 AI 写一份关于"智慧医疗现状及其未来发展"的报告。

练 习 题

一、单选题

1. AI 是(　　)的英文缩写。

    A. Automatic Intelligence   B. Artifical Intelligence

    C. Automatic Information   D. Artifical Information

2. 三层结构类型的物联网不包括(　　)。

    A. 感知层   B. 网络层   C. 应用层   D. 会话层

3. 云计算是对(　　)技术的发展和运用。

    A. 并行计算   B. 网络计算   C. 分布式计算   D. 以上都是

4. 物联网的核心是(　　)。

    A. 应用   B. 产业   C. 技术   D. 标准

5. RFID 属于物联网的(　　)。

    A. 应用层   B. 网络层   C. 业务层   D. 感知层

6. 下列属于云服务提供商的是(　　)。

    A. 亚马逊　　　　　　B. 阿里巴巴　　　　　C. 微软　　　　　　　D. 以上都是

7. 下列部门需要云计算的是(　　)。

    A. 政府　　　　　　　B. 教育　　　　　　　C. 电力　　　　　　　D. 以上都是

8. 以下各项活动中,不涉及价值转移的是(　　)。

    A. 通过微信发红包给朋友

    B. 在抖音上传并分享一段自己制作的视频

    C. 在书店花钱购买了一本区块链相关的书籍

    D. 从银行取出到期的 10 万元存款

9. 区块链是一个分布式共享的账本系统,这个账本有 3 个特点,以下不属于区块链账本系统特点的一项是(　　)。

    A. 可以无限增加　　　B. 加密　　　　　　　C. 无顺序　　　　　　D. 去中心化

10. 以下对区块链系统的理解正确的有(　　)。

    A. 区块链是一个分布式账本系统　　　　　B. 存在中心化机构建立信任

    C. 每个节点都有账本,不易篡改　　　　　D. 能够实现价值转移

11. 关于 AI 语言模型的理解,以下最接近于"文心一言"的特点的是(　　)。

    A. 主要用于图像识别与分类　　　　　　　B. 专注于自然语言处理与生成

    C. 强调自动驾驶技术　　　　　　　　　　D. 侧重于生物信息学的数据分析

12. "文心一言"作为一种 AI 语言模型,其核心优势可能不包括的是(　　)。

    A. 强大的自然语言理解能力　　　　　　　B. 高效的文本生成能力

    C. 实时面部识别与追踪　　　　　　　　　D. 多轮对话与上下文理解

13. 在人工智能领域,与"文心一言"类似,(　　)公司也推出了自己的大型语言模型。

    A. 谷歌(Google)与 BERT　　　　　　　　B. 微软(Microsoft)与小冰

    C. 百度(Baidu)与 ERNIE　　　　　　　　D. 脸书(Facebook)与 GPT-3

14. 以下描述最能体现"文心一言"在自然语言处理方面的应用的是(　　)。

    A. 它能够自动规划工业生产线上的机器人路径

    B. 它可以分析海量医疗数据以辅助医生诊断

    C. 用户可以通过它与 AI 进行流畅、自然的对话交流

    D. 它擅长于分析金融市场数据以预测股票走势

15. 在"文心一言"的应用场景中,以下不属于其核心应用领域的是(　　)。

    A. 智能客服　　　　　　　　　　　　　　B. 内容创作辅助

    C. 自动驾驶车辆控制　　　　　　　　　　D. 知识问答系统

16. 以下为阿里巴巴推出的智能客服功能的是(　　)。

    A. 文心一言　　　B. 通义千问　　　C. 讯飞星火　　　D. 腾讯元宝

17. "通义千问"采用了(　　)来识别用户意图。

    A. 语音识别技术　　　　　　　　　　　　B. 自然语言处理技术

    C. 图像处理技术　　　　　　　　　　　　D. 机器学习技术

18. 下列不属于"通义千问"的优势的是（　　　）。
   A. 减少客服人员负担　　　　　　　　B. 协助用户快速解决问题
   C. 替代所有客服人员　　　　　　　　D. 具有良好的可扩展性和智能化程度

19. "通义千问"在以下（　　　）的表现可能不如其他智能客服系统。
   A. 文本识别准确率　　　　　　　　　B. 意图理解能力
   C. 实时响应速度　　　　　　　　　　D. 复杂问题解决能力

20. 豆包 AI 是由（　　　）开发的。
   A. 腾讯　　　　　　B. 阿里巴巴　　　　C. 字节跳动　　　　D. 华为

21. 以下不属于豆包 AI 的主要功能的是（　　　）。
   A. AI 划词翻译　　　B. 语音聊天　　　　C. AI 伴读 PDF　　　D. 图片生成

22. 豆包 AI 在（　　　）方面的表现尤为突出。
   A. 深度学习算法研究　　　　　　　　B. 实时翻译多种语言
   C. 复杂数学问题解答　　　　　　　　D. 高情商聊天与对话

23. 豆包 AI 提供的使用方式是（　　　）。
   A. 仅网页版　　　　　　　　　　　　B. 仅 App 版
   C. 网页版和 App 版均提供　　　　　　D. 只能通过微信小程序使用

24. ChatGPT 是基于（　　　）技术的人工智能模型。
   A. 深度学习　　　　B. 规则引擎　　　　C. 图像处理　　　　D. 语音识别

25. ChatGPT 的主要功能不包括（　　　）。
   A. 回答各类问题　　　　　　　　　　B. 实时翻译多种语言
   C. 绘制复杂图形　　　　　　　　　　D. 提供创意灵感

二、简答题

1. 新一代信息技术包含哪些技术？
2. 简要说明云计算的基本特征。
3. 物联网的本质特征是什么？
4. 新技术的发展为医疗领域带来哪些变化？

三、思考题

1. 什么是新一代信息技术？它与传统信息技术有何不同？
2. 新一代信息技术未来的发展方向是怎样的？前景如何？
3. 在大学生创新创业项目比赛中，你需要做一份市场调查问卷，并生成调查报告，你会如何利用 AI 帮助你高效完成此项工作呢？

第 3 章 操作系统与计算机安全

本章我们主要学习操作系统与计算机安全。包括计算机操作系统的相关概念、文件和文件夹管理、操作系统的常用设置、计算机病毒的相关概念及常用的计算机病毒防范方法。培养学生的信息思维,信息素养,提升学生的信息处理能力,使学生能够使用计算机来解决具体问题。

3.1 操作系统概述与文件管理

知识目标:

- 了解操作系统的相关概念。
- 掌握文件和文件夹的基本操作。

能力目标:

- 能够熟练使用常见的操作系统。
- 能够有效规范地管理文件和文件夹。

素养目标:

- 培养信息意识、科技创新精神。
- 培养综合应用信息技术能力,建立职业信息素养。

本节内容思维导图如图 3.1 所示。

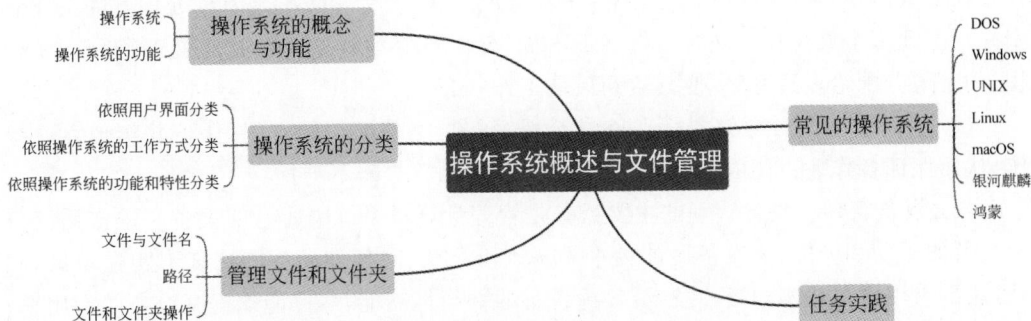

图 3.1 操作系统概述与文件管理思维导图

学习或工作中,我们需要使用操作系统对计算机中的文件和文件夹进行管理,这就需要对操作系统有一定的了解并熟悉其使用方法。

【思考】

问题1：操作系统有哪些功能？

问题2：常见的文件类型有哪些？

问题3：文件有哪些属性？能不能将文件隐藏起来？

3.1.1 操作系统的概念与功能

1. 操作系统

操作系统(Operating System,OS)是管理计算机硬件、软件资源,控制其他程序运行并为用户提供交互界面的系统软件集合。它是介于硬件和应用软件之间的一个系统软件,直接运行在"裸机"上。

操作系统是硬件和软件的接口,它负责管理所有硬件和软件资源,实现资源充分合理利用。操作系统是硬件和用户之间的接口,为用户提供一个简洁明了、方便易用的界面。用户通过操作系统可以方便地使用计算机的所有资源。

从使用者层面上,操作系统屏蔽了计算机内部复杂的硬件结构,用户只需通过操作系统来使用计算机。用户对计算机硬件的指令转换为对操作系统下达命令,再由操作系统去指挥、调度有关软件、硬件按照预设的程序运作,这样就极大地方便了用户。可以说,没有操作系统,就无法使用计算机。

2. 操作系统的功能

操作系统的功能是调度、分配和管理所有的硬件和软件资源,使它们统一、协调地运行。同时,操作系统又要为用户提供一个方便有效的控制接口,保证用户能够操作计算机实现其需求。

(1) 处理器管理。在单用户单任务的情况下,只有一个任务在运行,它独占 CPU。在多任务或多用户的情况下,要组织多个任务同时运行,为了极大地发挥处理器的工作效率并且保证多个处理任务同时运行互不干扰,就要对处理器进行有效的管理,把 CPU 合理、动态地分配给多道程序,使其达到最佳工作状态。

(2) 存储器管理。存储器管理负责给程序和数据分配存储空间,保护并实现存取操作,从而保证各作业占用的存储空间不发生矛盾,相互之间不干扰。

(3) 设备管理。设备管理的主要任务是管理计算机系统中所有的设备。操作系统负责设备的驱动和分配,为设备提供缓冲区以缓和 CPU 同各种设备的速度不匹配矛盾,此外,还常采用虚拟技术和缓冲技术,发挥设备的并行性功能,尽可能地提高设备的利用率。

(4) 文件管理。在计算机系统中,通常把程序和数据以文件的形式存储在存储器中,文件管理的主要任务是对用户文件和系统文件进行有效管理,实现文件的共享、保护和保密,进行文件目录管理、文件存储空间的分配,保证文件的安全。

（5）用户接口。用户通过操作系统提供的接口使用计算机，通常操作系统向用户提供如下 3 种接口。

- 命令接口。用户通过一组键盘命令发出请求，命令解释程序对该命令进行分析，然后执行相应的处理程序以完成相应的功能。
- 程序接口。提供一组系统调用命令供用户程序和其他系统程序调用。当这些程序请求进行数据传输、文件操作时，通过命令向操作系统发出请求，并由操作系统完成。
- 图形接口。操作系统为用户提供了一种更加直观的接口方式，它采用图形化的形式，借助于窗口、对话框、菜单和图标等多种方式实现。用户则可以通过单击鼠标或触摸屏幕指示操作系统实现相应的功能。

3.1.2　操作系统的分类

操作系统的种类繁多，分类方法也很多。

1. 依照用户界面分类

（1）命令行界面操作系统。用户通过输入命令操作计算机，用户操作时在命令提示符后（如 C：\DOS）输入命令。典型的命令行界面操作系统有 MS-DOS（图 3.2）、Novell 等。

（2）图形用户界面操作系统。在这种操作系统中，每一个文件、文件夹和程序都用图标来表示，所有的命令都被组织成菜单或按钮的形式。运行程序时，只需用鼠标或屏幕触摸对图标、菜单或按钮进行操作即可。典型的图形用户操作系统有 Windows 操作系统（图 3.3）、Linux、macOS 等。

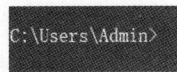

C:\Users\Admin>

图 3.2　MS-DOS 界面

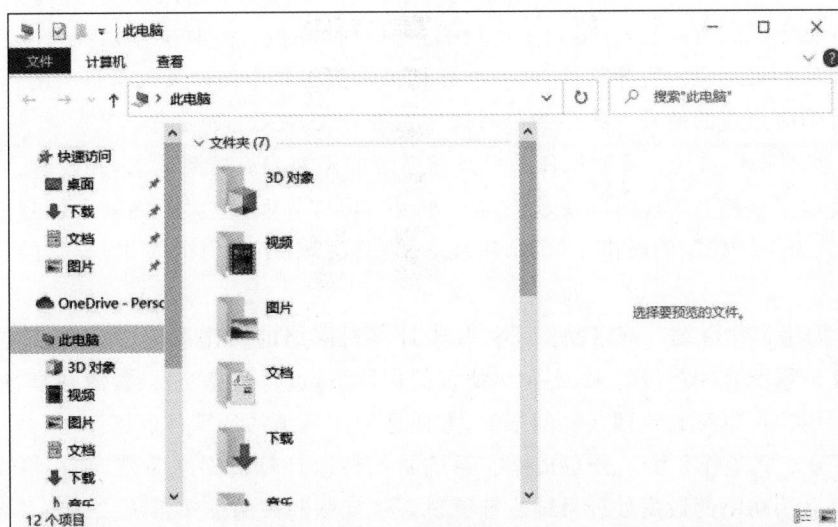

图 3.3　Windows 界面

2. 依照操作系统的工作方式分类

（1）单用户单任务操作系统。单用户单任务操作系统是指一台计算机同时只能有一个用户使用，该用户一次只能提交一个作业，一个用户独自享用系统的全部硬件和软件资源。常用的单用户单任务操作系统有 MS-DOS、PC-DOS、CP/M 等。

（2）单用户多任务操作系统。单用户多任务操作系统允许用户一次提交多项任务，例如，用户可以在运行一个程序的同时开始另一个程序的运行。常用的单用户多任务操作系统有 OS/2、Windows 3.x/95/98 等。

（3）多用户多任务操作系统。多用户多任务操作系统允许多个用户共享同一台计算机的资源，即在一台计算机上连接几台甚至几十台终端机，这些终端机没有自己的 CPU 和内存，只有键盘和显示器，每个用户都通过各自的终端机使用这台计算机的资源，计算机按固定的时间片轮流为每个终端机提供服务。常用的多用户多任务操作系统有 Windows XP、Windows 10、UNIX 等。

3. 依照操作系统的功能和特性分类

（1）批处理操作系统。批处理操作系统出现在 20 世纪 70 年代，当时由于单用户单任务操作系统的 CPU 使用效率低，I/O 设备资源没有充分利用，因而产生了多道批处理系统，它主要运行于大、中型计算机上。多道是指多个程序或多个作业同时存在和运行，故也称多任务操作系统。IBM 的 DOS/VSE 就属于这类操作系统。

（2）分时操作系统。分时操作系统是在一台计算机周围连接若干台近程或远程终端，每个用户可以在各自的终端上以交互方式控制作业运行。虽然各个用户使用的是同一台计算机，但由于分时操作系统将 CPU 时间资源划分成极短时间片，轮流分给每个终端用户使用，当一个用户的时间片用完后，CPU 就转给另一个用户，时间片时间非常短，人们根本感觉不到有延迟，好像每个用户都独占着计算机。分时操作系统可以在较短的时间内保证所有用户的程序都执行一次，并且可以满足每个用户及时与自己的程序交互，系统及时响应用户的请求。典型的分时操作系统有 UNIX、Linux 等。

（3）实时操作系统。实时操作系统是指系统能迅速响应控制请求，并及时、快速地完成数据处理。这种有响应时间要求的实时处理过程称为实时过程，如果系统超出了响应的时间，就失去了控制的时机。例如，在自动驾驶仪控制下飞行的飞机、导弹的自动控制系统。

（4）网络操作系统。网络操作系是基于计算机网络的操作系统，其将地理位置上分散的计算机系统互相连接起来，在网络协议的控制下，进行信息交换、资源共享、通信及网络管理。用户可以突破地理条件的限制，方便地使用远地的计算机资源。

（5）分布式操作系统。分布式操作系统是一种以计算机网络为基础的，将物理上分布的具有自治功能的数据处理系统或计算机系统互联起来的操作系统。分布式系统中各台计算机无主次之分，系统中若干台计算机可以并行运行同一个程序，分布式操作系统用于管理分布式系统资源。

（6）嵌入式操作系统。嵌入式操作系统是一种运行在嵌入式智能芯片环境中,对整个智能芯片以及它所操作、控制的各种部件装置等资源进行统一协调、处理、指挥和控制的系统。

3.1.3　常见的操作系统

1. DOS

1981年,IBM 推出带有 Microsoft 16 位操作系统 DOS 1.0 的个人计算机,其采用命令行界面,依靠输入字符命令进行人机交互控制。目前,在一些计算机硬件管理和编程时还会使用 DOS 命令,用户可以右击 Windows 操作系统的"开始"按钮,在打开的菜单中单击"运行",在弹出的对话框中输入"cmd"后单击"确定"按钮启动 DOS,如图 3.4 和图 3.5 所示。

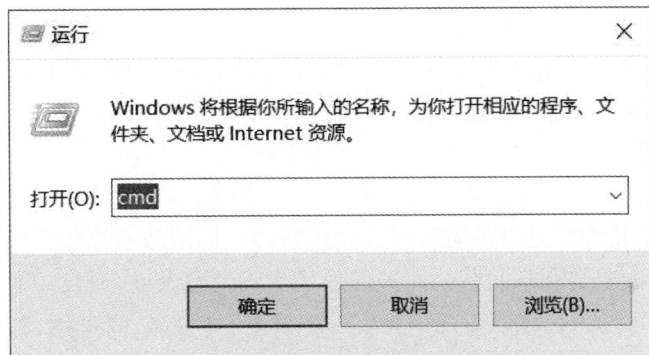

图 3.4　运行

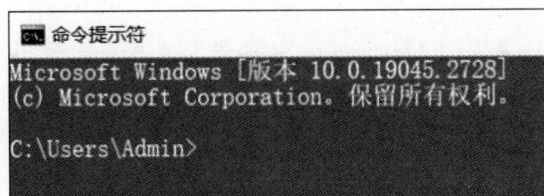

图 3.5　DOS 界面

2. Windows

随着计算机技术的发展,图形界面的操作系统应运而生。Windows 是由美国微软公司(Microsoft)在 MS-DOS 系统的基础上,创建的基于图形的多任务操作系统,其中有代表性的是 Windows XP、Windows 7、Windows 10 等,另外还有 Windows Server 等网络版系列。

3. UNIX

UNIX 操作系统诞生于美国 AT&T 公司,是典型的交互式、多用户、多任务操作系统。它支持多种处理器架构,具有开放性、公开源代码、易扩充、易移植、易改写的特点,可以安装与运行在微型机、工作站和大型机上,因其稳定可靠,被广泛应用在金融、保险等行业中。

4. Linux

Linux 操作系统是一个源代码开放的操作系统,它支持多用户、多任务、多线程和多CPU。用户可以对其进行分析、修改和添加功能,它安全、稳定,对硬件系统最不敏感,即可以做各种服务器操作系统,也可以安装在微型机上。

5. macOS

macOS 是苹果公司(Apple)开发设计的专用于苹果机的操作系统,一般无法在普通计算机上安装,是第一个在商业领域应用的图形用户界面的操作系统,具有很强的图形处理能力,广泛应用在桌面出版和多媒体领域。

6. 银河麒麟

银河麒麟(KylinOS)是由国防科技大学研制的开源服务器操作系统。此操作系统是863 计划重大攻关科研项目,目标是打破国外操作系统的垄断,研发一套中国自主知识产权的服务器操作系统。它有以下几个特点:高安全、高可靠、高可用、跨平台、中文化(具有强大的中文处理能力)。

7. 鸿蒙

华为鸿蒙系统(HUAWEI HarmonyOS)是华为技术有限公司开发的一款全新的面向全场景的分布式操作系统,其目标是创造一个超级虚拟终端互联的世界,将人、设备、场景有机地联系在一起,让消费者在全场景生活中接触的多种智能终端,实现极速发现、极速连接、硬件互助、资源共享,用合适的设备提供场景体验。

3.1.4　管理文件和文件夹

1. 文件与文件名

文件是操作系统管理的最小单位,计算机中许多数据如文档、图片、音乐、程序等,以文件的形式保存在存储介质上。

一个文件一般由主文件名、扩展名和文件图标组成,主文件名和扩展名中间用"."字符分隔。每个文件都有一个文件名,这样用户就不必关心文件的存储方法、物理位置及访问方式,直接以"按名存取"的方式来使用文件即可。

主文件名表示文件的名称,通过它可以知道文件的大概内容或含义,主文件名可用的字符为英文字母、数字、汉字以及符号(如 A～Z,0～9,!、@、♯、$、%、& 等),不能使用的字符为\、/、?、:、、*、"、>、<、|。通常,用户所取的文件名应具有一定的意义,以便于记忆。Windows 支持长文件名,其长度(包括扩展名)可达 255 个字符,一个汉字相当于两个字符,长文件名显示出更强的描述能力,也更容易被人理解。

扩展名文件用于区分文件的类型,用来辨别文件属于哪种格式,用什么应用程序来打开,不用类型的文件扩展名不一样,文件扩展名一般情况下不能修改,如果扩展名修改不当,系统有可能无法识别该文件,或无法打开该文件。

文件常用扩展名如表 3.1 所示。

表 3.1　文件常用扩展名

扩　展　名	说　　　明	扩　展　名	说　　　明
.dat	数据文件	.ini	系统配置文件
.bat	DOS 批处理文件	.exe	可执行文件
.com	命令文件	.dll	动态连接库文件
.hlp	帮助文件	.inf	信息文件
.htm	网页文件	.sys	系统文件
.rar、.zip	压缩文件	.txt	文本文件
.hlp	帮助文件	.htm	网页文件
.c	C 语言源程序	.java	Java 语言源程序
.wma	声音文件格式	.mid	MID(乐器数字化接口)文件
.mp3	音频文件	.avi	声音影像文件
.ppt	幻灯片文件	.psd	Photoshop 文件
.xls、.xlsx	Excel 文件	.scr	屏幕文件
.doc、.docx	Word 文件	.swf	Flash 文件
.bmp、.jpg	图像文件	.wav	波形声音文件
.pdf	Adobe Acrobat 文档	.ofd	文档文件

以“.ofd”文件为例,OFD(Open Fixed-layout Document)是一种国家标准文档文件,属于我国的一种自主格式,能够统一政府部门和党委机关电子公文文件格式,以方便地进行电子文档的存储、读取以及编辑。

2. 路径

在对文件或文件夹进行操作时,为了确定文件或文件夹在外存(硬盘、U 盘等)中的位置,需要按照文件夹的层次顺序沿着一系列的子文件夹找到指定的文件或文件夹。这种确定文件或文件夹在文件夹层次顺序中位置的一组连续的、由路径分隔符“\”分隔各文件夹名的字符串叫路径。描述文件或文件夹的路径有两种方法：绝对路径和相对路径。

绝对路径就是从目标文件或文件夹所在的根文件夹开始，到目标文件或文件夹所在文件夹为止的路径。绝对路径总是以盘符作为路径的开始符号。例如，123.txt 文件存储在 C 盘的 A 文件夹的 B 子文件夹中，则访问 123.txt 文件的绝对路径是 C:\A\B\123.txt。

相对路径就是从当前文件夹开始，到目标文件或文件夹所在文件夹的路径。一个目标文件的相对路径会随着当前文件夹的不同而不同。例如，如果当前文件夹是 C:\A，则访问文件 123.txt 的相对路径是..B\123.txt，这里的".."代表父文件夹。

3.文件和文件夹操作

1）文件夹内容的显示方式和排序方式

"查看"选项卡中提供了 8 种查看文件和文件夹的方式："超大图标""大图标""中图标""小图标""列表""详细信息""平铺""内容"，如图 3.6 所示。

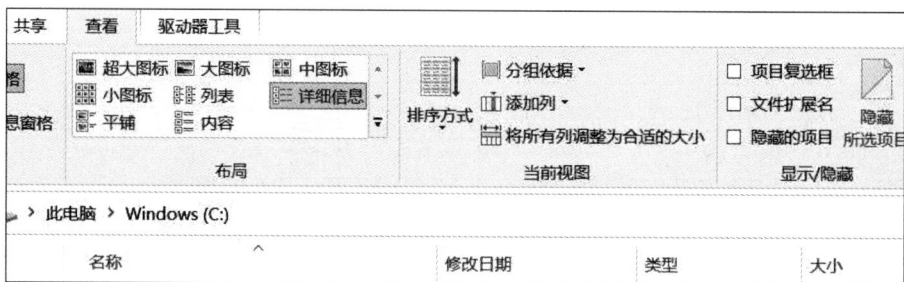

图 3.6　查看文件和文件夹的方式

在"详细信息"方式下，通常默认显示文件和文件夹的名称、大小、类型及修改日期等详细信息。单击窗格中列的名称，就以该列递增或递减排序。比如单击"名称"，则按文件或文件夹名称的递减排序；再次单击"名称"，则按文件或文件夹名称的递增排序。当单击"大小""类型""修改时间"等列时，同样进行递减或递增的排序。

2）选取文件（夹）

在管理文件和文件夹的过程中，要先选取操作对象再执行操作命令。对文件和文件夹的选取方法如下：

（1）选取单个文件或文件夹，只需单击所要选取的对象即可。

（2）选取多个连续的文件或文件夹。单击第一个要选取的文件或文件夹，然后按住【Shift】键，单击最后一个文件或文件夹即可。也可以用鼠标直接拖动选取多个连续的文件或文件夹。

（3）选取多个不连续的文件或文件夹。单击第一个要选取的文件或文件夹，然后按住【Ctrl】键逐个单击其他要选取的文件或文件夹。

（4）选取当前所有的文件或文件夹，可以按快捷键【Ctrl＋A】完成。

3）新建文件（夹）

通常可通过启动应用程序来新建文件，例如，在应用程序的新文档中写入数据，然后保存在磁盘上。另外,在窗口空白处右击,在弹出的快捷菜单中选择"新建"命令,在出现的文档类型列表中,选择文件夹或所需类型文件即可。

每创建一个新文档,系统会自动给它一个默认的名字,对于这个新建的文档,Windows 开始不会自动启动它的应用程序,要想编辑该文档,可以双击文档图标,启动相应的应用程序进行具体编辑。

4)移动或复制文件(夹)

(1)鼠标拖动。用鼠标选中目标文件或文件夹,同时按住【Shift】键或【Ctrl】键,将文件(夹)拖放至目的地,松开鼠标即可移动或复制文件或文件夹。如果该文件夹下包含有文件或子文件夹,则一并移动复制到目的地位置。

(2)快捷菜单。选定要移动或复制的文件或文件夹,右击打开快捷菜单,选择"剪切"或"复制"命令,然后将鼠标放在目的位置,右击打开快捷菜单,选择"粘贴"命令。

(3)快捷键操作。先选定要移动或复制的文件或文件夹,按快捷键【Ctrl+X】或快捷键【Ctrl+C】,然后将鼠标移至目的文件夹,进入该文件夹后按快捷键【Ctrl+V】。

5)重命名文件(夹)

重命名文件或文件夹常用以下方式:选定文件或文件夹,右击,在弹出的快捷菜单中选择"重命名"命令。

6)删除文件(夹)

删除文件可以采用以下几种方法之一:

(1)选定要删除的文件或文件夹,选择"主页"选项卡中的"删除"命令。

(2)选定要删除的文件或文件夹,右击,在弹出的快捷菜单中选择"删除"命令。

(3)选定要删除的文件或文件夹,按【Delete】键。

(4)选定要删除的文件或文件夹,用鼠标直接拖入"回收站"。

在执行上述操作后,系统会弹出确认文件(夹)删除对话框,单击"是"按钮即可完成删除操作(文件送到"回收站"),单击"否"按钮则取消删除操作。

若选择要删除的文件(夹),同时按住【Shift】键不放,然后按下【Delete】键,在出现的确认文件夹(夹)删除对话框中单击"是"按钮,则被删除的文件(夹)不送到回收站,而是直接从磁盘中删除。

7)文件属性设置

文件属性用于将文件分为不同类型,以便存放和传输,它定义了文件的某种独特性质。常见的文件属性有系统属性、隐藏属性、只读属性和存档属性。

对单个或多个文件(夹)进行属性设置时,在文件或文件夹上右击,打开"属性"对话框,单击"高级"按钮,如图 3.7、图 3.8 所示,可以更改文件属性。

8)文件夹属性对话框

如果需要在操作系统层面,对文件和文件夹的属性进行相关设置,则打开"此电脑"窗口,单击"查看"中的"选项"按钮,弹出"文件夹选项"对话框,如图 3.9 所示,对文件或文件夹进行属性设置。

(1)显示隐藏文件:在"查看"选项卡中的"高级设置"列表框中,选中"显示隐藏的文件、文件夹和驱动器"单选框,单击"确定"按钮,隐藏的目标文件或文件夹将显示出来。

图 3.7　文件的常规属性

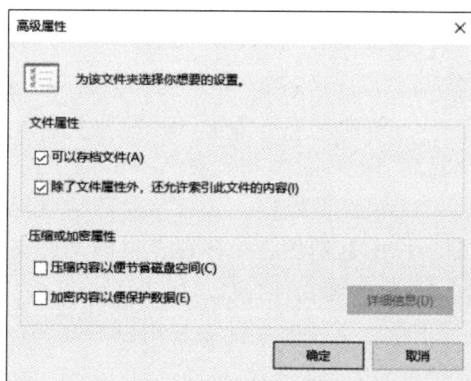

图 3.8　文件的高级属性

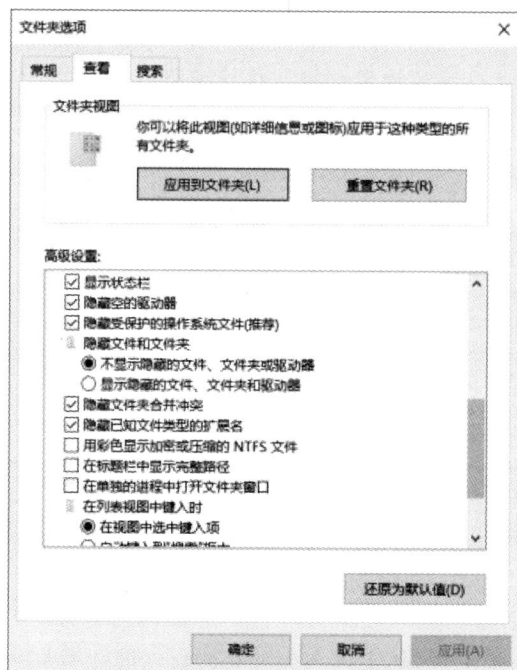

图 3.9　"文件夹选项"对话框

（2）显示文件的扩展名：在"查看"选项卡中的"高级设置"列表框中，将"隐藏已知文件类型的扩展名"复选框上打"√"，单击"确定"按钮。

9）建立启动应用程序的快捷方式

（1）从"开始"菜单直接拖曳应用到桌面上，就会显示"在桌面创建链接"的提示，松开鼠标左键，即可在桌面上创建快捷方式。

（2）在文件或文件夹上右击，在打开的快捷菜单中选择"创建快捷方式"选项。

10）搜索文件（夹）

（1）使用"开始"菜单搜索文件和文件夹。右击"开始"按钮，在"搜索"框中输入字词或字词的一部分即开始搜索，搜索结果基于文件名中的文本、文件中的文本、标记及其他文件属性。系统会将搜索的结果显示在当前对话框中，双击搜索后显示的文件或文件夹，即可打开该文件或文件夹。

（2）使用 Windows 资源管理器或窗口中的搜索框，如图 3.10 所示。若已知要查找的文件位于某个特定的文件夹或库中，则先打开该文件夹或库，在窗口顶部的搜索框中键入文件信息，系统就会在当前视图中搜索。在库中搜索文件时，搜索范围包括库中所含有的所有文件夹及其子文件夹。

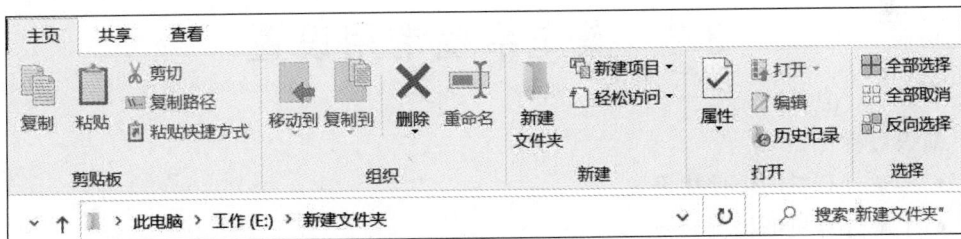

图 3.10　搜索文件（夹）

Windows 搜索时，支持通配符"＊"和"？"。例如，要查找所有的 Word 文档文件，可以在搜索框中输入"＊.docx"。通配符的含义及举例如表 3.2 所示。

表 3.2　通配符的含义及举例

通配符	含　义	举　例
＊	表示任意长度的任意字符	"＊.mp3"表示计算机上所有的扩展名是 mp3 的文件
？	表示任意一个字符	"?ab.jpg"表示主文件名由 3 个字符组成，且第 2 个字符是"a"，第 3 个字符是"b"，扩展名是 jpg

【实践任务】

任务 1

步骤 1：在 D 盘中，分别建立名称为 A、B、C 的 3 个文件夹。

步骤 2：在 A 文件夹中新建一个名为"计算机知识"的文本文档，在 A 文件夹中再新建一个名为"计算机原理"的文本文档。

步骤 3：把名为"计算机知识"的文本文档复制到 B 文件夹中。设置名为"计算机知识"的文本文档显示已知文件类型扩展名。

步骤 4：将"计算机原理"的文本文档剪切到 C 文件夹中。为名为"计算机知识"的文本文档添加一个快捷方式，并将此快捷方式剪切到桌面。

任务 2

步骤 1：在 D 盘中新建一个文件夹，命名为 user。

步骤 2：在 user 文件夹中分别建立名称为 A、B、C 的 3 个文件夹。分别在 A、B、C 这 3 个文件夹中建立 3 个文本文档文件。其中 A 文件夹中的文本文档命名为 A123，B 文件夹中的文本文档命名为 B123，C 文件夹中的文本文档命名为 C123。

步骤 3：设置名为 A123 的文本文档属性为"只读"，设置名为 B123 的文本文档属性为"隐藏"，设置名为 C123 的文本文档属性为"存档"。

步骤 4：设置计算机中文件属性为"不显示隐藏文件"，观察是否还能看到 B123 文件。

步骤 5：关闭所有窗口，然后搜索以 A 开头、文件名长度为 4 位的文本文档，观察搜索结果。

步骤 6：去除 B123 文件的隐藏属性，使它恢复原样。

3.2 操作系统常用设置

知识目标：

- 了解计算机的个性化设置。
- 了解计算机的控制面板。
- 了解计算机的附件。
- 了解计算机添加字体的方法。

能力目标：

- 能够根据所学知识对计算机进行日常维护。

素养目标：

- 培养信息意识、科技创新精神。
- 培养综合应用信息技术能力，建立职业信息素养。

本节内容思维导图如图 3.11 所示。

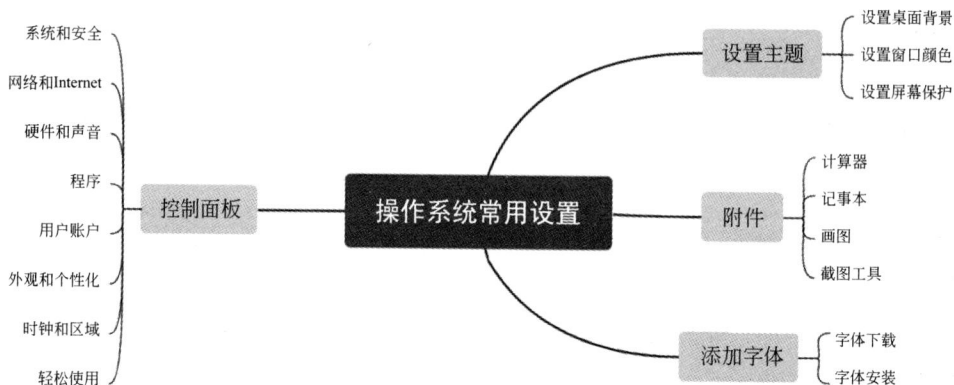

图 3.11 操作系统常用设置思维导图

我们在使用计算机的时候,怎么使用系统自带的一些小工具,怎么进行日常维护才能使计算机使用更个性,更顺畅？本节主要讲解操作系统的常用设置方法。

【思考】

问题1:如何更改桌面背景?

问题2:如何使用附件中的计算器进行二进制运算?

问题3:如何卸载计算机中的程序?

3.2.1　设置主题

主题是用于个性化计算机的图片、颜色和声音的组合。Windows 10主题设置包含了壁纸、背景颜色、声音和鼠标光标的设置。

桌面空白处右击,选择"个性化"选项,打开"设置"窗口。

1. 设置桌面背景

单击"背景"链接打开窗口,可以从"选择图片"列表中选择图片修改桌面壁纸。如果对列表中的图片不满意,可单击"浏览"按钮。在"打开"对话框中选择满意的图片作为桌面壁纸。需要系统定时更改背景图片时,可选择"幻灯片放映"选项,为幻灯片选择包含图片的文件夹作为相册,设置"更改图片的频率"即可。

2. 设置窗口颜色

单击"颜色"链接打开窗口,选择颜色。

3. 设置屏幕保护

屏幕保护程序是指在一段指定的时间内没有鼠标或键盘事件时,在计算机屏幕上会出现移动的图片或图案。也可以给屏幕保护程序设置密码,这样既可以防止在离开时他人看到工作屏,也可以防止他人未经授权使用计算机。

单击"锁屏界面"链接打开窗口,如图3.12所示。然后单击"屏幕保护程序设置"链接,如图3.13所示。在对话框中选择自己喜欢的屏幕保护程序并对其进行相关设置、预览,用户可通过设置电源来节省电能,可以设置等待时间和更改电源计划,制订适合自己的节能方案。

3.2.2　控制面板

控制面板是Windows图形用户界面的一部分,Windows把所有的系统环境设置功能都统一到了控制面板中。其中包含许多独立的工具,可以用来调整系统环境的参数值和属性。控制面板是整个计算机系统的统一控制中心,它使用户可以对系统进行个性化的设置。右击"开始"按钮,从弹出的菜单中选择"控制面板"选项,即可打开"控制面板"窗口,如图3.14所示。

图 3.12 "锁屏界面"窗口

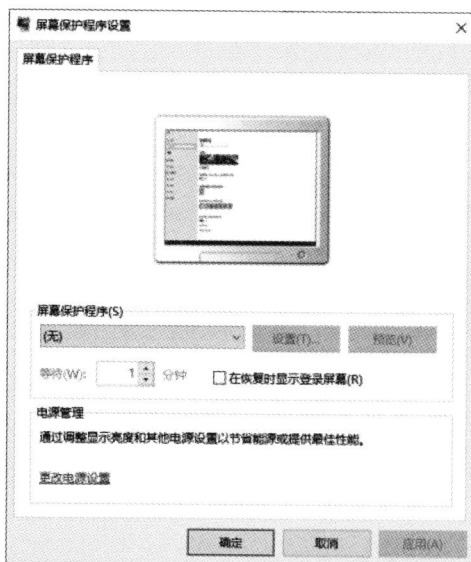

图 3.13 "屏幕保护程序设置"对话框

　　Windows 10 系统的控制面板默认以类别的形式来显示功能菜单,分为"系统和安全""网络和 Internet""硬件和声音""程序""用户账户""外观和个性化""时钟和区域""轻松使用"八个类别,每个类别下都会显示该类的具体功能选项。

图 3.14 "控制面板"窗口

1. 系统和安全

"系统和安全"类别用于查看并更改系统和安全状态、备份并还原文件和系统设置、更新计算机、查看 RAM 和处理器速度、检查防火墙等。

2. 网络和 Internet

"网络和 Internet"类别用于检查网络状态并更改网络设置、设置共享文件和计算机的首选项、配置 Internet 的显示和连接等。

3. 硬件和声音

"硬件和声音"类别用于添加或删除打印机和其他硬件、更改系统声音、自动播放 CD、节省电源、更新设备驱动程序等。

要查看计算机中的硬件设备信息,可以在"系统窗口"或者"设备管理器"窗口中进行。单击控制面板中的"系统和安全"下的"系统"链接,屏幕出现相关信息,即可查看 CPU、内存、操作系统等系统信息。

要查看设备信息,可单击控制面板中的"系统和安全"下的"设备管理器"链接,打开相关信息。

该窗口显示了计算机中的主要硬件设备。单击某设备左侧的三角形,可以查看该设备的型号。还可以将鼠标移到某设备名称处,通过右击来进行该设备驱动程序的查看、更新和卸载。

4. 程序

"程序"类别用于卸载程序或 Windows 功能、卸载小工具、从网络下载或通过联机获取新程序等。

5. 用户账户

通过"用户账户"类别可以执行设置密码、设置其他账户、注销用户等操作。

6. 外观和个性化

"外观和个性化"类别用于更改桌面项目的外观、应用主题、屏幕保护程序或自定义开始菜单和任务栏。

7. 时钟和区域

"时钟和区域"类别用于更改计算机的时间、日期、时区和显示方式。

（1）在控制面板中设置。右击"开始"按钮，从弹出的菜单中选择"控制面板"选项，即可打开"控制面板"窗口。打开"时钟和区域"选项，在"日期和时间"中可以进行更改时间和日期、更改时区的操作，在"区域"中可以设置时间日期格式。

（2）在任务栏中设置。在任务栏的右端显示了系统提供的时间和日期，将鼠标指针指向时间栏并稍稍停顿即会显示系统日期。用户单击打开日期和时间显示，单击"日期和时间设置"，屏幕出现"日期和时间"对话框，其余操作步骤与前述方法相同。

（3）输入法。在"日期和时间"中，还可以进行语言设置。此外，在使用键盘进行文字录入时，可以使用一些快捷键来进行输入法的切换。

- 【Ctrl＋空格】：中英文切换。
- 【Ctrl＋Shift】：多种输入法切换。

8. 轻松使用

"轻松使用"类别可以根据视觉、听觉和移动能力的需要调整计算机设置，并通过声音命令使用语音识别控制计算机。

3.2.3 附件

1. 计算器

计算器是 Windows 10 附件中的实用应用程序，计算器有标准型、科学型、程序员、统计信息 4 种。

选择"开始"菜单中"Windows 附件"选项，单击"计算器"，打开计算器窗口，如图 3.15 所示。计算器默认的显示方式为标准型计算器。选择"查看"→"程序员"命令，可以将计算器转换为程序员计算器窗口，如图 3.16 所示，可以进行算术运算和逻辑运算，还可以实现不同数制之间的转换。

2. 记事本

记事本是 Windows 10 在附件中提供的文本文件编辑器。它运行速度快，占用空间小，使用方便。

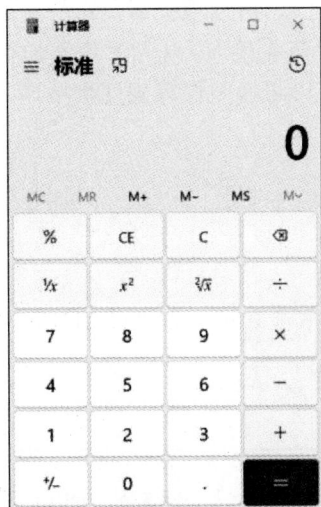

图 3.15　标准型计算器窗口

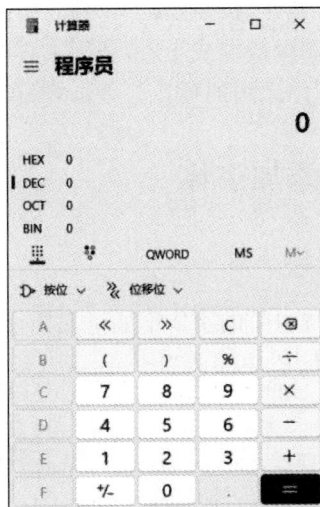

图 3.16　程序员计算器窗口

选择"开始"菜单中的"Windows 附件"选项,单击"记事本",打开记事本窗口。

输入文本之后,通过"格式"菜单的"字体"命令,可以设置文本的字体、字号、字形等格式。通过"文件"菜单可以对文件进行保存、页面设置、打印等操作。

3. 画图

画图是 Windows 10 附件中的一种位图程序,使用画图程序可以绘制简单图形,还可以对已有的图形文件进行简单的修改、添加文字说明等操作。

选择"开始"菜单中的"Windows 附件"选项,单击"画图",打开画图窗口。

在"画图"窗口的"主页"选项卡中有"剪贴板""图像""工具""形状""颜色"等多个功能组。可以实现对图像的编辑操作。

4. 截图工具

在计算机使用的过程中,时常会使用截图操作。Windows 10 附件中的截图工具比较灵活,具有简单的图片编辑功能,方便对截取内容进行处理。

选择"开始"菜单中的"Windows 附件"选项,单击"截图工具",打开"截图工具"窗口,如图 3.17 所示。

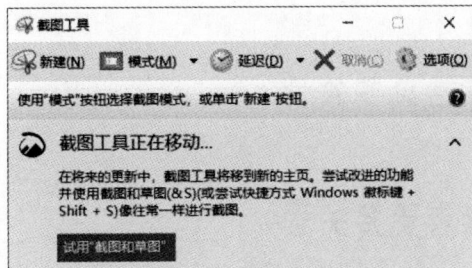

图 3.17　"截图工具"窗口

单击"新建"按钮,其下拉列表中列出了截图的选项,可以根据需要选择合适的选项。

屏幕图像截取成功后,利用工具栏中的"笔"或"荧光笔"可以为图片添加标注,"橡皮擦"用于擦除无用的标注。单击"保存截图"按钮,可以将截图保存到硬盘中。

3.2.4　添加字体

1. 字体下载

当系统自带的字体不能满足需求时,可以自行下载其他字体并添加使用。例如:在浏览器地址栏中输入"http://www.foundertype.com/",打开方正字库页面,如图 3.18 所示。

图 3.18　方正字库页面

单击"字体下载",进入字体在线浏览页面,如图 3.19 所示。

图 3.19　字体在线浏览页面

选择字体并下载,下载后的字体扩展名为 TTF。

2. 字体安装

将下载的字体复制到"C:\Windows\Fonts"文件夹中,即可完成刚下载字体的安装,如图 3.20 所示。

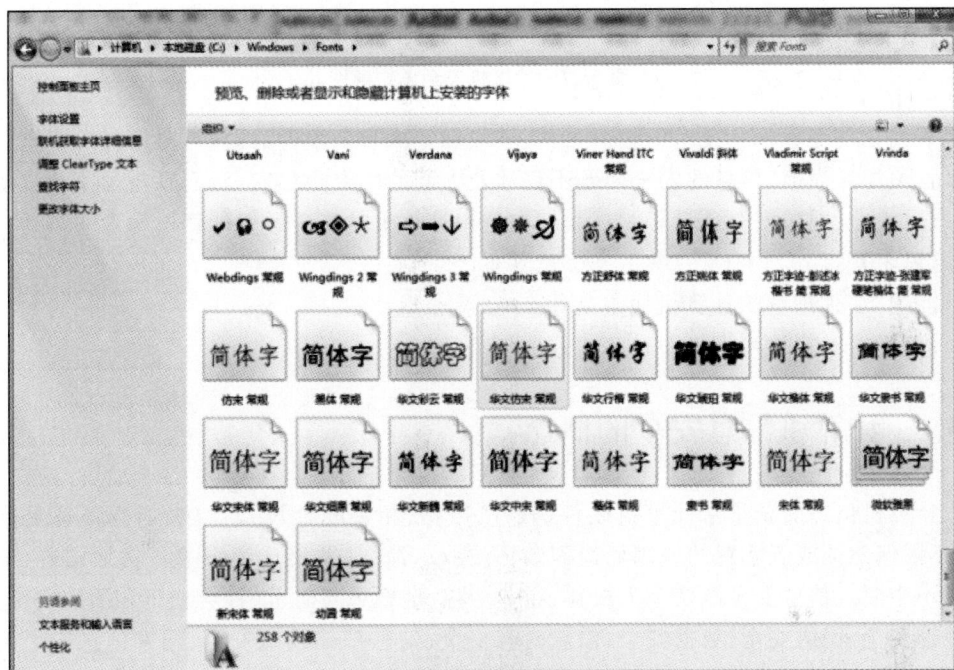

图 3.20　安装字体

3.3　计算机安全

知识目标:

- 了解信息安全的概念。
- 了解信息安全面临的威胁。
- 了解计算机病毒的分类与特点。

能力目标:

- 能够根据所学知识有效地防护信息安全。
- 能够识别并清除计算机病毒。

素养目标:

- 培养信息意识、科技创新精神。
- 培养综合应用信息技术能力,建立职业信息素养。

本节内容思维导图如图 3.21 所示。

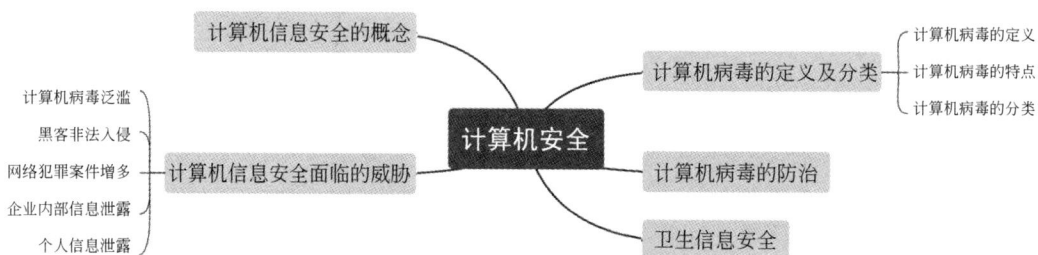

图 3.21　计算机安全思维导图

人们在享受着信息技术给自身工作、学习和生活带来便捷的同时,对信息的安全问题也日益关注。当前,信息的安全问题不仅涉及人们的个人隐私安全,而且与国家的金融安全、政治安全、国防安全息息相关。我们在使用计算机时需要做好计算机病毒的防治。

【思考】

问题1:你理解的计算机病毒是什么?

问题2:计算机病毒能对计算机造成哪些破坏?

3.3.1　计算机信息安全的概念

计算机信息安全是指计算机硬件、软件、数据、相关配套设备设施、运行环境受到保护,不因偶然的或者恶意的原因而遭到破坏、更改、泄露,系统连续可靠正常地运行,信息服务不中断。信息安全涉及个人权益、企业生存、金融风险防范、社会稳定和国家安全,它是物理安全、网络安全、数据安全、信息内容安全、信息基础设施安全、国家信息安全的总和。网络安全是目前信息安全的核心。

3.3.2　计算机信息安全面临的威胁

计算机信息安全面临的主要威胁来自以下几方面。

1. 计算机病毒泛滥

计算机病毒通过计算机网络、U盘、移动硬盘等传播途径威胁计算机信息安全,使计算机速度减慢、显示异常、文件丢失、硬件损坏、系统瘫痪等。

2. 黑客非法入侵

入侵者(Cracker)以破坏网络为目的,是黑客(Hacker)的一个分支。他们一般通过信息收集、漏洞分析、渗透攻击等步骤实施攻击。

3. 网络犯罪案件增多

不法分子使用木马程序、广告软件及其他恶意程序盗取合法用户的信息。例如,盗取QQ账号向受害者好友骗钱等。

4. 企业内部信息泄露

企业内部信息可能被员工有意或无意泄露,一次信息泄露事件会严重损失企业的声誉,甚至导致无法预知的成本损失。

5. 个人信息泄露

个人信息泄露的后果:垃圾短信源源不断、骚扰电话接二连三、垃圾邮件铺天盖地、冒名办卡透支欠款等。

3.3.3 计算机病毒的定义及分类

1. 计算机病毒的定义

计算机病毒(Computer Virus)的本质是一种人为编制的能在计算机系统中生存、繁殖和传播的一组计算机指令或者程序代码。它可以通过修改某些程序(包括复制)以达到感染该程序的目的。近些年,不仅病毒品种和类型增加,危害性更大,传播渠道更多,而且检测和查杀也更困难。还有一个明显的趋势就是,蠕虫成为当前网络的主要危害,其还可与木马结合,危害性加大。

2. 计算机病毒的特点

尽管计算机病毒的数量和种类很多,但是它们都有如下一些共同的特点。

(1) 隐蔽性:表现在两方面,一是存在的隐蔽性,即计算机病毒通常是附着在正常程序上或者在系统较隐蔽的地方,不易被发现;二是传染的隐蔽性,即计算机病毒在运行时既不需要占用太多资源,也不需要占用多少时间,不易被发觉。

(2) 传染性:一方面,计算机病毒一旦侵入系统并执行,就会搜索其他符合传染条件的网络连接程序(如 QQ 等)或者存储介质(如磁盘、光盘等),确定目标后将自身代码插入其中,达到自我复制的目的(主动传染);另一方面,当感染病毒的程序被复制或者在网络上从一个用户传送到另一个用户时,它就随同文件一起蔓延开来(被动传染)。

(3) 潜伏性:计算机病毒侵入系统后一般不会马上发作,它可能会在几周、几个月甚至几年内潜伏起来,只有在满足特定条件的时候才会被触发,进行传染。

(4) 破坏性:计算机病毒的破坏程度取决于计算机病毒设计者的目的。一般都会降低计算机系统的工作效率、占用系统资源,严重时会在短时间内造成系统瘫痪,甚至毁掉数据、破坏硬件设备,使之无法恢复。

(5) 触发性:计算机病毒的触发性就是用于控制传染和破坏行为的频率,一般会因某个时间、日期或者某些特定数值的出现而触发传染和破坏行为,如果不满足触发条件则继续潜伏。

3. 计算机病毒的分类

(1) 按照病毒的载体不同可将计算机病毒划分为文件型病毒、引导型病毒、宏病毒、网络病毒、混合型病毒。

- 文件型病毒：以文件为载体，感染扩展名为 com、exe 等。根据操作系统不同，分为 DOS 类病毒、Windows 类病毒、Linux 类病毒。例如，黑色星期五、CIH 病毒。
- 引导型病毒：以系统引导扇区和硬盘主引导扇区为载体，在操作系统启动前就已经加载到内存中。例如，米开朗基罗病毒。
- 宏病毒：以文档或者模板的宏为载体，针对 Office 软件（以 Word,Excel 为主）的一种病毒。例如，梅丽莎病毒。
- 网络病毒：以网络为载体，包括特洛伊木马程序、蠕虫、网页脚本病毒。例如，灰鸽子木马、冲击波蠕虫、欢乐时光脚本病毒。
- 混合型病毒：没有清晰的划分，通常采用多种方式进行感染。

（2）按照病毒的激活方式不同可将计算机病毒划分为定时病毒和随机病毒。

- 定时病毒：在某一特定时间才会激活病毒。
- 随机病毒：一般不是由时间来激活病毒的。

（3）按照病毒的危害程度不同可将计算机病毒划分为良性病毒和恶性病毒。

- 良性病毒：没有立即破坏计算机系统的操作，仅是不停地传染。
- 恶性病毒：会在传染时直接破坏计算机系统的操作。

（4）按照病毒的传播媒介不同可将计算机病毒划分为单机病毒和网络病毒。

- 单机病毒：病毒通过移动存储介质（如 U 盘、光盘、移动硬盘等）作为传播媒介传入硬盘，感染系统，再传染其他移动存储介质。
- 网络病毒：病毒通过网络作为新的传播媒介进行传染，速度更快、破坏性更大。

3.3.4　计算机病毒的防治

对计算机病毒重点在于防范，建立合理的计算机病毒防范体系，可以减少计算机病毒攻击的成功率。及时发现计算机病毒的入侵，并采取有效的手段可以阻止计算机病毒的传播和破坏。

计算机病毒的防治方法主要包括以下几方面。

（1）安装并更新防病毒软件。选择功能完备的杀毒软件，并及时升级病毒库，确保能够识别并清除最新的病毒。定期使用杀毒软件对计算机进行全面扫描，以发现和清除潜在的病毒威胁。

（2）系统更新与补丁管理。及时安装操作系统和应用软件的更新和补丁，以修复已知的安全漏洞，降低病毒利用这些漏洞进行攻击的风险。

（3）备份重要数据。定期进行重要资料的备份，以防计算机受到病毒攻击导致数据丢失。备份可以存储在外部硬盘、云存储或其他安全介质中。

（4）谨慎处理外部来源的文件和程序。不要随意打开来源不明的电子邮件附件、下载链接或可执行文件，这些往往是病毒传播的主要途径。对于不确定的文件，可以先使用杀毒软件进行扫描。

（5）避免访问不安全网站。不要访问可疑或未知来源的网站，特别是那些可能包含恶意软件或病毒的网站。同时,注意不要在这些网站上输入个人敏感信息。

（6）教育与培训。提高用户的安全意识,通过教育和培训让用户了解计算机病毒的危害和防治方法,从而减少因人为疏忽而导致的病毒感染。

3.3.5　卫生信息安全

卫生信息安全是保障医疗卫生机构信息安全的重要组成部分,涉及医疗信息系统的安全保护、数据隐私保护等方面。为了确保卫生信息的安全,需要采取一系列措施和建立相应的管理机制。

信息安全等级保护制度。卫生行业全面开展信息安全等级保护定级备案、建设整改和等级测评等工作,明确信息安全保障重点,落实信息安全责任,建立信息安全等级保护工作长效机制。这包括对重要卫生信息系统的优先保护,以及根据信息系统业务类型、应用范围等条件变化,及时调整信息系统安全保护等级,完善安全保障措施。

网络设备信息防护。对关键网络设备信息实行重点保护,防止网络安全事件发生。包括数据信息安全和设备信息安全,防止数据信息被修改、泄露等,防护医用设备安全,防范医用设备被操控等。

个人信息保护。加强个人信息的保护,防止信息泄露和滥用。这包括进行信息安全培训,提高医药卫生等人员的信息安全意识,以及采用技术手段（如加密、访问控制等）来保护敏感信息。在朋友圈或其他公共社交平台发布信息时注意不要泄露患者隐私或医院内部信息。

通过上述措施,可以有效地提高卫生信息的安全性,保护患者和医务人员的隐私,确保医疗信息系统的稳定运行,从而为公众提供更加安全的医疗服务。

练　习　题

一、单选题

1. 一个计算机操作系统通常应具有（　　　）。

　　A. CPU 管理、显示器管理、键盘管理、打印机和鼠标器管理 5 大功能

　　B. 硬盘管理、软盘驱动器管理、CPU 的管理、显示器管理和键盘管理 5 大功能

　　C. CPU 管理、存储管理、文件管理、输入/输出管理和设备管理 5 大功能

　　D. 计算机启动、打印、显示、文件存取和关机 5 大功能

2. 计算机操作系统是（　　　）。

　　A. 一种使计算机便于操作的硬件设备

　　B. 计算机的操作规范

　　C. 计算机系统中必不可少的系统软件

　　D. 对源程序进行编辑和编译的软件

3. 操作系统以（　　）为单位对磁盘进行读/写操作。

    A. 磁道　　　　　　　B. 字节　　　　　　　C. 扇区　　　　　　　D. KB

4. 操作系统中的文件管理系统为用户提供的功能是（　　）。

    A. 按文件作者存取文件　　　　　　　B. 按文件名管理文件

    C. 按文件创建日期存取文件　　　　　D. 按文件大小存取文件

5. 以下有关文件的选项错误的是（　　）。

    A. 计算机中任何一个文件都有一个文件名

    B. 文件名是存取文件的依据，即按名存取

    C. 文件名一般分为主文件名和扩展文件名两部分

    D. 文件名可以使用"?"符号

6. 在 Windows 操作系统中，复制命令的快捷键是（　　）。

    A.【Ctrl+C】　　　B.【Ctrl+A】　　　C.【Ctrl+Z】　　　D.【Ctrl+X】

7. 在 Windows 操作系统中，要隐藏文件夹，选中文件夹后（　　）。

    A. 右击，在文件夹的属性中修改　　　　B. 双击后打开文件

    C. 在保存该文件夹的磁盘属性中修改　　D. 按快捷键【ALT+Delete】

8. 想文件不被修改和删除，可以把文件设置成（　　）。

    A. 存档文件　　　　　B. 隐藏文件　　　　　C. 只读文件　　　　　D. 系统文件

9. 下列选项中，图片文件的扩展名是（　　）。

    A. .txt　　　　　　　B. .doc　　　　　　　C. .wav　　　　　　　D. .jpeg

10. 计算机操作系统的主要功能是（　　）。

    A. 对计算机的所有资源进行控制和管理，为用户使用计算机提供方便

    B. 对源程序进行翻译

    C. 对用户数据文件进行管理

    D. 对汇编语言程序进行翻译

11. 在字处理软件、Linux、UNIX、学籍管理系统、Windows 10 和 Office 2016 6 个软件中，属于系统软件的有（　　）。

    A. 字处理软件、Linux、UNIX

    B. Linux、UNIX、Windows 10

    C. 字处理软件、Linux、UNIX、Windows 10

    D. Linux、学籍管理系、Office 2016

12. 以下有关文件的选项错误的是（　　）。

    A. 计算机中任何一个文件都有一个文件名

    B. 文件名是存取文件的依据，即按名存取

    C. 文件名一般分为主文件名和扩展文件名两部分

    D. 文件名可以使用"?"符号

13. 下列关于计算机病毒的说法中，正确的是（　　）。

    A. 计算机病毒是对计算机操作人员身体有害的生物病毒

    B. 计算机病毒将造成计算机的永久性物理损害

C. 计算机病毒是一种通过自我复制进行传染的破坏计算机程序和数据的小程序

D. 计算机病毒是一种感染在 CPU 中的微生物病毒

14. 防止软盘感染病毒的有效方法是（　　　）。

A. 不要把软盘与有毒软盘放在一起

B. 使软盘写保护

C. 保持机房清洁

D. 定期对软盘进行格式化

15. 下列叙述中，正确的是（　　　）。

A. 所有计算机病毒只在可执行文件中传染

B. 计算机病毒通过读写软盘或 Internet 网络进行传播

C. 只要把带毒软盘片设置成只读状态，那么此盘片上的病毒就不会因读盘而传染给另一台计算机

D. 计算机病毒是由于软盘片表面不清洁而造成的

二、填空题

1. 操作系统是运行在计算机硬件上的、最基本的系统软件，是_____的核心。

2. Windows 中的文件名长度可达_____个字符。

3. 新建"文本文档"文件，默认的扩展名是_____。

4. 对话框与_____类似，但对话框没有菜单栏，其尺寸是_____的。

5. Windows 的特点是可同时运行多个程序，并且用户与这几个程序之间可同时进行_____操作。

6. 在 Windows 中，如果进行了误操作，可以通过_____操作弥补。

7. Windows 是具有友好_____界面的操作系统。

8. 对计算机硬件设备安全产生影响的主要是_____、_____与_____3 方面的因素。

9. 网络安全措施主要包括_____、_____和_____3 方面。

10. 计算机中的各种芯片，很容易被较强的_____损坏。

三、简答题

1. 操作系统的主要功能包括哪些？

2. 系统软件包括哪些？

3. 简要列举 3 个计算机病毒防治方法。

4. 简要概述计算机病毒的危害，列举 3 方面。

第 **4** 章 信息网络与信息检索

本章我们主要学习信息网络与文献检索，计算机网络的组成、分类、拓扑结构、传输介质，常见的网络设备，TCP/IP、IP 地址和域名、电子邮件使用等内容。具备基本的网络技术应用能力，合理使用网络资源并遵守网络道德规范，以信息技术为基础跨学科解决具体问题，是本章的学习目标。

4.1 计算机网络概述

知识目标：

- 了解计算机网络的定义、功能、分类、拓扑结构、常见网络设备及常用计算机网络术语等。

能力目标：

- 深入理解互联网的本质和发展趋势，了解如何在计算机网络上实现资源共享和协同工作。

素养目标：

- 培养网络安全意识，树立正确的网络道德观，建立职业网络信息素养。

本节内容思维导图如图 4.1 所示。

21 世纪已全面进入信息时代，随着信息时代的发展，世界上任何一台计算机只要申请接入网络，便可分享网络的信息查询、在线教育、在线新闻、在线娱乐、电子邮件、文件传输、论坛聊天和电子商务等强大的服务功能，使信息的发布与获取变得轻而易举。无论是工作还是学习、生活，计算机网络都给人们带来了极大的便利，产生了不可估量的影响。

自 1994 年我国全功能接入国际互联网以来，我国信息网络事业取得历史性成就、发生历史性变革，我国网络信息产业的快速发展为加快建设网络强国奠定了重要基础。

【思考】

问题 1：计算机网络都有哪些功能？

问题 2：网络硬件设备有哪些？

问题 3：结合自己专业，思考岗位工作中应具备哪些计算机网络应用能力。

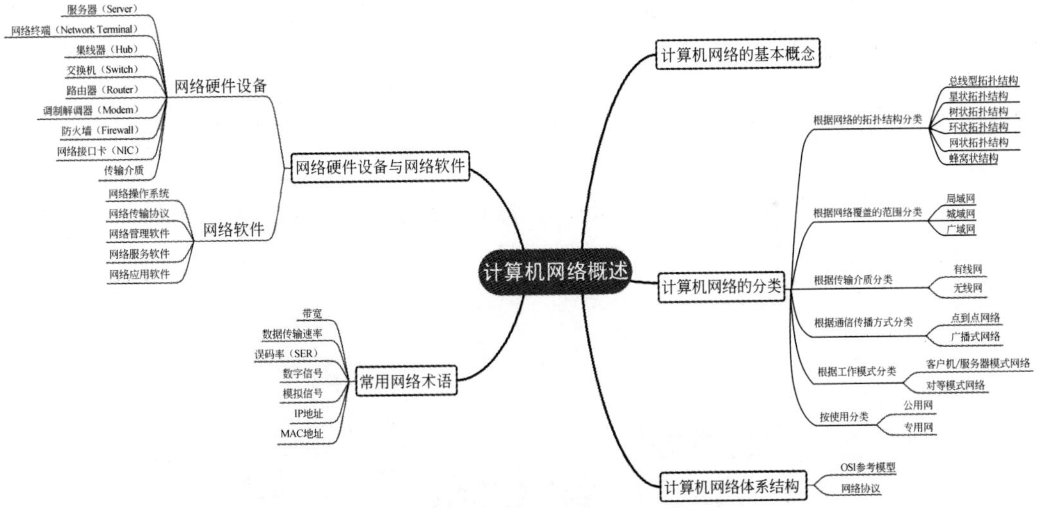

图 4.1　计算机网络概述思维导图

Mind map text:

计算机网络概述

- 网络硬件设备与网络软件
  - 网络硬件设备：服务器（Server）、网络终端（Network Terminal）、集线器（Hub）、交换机（Switch）、路由器（Router）、调制解调器（Modem）、防火墙（Firewall）、网络接口卡（NIC）、传输介质
  - 网络软件：网络操作系统、网络传输协议、网络管理软件、网络服务软件、网络应用软件
- 常用网络术语：带宽、数据传输速率、误码率（SER）、数字信号、模拟信号、IP地址、MAC地址
- 计算机网络的基本概念
- 计算机网络的分类
  - 根据网络的拓扑结构分类：总线型拓扑结构、星状拓扑结构、树状拓扑结构、环状拓扑结构、网状拓扑结构、蜂窝状结构
  - 根据网络覆盖的范围分类：局域网、城域网、广域网
  - 根据传输介质分类：有线网、无线网
  - 根据通信传播方式分类：点到点网络、广播式网络
  - 根据工作模式分类：客户机/服务器模式网络、对等模式网络
  - 按使用分类：公用网、专用网
- 计算机网络体系结构：OSI参考模型、网络协议

4.1.1　计算机网络的基本概念

计算机网络是指将地理位置不同的具有独立功能的多台计算机,通过通信线路和通信设备连接起来,在网络操作系统、网络通信协议及网络管理软件的管理和协调下,实现资源共享和数据通信的计算机系统。

这个定义从如下 4 方面描述了计算机网络。

(1) 网络中必须有 2 台以上独立的计算机,地理位置不限,机型不限。

(2) 计算机之间要通过通信介质和通信设备互连。

(3) 网络中要有网络软件,主要有 3 类:网络操作系统、网络通信协议及网络管理软件。

(4) 数据交换是基础,资源共享是目的。

计算机网络有许多功能,主要体现在以下 4 方面:资源共享、数据通信、分布式处理和负载均衡、提高系统的可靠性和可用性。

(1) 资源共享。计算机网络组网的主要目的是实现资源共享。资源共享是指硬件资源、软件资源和数据资源的共享。网络用户不但可以使用本地计算机资源,而且可以通过网络访问联网的远程计算机资源。

(2) 数据通信。数据通信是计算机网络最基本的功能,可让分布在不同地理位置的计算机之间快速可靠地相互传递各种信息,包括文字、声音、图像、视频等,对各类信息进行统一调配、控制服务和集中管理。

(3) 分布式处理和负载均衡。分布式处理和负载均衡是只对于大型的任务,或者当网络中某台计算机的任务负荷太重时,可将任务分散到网络中负载较轻的计算机上进行,达到均衡地使用网络资源的目的。

(4) 提高系统的可靠性和可用性。在计算机网络中,可靠性和可用性指即使一台计算机发生了故障,也不会影响网络中其他计算机的运行,通过计算机网络实现备份技术可以提高计算机系统的可靠性。

4.1.2 计算机网络的分类

计算机网络的分类方法很多,一般以计算机网络的特点作为分类的依据,将计算机网络分为多种不同的类型。常见的分类方法有以下几种,如图 4.2 所示。

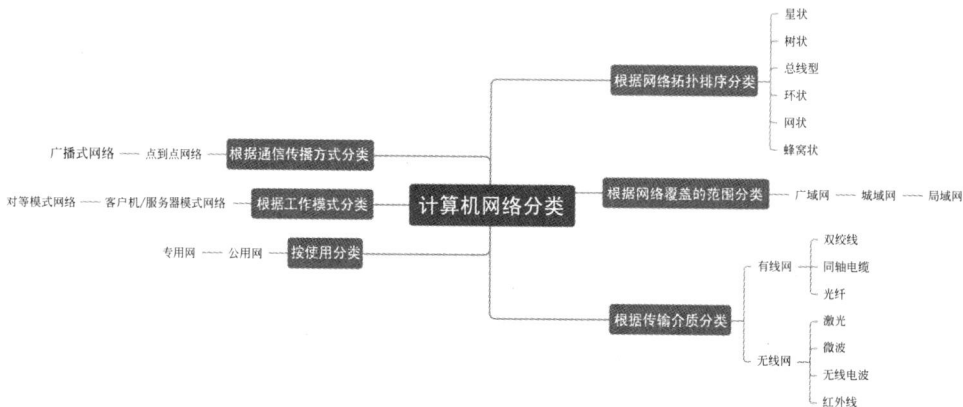

图 4.2 常见的计算机网络分类方法

1. 根据网络的拓扑结构分类

计算机网络的拓扑结构是指网络中的通信线路和各节点(计算机或设备)的几何关系排列形状,用以表示网络的整体结构关系,它对网络性能、系统可靠性与通信费用都有重大影响。常见的拓扑结构有总线状、星状、树状、环状、网状和蜂窝状 6 种,如图 4.3 所示。

(1)总线型拓扑结构:网络中所有的节点共享一条数据通道,一个节点发出的信息可以被网络上的多个节点接收。其优点是结构简单、成本低、易于扩展;缺点是单点故障会影响整个网络,且总线带宽有限,容易出现数据冲突。

(2)星状拓扑结构:各节点通过点到点的链路与中心节点相连,中心节点可以是转接中心,起到连通的作用,也可以是一台主机,此时就具有数据处理和转接的功能。其优点是易于管理、故障隔离、带宽可扩展;其缺点是中心节点成为单点故障,一旦出现故障会影响整个网络。

(3)树状拓扑结构:是星状拓扑结构的扩展,网络中的各节点形成了层次化的结构,树中的各个节点都为计算机。其优点是易于扩展、管理和故障隔离;缺点是根节点成为单点故障,且层次结构可能导致性能下降。

(4)环状拓扑结构:节点通过点到点通信线路连接成闭合环路,环中数据将沿一个方向逐站传送。其优点是容错性高,一个设备故障不会影响整个网络;缺点是扩展性较差,环中任何一个节点出现故障都会影响整个网络的性能。

(5)网状拓扑结构:每个设备都与其他设备直接相连,形成一个复杂的网状结构。

其优点是可靠性高、容错性强、带宽高;缺点是结构复杂、成本高、管理难度大。

(6) 蜂窝状结构:蜂窝状结构是一种基于蜂窝网络概念的拓扑结构。它模拟了蜂巢的结构,将网络划分为多个六边形的区域,每个区域都有一个基站负责通信。蜂窝状结构在移动通信领域应用广泛,具有覆盖范围广、信号稳定的特点。

这些拓扑结构在不同的网络环境中都有应用,选择合适的拓扑结构取决于网络规模、可靠性要求、成本等因素。

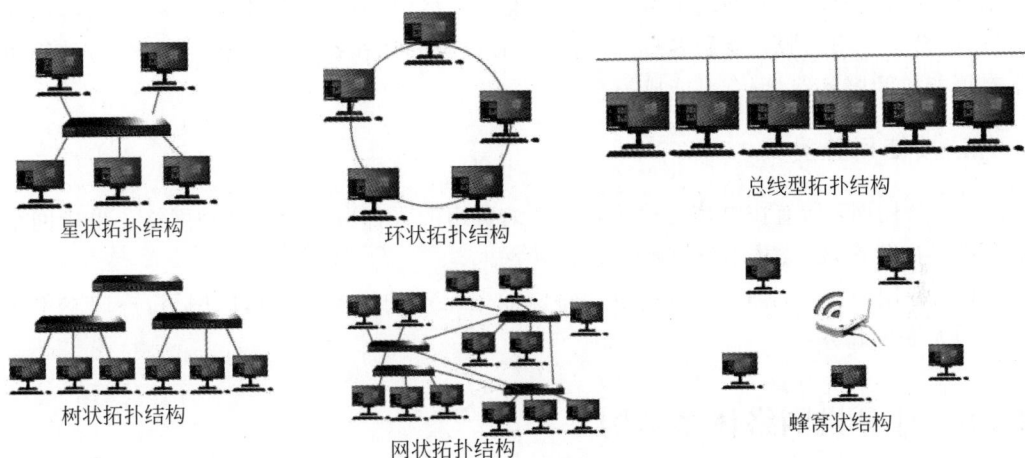

图 4.3　网络拓扑结构图

2. 根据网络覆盖的范围分类

根据网络覆盖的范围划分,计算机网络可以划分为局域网、城域网、广域网 3 种。

(1) 局域网(Local Area Network,LAN):是一种小型计算机网络,它的网络覆盖范围为几米到几千米,通常企业、学校都建立了自己的局域网,以便在内部共享资源。

(2) 城域网(Metropolitan Area Network,MAN):是一种中型计算机网络,它的网络覆盖范围为几千米至几十千米,一般一个城市的范围内都属于城域网。

(3) 广域网(Wide Area Network,WAN):是一种大型计算机网络,它的网络覆盖范围为几十千米至几千千米,可以跨越城市、地区、国家,甚至全球,最大的广域网是Internet。

3. 根据传输介质分类

根据传输介质划分,计算机网络可以划分为有线网和无线网。采用同轴电缆、双绞线和光纤来连接的是有线网络。无线网是由激光、微波、红外线和无线电波等无线传输介质,无须布线就能实现各种通信设备互联的网络。

4. 根据通信传播方式分类

根据通信传播方式划分,计算机网络可以划分为点到点网络和广播式网络两类。点到点网络传输数据以点对点的方式,两台计算机之间通过一条物理线路连接。广播式网络传输数据只有一个通信信道,由网络中的所有计算机共享。

5. 根据工作模式分类

根据工作模式划分,计算机网络可以划分为客户机/服务器模式网络和对等模式网络两类。在客户机/服务器模式网络中,服务器负责为全体客户提供有关服务(如 WWW 服务、邮件服务、FTP 服务等),而客户机负责向服务器发送服务请求并处理相关的事务,这是最常用、最重要的一种网络类型。在对等模式网络中,所有计算机地位平等,没有从属关系,也没有专用的服务器和客户机,网络中的资源分散在每台计算机上,每一台计算机都有可能成为服务器,也有可能成为客户机。

6. 按使用分类

(1) 公用网:所有按电信公司的规定缴纳费用的人都可以使用这种网络。也指网络服务提供商建设,供公共用户使用的通信网络。

(2) 专用网:某个部门为本单位的特殊业务工作的需要而建造的网络,不向本单位以外的人提供服务。

4.1.3　计算机网络体系结构

网络体系结构是指通信系统的整体设计,它为网络硬件、软件、协议、存取控制和拓扑提供标准。在计算机网络发展初期,许多公司都提出了各自的网络体系结构,这些网络体系结构却采用了不同的技术术语,导致不同网络之间难以互联。为解决这一问题,国际标准化组织(International Organization for Standardization,IOS)提出了开放系统互连参考模型的概念。

1. 开放系统互连参考模型

为了更好地促进互联网络的研究和发展,国际标准化组织制定了一个网络互联的参考模型,称为开放系统互连参考模型(Open System Interconnect),简称 OSI 参考模型。

OSI 参考模型采用分层结构技术,把一个网络系统分成七层:物理层、数据链路层、网络层、传输层、会话层、表示层和应用层,如图 4.4 所示。每一层的功能都以协议形式正规描述,协议定义了某层同远方一个对等层通信所使用的一套规则和约定。每一层向相邻上层提供一套确定的服务,并且使用与之相邻的下层所提供的服务。在该模型的层次结构中,层与层之间具有服务与被服务的单向依赖关系,下层向上层提供服务,而上层调用下层的服务。

2. 网络协议

网络协议指的是计算机网络中互相通信的对等实体之间交换信息时所必须遵守的规则的集合。网络协议是计算机网络不可缺少的重要组成部分。

网络协议是由如下三个要素组成。

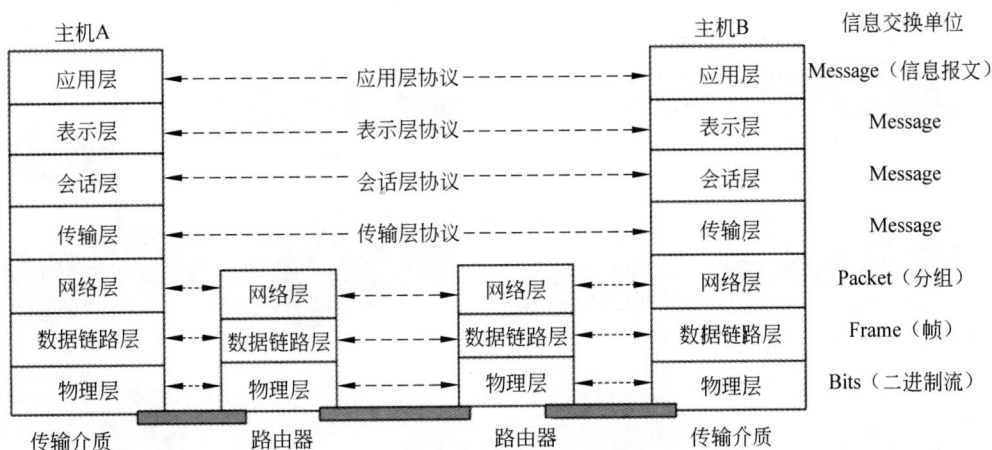

图 4.4　OSI 参考模型图

（1）语义。语义是解释控制信息每个部分的意义。它规定了需要发出何种控制信息，完成的动作和做出什么样的响应。

（2）语法。语法是用户数据与控制信息的结构与格式，以及数据出现的顺序。

（3）时序。时序是对事件发生顺序的详细说明（也可称为"同步"）。

人们形象地把这三个要素描述为语义表示要做什么，语法表示要怎么做，时序表示做的顺序。

4.1.4　网络硬件设备与网络软件

1. 网络硬件设备

网络硬件设备是将各类服务器、PC、应用终端等节点相互连接，构成信息通信网络的专用硬件设备，包括信息网络设备、通信网络设备、网络安全设备等。常见网络设备有服务器、路由器、防火墙、集线器、网关、网络接口卡（Network Interface Card，NIC）、无线接入点（Wireless Access Point，WAP）、调制解调器、5G 基站、光端机、光纤收发器等，网络硬件设备示例如图 4.5 所示。

（1）服务器（Server）。服务器是专指在网络环境中为客户机（Client）提供各种服务的专用计算机。其通常具备承担响应服务请求、承担服务、保障服务的能力。

（2）网络终端（Network Terminal）。网络终端是一种专用于网络计算环境下的终端设备。这种设备相比于传统的个人计算机，在硬件配置上有所不同，它不包含硬盘等存储设备，而是通过网络连接来获取资源、应用软件和数据，这些数据和应用程序实际上都存放在服务器上。

（3）集线器（Hub）。集线器位于 OSI 模型的第一层，即物理层，属于网络底层设备，提供多个网络连接端口，将多个设备连接到同一个网络中。集线器的主要功能是对接收到的信号进行再生整形放大，以扩大网络的传输距离。当以 Hub 为中心设备时，网络中某条线路产生了故障，并不影响其他线路的工作。所以 Hub 在局域网中得到了广泛

图 4.5　网络硬件设备示例

应用。

（4）交换机（Switch）。交换机在 OSI 模型中位于第二层，一般用于局域网中，主要功能是根据 MAC 地址来进行数据的转发和交换。广义的交换机就是一种在通信系统中完成信息交换功能的设备。

（5）路由器（Router）。路由器属于 OSI 体系结构的第三层网络层，是实现局域网与广域网互联的主要设备，它会根据信道的情况自动选择和设定路由，以最佳路径，按照前后顺序发送信号。

（6）调制解调器（Modem）。调制解调器是把计算机的数字信号和模拟信号相互转换的设备。

（7）防火墙（Firewall）。防火墙在网络设备中指硬件防火墙，把防火墙程序做到芯片里面，由硬件执行这些功能，能减少 CPU 的负担，使路由更稳定。

（8）网络接口卡（NIC）。网络接口卡是使计算机等网络终端能够上网的硬件设备，分为有线网卡和无线网卡。平常所说的网卡就是将 PC 机和 LAN 连接的网络适配器。

（9）传输介质。计算机网络的传输介质可以分为有线网与无线网，如图 4.6 所示。有线网采用双绞线、同轴电缆、光纤等有线传输介质来传输数据。无线介质采用激光、微波、无线电波与红外线等无线传输介质来传输数据。

2. 网络软件

网络软件是负责实现数据在网络硬件之间通过传输介质进行传输的软件系统，包括网络操作系统、网络传输协议、网络管理软件、网络服务软件、网络应用软件。

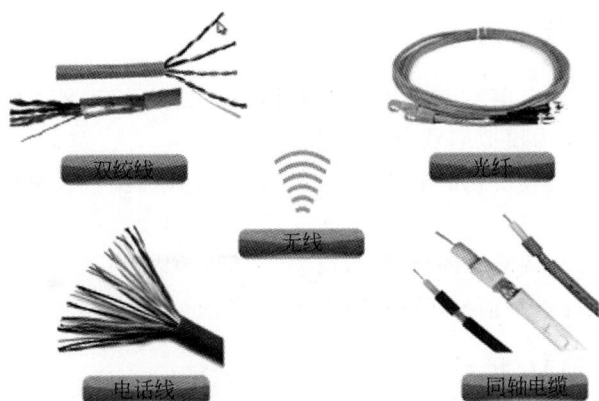

图 4.6　网络传输介质

（1）网络操作系统：是指在计算机或其他网络硬件上安装的，用于管理本地和网络资源，以及它们之间相互通信的操作系统，如 UNIX、Linux、Windows Server 等。

（2）网络传输协议：指两个或两个以上实体为了开展某项活动，经过协商后达成的一致意见。在网络传输协议下，接入网络的计算机必须共同遵守的一组规则和约定，网络传输协议可以保证数据传输与资源共享顺利完成。

（3）网络管理软件：是指能够通过对网络节点进行管理，以保障网络正常运行的管理软件。

（4）网络服务软件：是指运行于特定的操作系统下，提供网络服务的软件。

（5）网络应用软件：是指能够与服务器进行通信，直接为用户提供网络服务的软件。

4.1.5　常用网络术语

1. 衡量数据通信的主要技术指标

衡量数据通信的主要技术指标包括传输的数量和传输的质量两方面。

（1）在传输的数量方面，以带宽和数据传输速率来衡量传输的有效性。

带宽。通常使用"带宽"描述模拟信号的传输能力，单位有 Hz、kHz、MHz 和 GHz。带宽越宽，其传输能力越强。

数据传输速率。数据传输速率是指每秒钟允许传输的最大比特数，用来描述数字信号的传输能力。一比特为一位二进制数值（0 或 1），单位有 b/s、kb/s、Mb/s 和 Gb/s。例如，带宽是 10M，实际上是 10Mb/s。

（2）在传输的质量方面，以传输误码率（Symbol Error Rate，SER）来衡量传输的可靠性。误码率是指数据在通信线路上传输时，由于传输线路的噪声或其他干扰信号的影响，发送出的信号不能全部接收而产生的差错。计算公式为

$$误码率＝传输中的误码/所传输的总码数×100\%$$

在计算机网络中，一般要求误码率低于 10^{-6}。

2. 数字信号与模拟信号

数据通信通常是以电信号（或光信号）的形式从一端传输到另一端。信号是数据的电编码或磁编码，信号分为模拟信号和数字信号两类。

模拟信号是一种连续变化的电信号，可以用连续的电波表示，例如有线电话信号为模拟信号。

数字信号是一种离散的脉冲信号，可以用一个脉冲表示一位二进制数。由于计算机采用二进制编码，因此数字信号是计算机系统所采用的数据表示方式。

3. IP 地址与 MAC 地址

互联网中每台计算机都有 IP 地址，相当于门牌号的作用，用于定位计算机。

MAC 地址是网络设备在出厂前由厂家写入到硬件的地址，当设备连入互联网后，计算机会使用地址解析协议（Address Resolution Protocol，ARP）来建立 IP 地址和 MAC 地址之间的关系。

4.2 Internet 概述及应用

知识目标：

- 理解 TCP/IP、IP 地址、域名相关概念，掌握 Internet 的日常应用。

能力目标：

- 能够对计算机进行 Internet 设置，能够应用网络解决实际问题，培养工作岗位中应具备的计算机网络应用能力。

素养目标：

- 建立职业网络信息素养，树立正确的网络道德观。

本节内容思维导图如图 4.7 所示。

图 4.7 Internet 概述及应用思维导图

当今是网络时代，我们经常使用 Internet 网络的各种应用，Internet 网络是如何产生和发展呢？Internet 包含哪些主要应用呢？学习完本部分知识，我们将能够回答这些问题。

【思考】

问题 1：TCP/IP 是什么？

问题 2：你会查看计算机的 IP 地址吗？

问题 3：你会收发电子邮件吗？

4.2.1 Internet 概述

1. Internet

Internet 是全球性的、最具影响力的、信息资源最丰富的计算机互联网络。Internet 是由分布在世界各地的、数以万计的各种规模的计算机网络，相互连接而成的全球性的互联网络。中文称为"因特网"，也称为"国际互联网"。Internet 起源于美国国防部高级研究计划局的 ARPANET。

1987 年，我国通过拨号与国际互联网连通电子邮件服务。1991 年，中国科学院高能物理研究所通过国际卫星建立了 64kb/s 的专线连接。1994 年 4 月，由中国科学院主持，联合北京大学、清华大学共同完成中国国家计算与网络设施（the National Computing and Networking Facility of China，NCFC），同年，开通与国际的 Internet 连接，并以"cn"作为我国的最高域名在互联网网管中心注册，真正实现了 TCP/IP 连接，标志着我国正式加入互联网。我国在 Internet 网络基础设施建设方面进行了大规模投入，建成了中国公用计算机互联网（ChinaNet）、中国教育和科研计算机网络（CERNet）等主干网络。由光缆、微波和卫星通信所构成的全国骨干网已经建成，覆盖全国范围的数据通信网络已初具规模，为 Internet 在我国的普及打下了良好的基础。

我国在实施国家信息基础设施（China National Information Infrastructure，CNII）计划的同时，也积极参与了国际下一代 Internet 的研究和建设。2004 年 12 月，中国第一个第二代互联网络示范工程核心网（CERNet2）正式开通，标志着我国下一代 Internet 建设全面拉开序幕，并在世界下一代 Internet 发展上取得关键的时机。

2. TCP/IP

TCP/IP 是一个协议集合，将世界上不同类型的网络和计算机联系到一起，Internet 采用 TCP/IP 实现了世界各地的计算机在各种不同的计算机网络之间的通信。

TCP/IP 是 Internet 中计算机之间通信所必须共同遵守的一种通信规定。它由 TCP 和 IP 两个协议组成。其中，IP 为网际协议（Internet Protocol），负责将信息从某一台计算机传输到另一台计算机，给因特网的每一台联网设备规定一个地址。TCP 为传输控制协议（Transmission Control Protocol），负责信息传输的可靠性，遇见有问题就发出信号，要求重新传输，直到所有数据安全正确地传输到目的地。

TCP/IP 并不是简单地指 TCP 和 IP，它实际上是指 Internet 中所使用的整个通信协议组。TCP/IP 一般分成四个层次，如图 4.8 所示。第四层是应用层，属于 TCP/IP 最高层，主要包括超文本传输协议（HTTP）、文件传输协议（FTP）、远程登录协议（Telnet）、邮件发送协议（SMTP）、邮件接收协议（POP3）、域名服务协议（DNS）。第三层是传输层，主要包括传输控制协议（TCP）、用户数据报协议（UDP）。第二层是网际层，主要包括网际协议（IP）、地址解析协议（ARP）、反向地址转换协议（RARP）、因特网控制报文协议（ICMP）、因特网组管理协议（IGMP）。第一层是网络接口层，属于 TCP/IP 最底层。

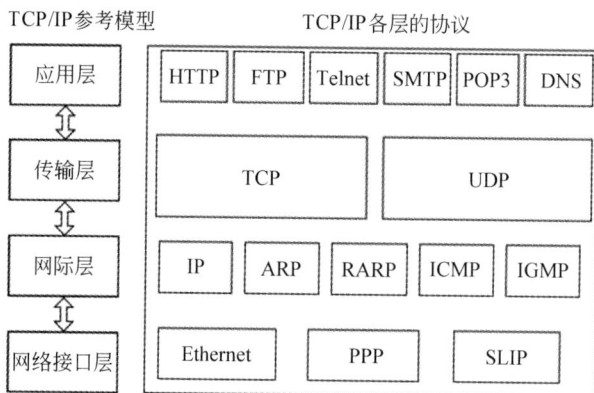

图 4.8　TCP/IP 层次图

3. IP 地址

接入 Internet 的计算机与接入电话网中的电话机很相似，每台计算机均有一个由授权机构分配的号码，称为 IP 地址（Internet Protocol Address）。

根据 TCP/IP 规定，IP 地址由 32 位二进制数组成，且在 Internet 范围内是唯一的。例如，某台连接在 Internet 上的计算机的 IP 地址是 11000000101010000000000110000000。由于这样的 IP 地址不便于理解和记忆，因此，IP 协议允许在 Internet 中采用十进制数来定义计算机的地址，称为 IP 标准地址，具体是将 32 位的二进制数分成 4 组（即 4 字节），每字节的 8 位二进制数值转换成十进制数值来表示，则可得到 4 个与之对应的十进制数值，每个十进制数的范围是 0～255，数值中间用"."隔开，就得到 IP 标准地址，上述计算机的 IP 地址就变成了 192.168.1.128。

目前普遍使用的 IP 地址是 IPv4，它只有 4 段数字，每一段最大不超过 255。由于互联网的蓬勃发展，IP 地址的需求量愈来愈大，在 2019 年 11 月，IPv4 位地址分配完毕。为了扩大地址空间，拟通过 IPv6 重新定义地址空间。IPv6 采用 128 位地址长度。在 IPv6 的设计过程中，除了一劳永逸地解决了地址短缺问题以外，还支持更多的功能和特性，如负载均衡、多播传输等。

最初设计互联网络时，为了便于寻址以及层次化构造网络，每个 IP 地址包括两个标识码（ID），即网络 ID 和主机 ID。同一个物理网络上的所有主机都使用同一个网络 ID，网络上的一个主机（包括网络上工作站、服务器等）有一个主机 ID 与其对应。Internet 委员会定义了 5 种 IP 地址类型以适合不同容量的网络，即 A 类、B 类、C 类、D 类、E 类。

其中的 A、B、C 类由两个固定长度的字段组成。第一个字段为网络号，标志主机所连接的网络。第二个字段为主机号，标志着主机。主机号全位 0 定义为广播地址，不可随意使用。D、E 类为特殊地址，IP 地址分类及取值范围如图 4.9 所示。

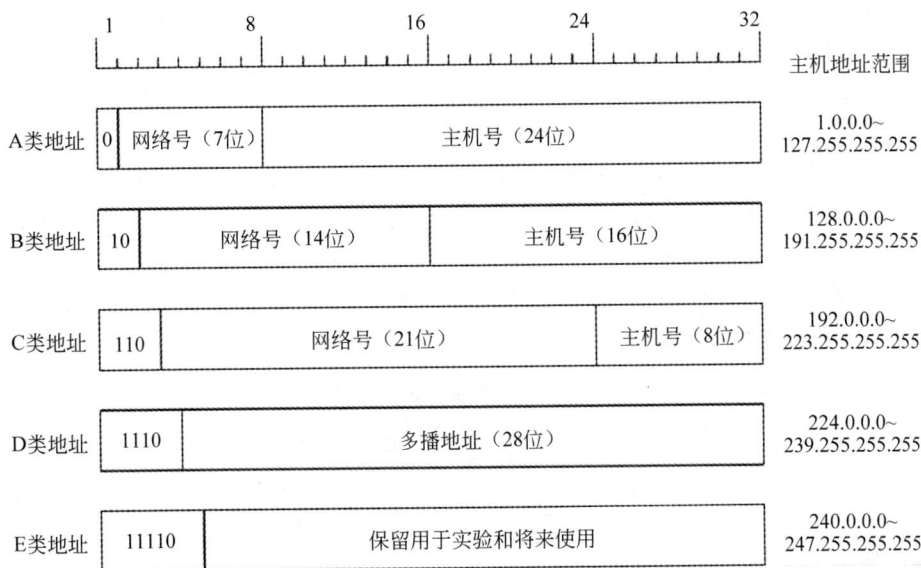

图 4.9　IP 地址分类及取值范围

4. 子网掩码

随着网络的发展,IP 地址出现了资源紧缺的情况。子网掩码是在 IPv4 地址资源紧缺的背景下为了解决 IP 地址分配而产生的虚拟 IP 技术。通过子网掩码将 A、B、C 三类地址划分为若干子网,从而显著提高了 IP 地址的分配效率,有效解决了 IP 地址资源紧张的局面。

子网掩码是一个 32 位地址,用来指明一个 IP 地址的哪些位标识的是主机所在的子网,以及哪些位标识的是主机的位掩码。子网掩码不能单独存在,它必须结合 IP 地址一起使用。

5. 默认网关

默认网关(Default Gateway)是子网与外网连接的设备,实质上是一个网络通向其他网络的 IP 地址,通常是路由器或代理服务器分配。

当一台计算机发送信息时,根据发送信息的目标地址,通过子网掩码来判定目标主机是否在本地子网中,如果目标主机在本地子网中,则直接发送即可。如果目标主机不在本地子网中,则将该信息送到路由器,由路由器将其转发到其他网络中,进一步寻找目标主机。简单来说,默认网关就是数据包离开本地网络时经过的那个"门",它充当着本地网络与外界网络之间的桥梁,使得本地网络中的设备能够访问外部网络,如互联网。

6. 域名

IP 地址有效地标识了网络中的计算机,但 IP 地址不方便记忆。为了方便用户使用,Internet 中使用了域名系统(Domain Name System,DNS)。域名与 IP 地址一一对应,用户使用域名时需要通过 DNS 服务器进行转换,将域名转换成对应的 IP 地址。也就是说,计算机是不能直接识别域名的。Internet 域名的命名格式如下:

主机名.单位名.单位性质类型名.国家或地区代码

其中,单位名、单位性质类型名、国家或地区代码称为域名。单位名由该单位自行命名,并在网上注册以避免重名,其余部分由网络管理机构确定。

每一级域名长度的限制是 63 个字符,域名总长度则不能超过 253 个字符。

(1)国家或地区代码:域名由因特网域名与地址管理机构管理,为不同的国家或地区设置了相应的顶级域名,这些域名通常都由两个英文字母组成,如表 4.1 所示。

表 4.1　常用国家或地区级域名符号

域 名 缩 写	国家或地区	域 名 缩 写	国家或地区
cn	中国	ca	加拿大
au	澳大利亚	es	西班牙
de	德国	fr	法国
uk	英国	us	美国
it	意大利	sg	新加坡
jp	日本	nl	荷兰

(2)单位性质类型名:除了代表国家和地区的顶级域名之外,单位性质类型名遵循 Internet 规定的通用标准代码,如表 4.2 所示。

表 4.2　常用的单位性质类型名

域 名 缩 写	机 构 类 型	域 名 缩 写	机 构 类 型
com	商业系统	firm	公司或企业
edu	教育系统	int	国际组织
gov	政府机关	inf	提供信息服务的单位
mil	军事部门	org	非营利性组织
net	网络服务机构	web	突出 WWW 活动的单位

(3)单位名:单位名不能与网上已经注册的名称重名。

(4)主机名:主机名表示服务器的用途。WWW 表示提供万维网服务的服务器,FTP 表示提供文件传输服务的服务器。

7. DNS 服务器

DNS 服务器的主要作用是将域名地址翻译成 IP 地址。TCP/IP 中有两个 DNS 服务器,分别是"首选 DNS 服务器"和"备用 DNS 服务器",当 TCP/IP 需要对一个域名进行 IP 地址翻译时,首先使用首选 DNS 服务器翻译,而当首选 DNS 服务器失效时,为保证用户正常访问网站,则会启用备用 DNS 服务器翻译。

【实践任务】

新购置了一台电子计算机,要对计算机进行相关的配置,使之能通过局域网访问 Internet。Windows10 操作系统已经安装好,网卡驱动程序已经安装完成,双绞线已经插好并接入局域网。请尝试设置网络配置相关内容,网络分配的配置内容如下:

IP 地址:192.168.12.7

子网掩码:255.255.255.0

默认网关:192.168.12.1

首选 DNS 服务器:202.96.64.68

备用 DNS 服务器:202.96.69.38

4.2.2 Internet 应用

1. WWW 服务

WWW 是环球信息网(World Wide Web)的缩写,也简称为 Web,中文名字为"万维网"。它是一种基于超文本的多媒体信息查询工具,通过 WWW 服务,用户可以在世界范围内任意查找、检索、浏览及添加信息。

WWW 服务采用超文本传输协议(Hypertext Transfer Protocol,HTTP)作为通信规则,以网页为基本元素存储信息资源,所有网页采用统一资源定位器(Uniform Resource Locator,URL)来唯一标识某个网络资源,采用超文本标记语言(Hyper Text Markup Language,HTML)编写网页,采用超链接跳转网页,用户借助 IE 浏览器即可访问信息服务资源。

目前大多数浏览器均能使用 WWW 服务,浏览器的主要用途有浏览网页、收藏网页等。

2. 电子邮件(E-mail)服务

E-mail 是目前 Internet 上使用最频繁的服务之一,也是 Internet 最重要、最基本的应用。E-mail 可以发送和接收文字、图像、声音、视频等多媒体信息,并且可以同时发送给多个接收者。通过网络的电子邮件系统,与世界上任何一个角落的网络用户联系。

Internet 上的电子邮件是一种极为方便的通信工具,已经成为多媒体信息传输的重要手段之一。Internet 上有大量的邮件服务器,用户需要使用 E-mail 时,必须在该邮件服务器上注册,在服务器中建立自己的邮箱。在 Internet 中,每个用户的邮箱具有一个全球唯一的通信地址,这个通信地址由两部分组成,前一部分是用户在邮件服务器中的账号,后一部分是邮件服务器的主机名与域名,中间由"@"分隔。邮箱地址的格式如下:

用户名@主机名.域名

3. 文件传输（FTP）服务

文件传输（File Transfer Protocol，FTP）是从本地计算机传送文件到网络上的远程计算机，或者从远程计算机读取文件到本地计算机。FTP 是 Internet 上实现资源共享最方便、最基本的手段之一，目标是提高文件的共享性，而非直接使用远程计算机，使存储介质对用户透明以及可靠高效地传送数据。图形化的 FTP 客户端软件为用户提供了更加友好的界面，使不了解 FTP 命令的用户也能轻松使用 FTP 传输文件。

4. 远程登录（Telnet）服务

远程登录是通过 Internet 进入和使用远距离的计算机，就像使用本地计算机一样。通过远程登录的请求，使本地计算机成为远程计算机的虚拟终端，以终端的形式使用远程计算机的硬件和软件资源。

【实践任务】

（1）收藏"中国知网"的网址，以方便日后使用。

（2）使用电子邮箱给老师发一封电子邮件，邮件内容如下：

邮件主题：如何防范网络诈骗。

邮件内容：防范网络诈骗的方法请查看附件。

邮件附件要求：进行网络搜索，整理防范网络诈骗方法，保存成文本文档，将该文档以附件方式和邮件一起发送到老师电子邮箱。

4.3 信 息 检 索

知识目标：

● 了解信息与文献检索的相关概念，掌握常用的信息检索方法。

能力目标：

● 具备信息检索应用的能力。

素养目标：

● 培养信息意识，建立职业岗位必备的信息素养。

本节内容思维导图如图 4.10 所示。

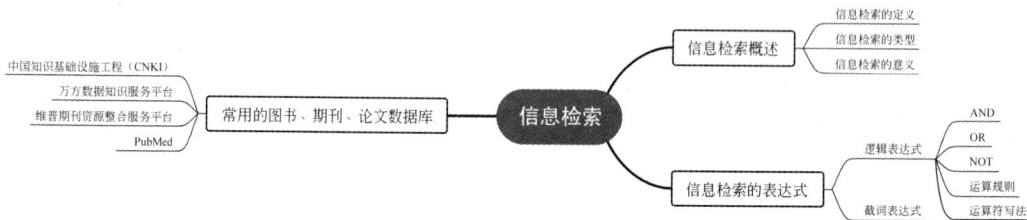

图 4.10　信息检索思维导图

具有良好的信息素养,综合应用信息技能,从不同的信息资源中搜集整合信息,是获得有效信息的关键。我们在生活和工作中如何获取需要的信息呢?本节将学习使用常用搜索引擎、中文全文型数据库等各种信息资源库来得到有用的信息。

【思考】

问题1:什么是文献检索?

问题2:哪些平台可以搜寻信息或者文献?

4.3.1 信息检索概述

人通过获得、识别自然界和社会的不同信息来区别不同事物,得以认识和改造世界。在一切通信和控制系统中,信息是一种普遍联系的形式。

1. 信息检索的定义

信息检索有广义和狭义之分。

广义的信息检索,包括信息的存储和检索两个过程。信息存储,是将信息源中大量无序的信息集,根据信息的外部特征和内容特征,按照一定的方式组织成检索系统。信息检索就是从检索系统中查找出满足用户需求的特定信息。

狭义的信息检索,仅指检索过程,即从信息集合中找出所需信息的过程,相当于我们通常所说的信息查询。信息集合通常指关于文献或信息的线索,得到检索结果后一般还要获取原始文献或信息。

2. 信息检索的类型

1)按检索内容划分

(1)文献检索(Document Retrieval):是指以文献为检索对象的信息检索,包括文献线索检索和文献全文检索。

(2)数据检索(Data Retrieval):是以数值或图表形式表示的数据为检索对象的信息检索,又称"数值检索"。

(3)事实检索(Fact Retrieval):是以特定客观事实为检索对象的信息检索,其检索结果为基本事实。

2)按信息组织方式划分

(1)全文检索(Full Text Retrieval):是将存储于检索系统中的整本书、整篇文章或其任意内容查找出来的检索。它可以根据需要获得全文中有关章、节、段、句、词等的信息,也可以进行各种统计和分析。

(2)超文本检索(Hyper Text Retrieval):是对检索系统中每个节点中所存信息及信息链构成的网络中信息的检索。它强调中心节点之间的语义连接结构,靠系统提供的复杂工具进行图示穿行和节点展示,提供浏览式查询,可以进行跨库检索。

(3)超媒体检索(Hyper Media Retrieval):是对检索系统中存储的文本、图像、声音等多种媒体信息的检索。它是多维存储结构有向的链接,与超文本检索一样,可以提供浏览式查询和跨库检索。

3）按检索方式划分

（1）手工检索简称"手检"，是指人们通过手工的方式检索信息，其使用的检索工具主要是书本型、卡片式的信息系统，即目录、题录、索引、文摘和各类工具书。其优点是直观、灵活、方便，无须特殊设备，可随时修改检索策略，查准率高；缺点是费时费力，查全率低，容易漏检。

（2）计算机检索简称"机检"，是指人们利用数据库、计算机软件技术、计算机网络及通信系统进行的信息检索，其检索过程是在人机的协同作用下完成的。其优点是速度快、效率高、查全率高，不受时空限制，结果输出方式多样；不足是对设备和技术的要求高，查准率不高。由于手工检索和计算机检索各有优缺点，在信息检索的过程中，有时既使用手工检索方式，又使用计算机检索方式，也就是同时使用两种检索方式。在计算机检索成为主流的时代，手工检索也可以作为必要的补充。

3. 信息检索的意义

信息检索的主要意义如下。

（1）信息检索是获取知识的捷径。

（2）信息检索能节省时间与费用。

（3）信息检索能避免重复研究或走弯路。

（4）信息检索是终身学习的基础。

4.3.2　信息检索的表达式

检索表达式是检索策略的具体体现之一，简称检索式。检索式一般由检索词和各种逻辑运算符组成。计算机检索最为常用的是逻辑表达。逻辑表达式是指利用逻辑算符，对检索词的关系进行表达，又称布尔表达式。

1. 逻辑表达式

（1）逻辑"与"，通常用"AND"或"＊"或空格运算符表示，是一种概念之间交叉或限定关系的组配，表示它所连接的检索词必须同时出现在检索结果中。使用它可以缩小检索范围，减少输出结果，提高查准率。

（2）逻辑"或"，通常用"OR"或"＋"运算符表示，是一种概念之间并列关系的组配，表示它所连接的两个检索词中，在检索结果里出现任意一个即可。使用它可以扩大检索范围，增加输出结果，提高查全率。

（3）逻辑"非"，通常用"NOT"或"－"运算符表示，是一种概念之间排除关系的组配，可以用来排除不希望出现的检索词。它与逻辑"与"的作用类似，能够缩小命中信息的范围，提高查准率。

（4）运算规则：一般按 NOT、AND、OR 的先后顺序；若有括号，则先执行括号内的逻辑运算。

（5）运算符写法：运算符大小写均可；运算符与检索词之间须有一个空格；用英文字符的括号。

2. 截词表达式

截词表达式指在检索式中用专门符号（截词符号）表示检索词的某一部分，检索词允许有部分变化，检索词的不变部分加上由截词符号所代表的任何变化形式所构成的词汇都是合法检索词。采用截词表达式，既能防止漏检，又能节省时间，是提高检索效率的有力措施。

不同的检索系统对截词符的规定有所不同，截词符有"＊""?""/""!""#""＄""％"等。

截词表达式的截词方式有多种，按截断的位置来分，有后截词、中间截词、前截词等，按截断的字符数量来分，可分为有限截断和无限截断两种。下面对后截词、中间截词和前截词进行简要介绍。

后截词：又称右截词、前方一致，允许检索词尾部有若干变化形式。例如，检索式"Comput?"将检出包含 Computer、Computing、Computed、Computerization 等词汇的结果。检索式"计算机检索?"，表示检索以"计算机检索"开头的信息。

中间截词：允许检索词中间有若干变化形式，例如，检索式"计算机?检索"，检索结果为"计算机信息检索""计算机情报检索"等。

前截词：又称左截词、后方一致，允许检索词头部有若干变化形式，例如，检索式"?检索"，检索结果为"基本检索""全文检索""情报检索"等。

截词表达式在使用时，一定要合理，截断部分要适当，不要截得太短，以免增加检索噪声而查出很多无关的文献。

4.3.3 常用的图书、期刊、论文数据库

1. 中国知识基础设施工程（CNKI）

中国知识基础设施工程（China National Knowledge Infrastructure，CNKI），即我们熟知的中国知网，是由清华大学、清华同方于 1999 年 6 月发起的，以实现全社会知识资源传播共享与增值利用为目标的知识信息资源和知识传播与数字化学习平台，如图 4.11 所示。

2. 万方数据知识服务平台

万方数据知识服务平台是万方数据公司开发的大型网络版数据库检索系统，内容涉及自然科学和社会科学各个领域，资源类型丰富多样，涵盖期刊论文、学位论文、会议论文、图书、专利文献、科技报告、成果、标准、法规、年鉴等，如图 4.12 所示。

3. 维普期刊资源整合服务平台

维普期刊资源整合服务平台是中文科技期刊一站式检索及提供深度服务的平台，是

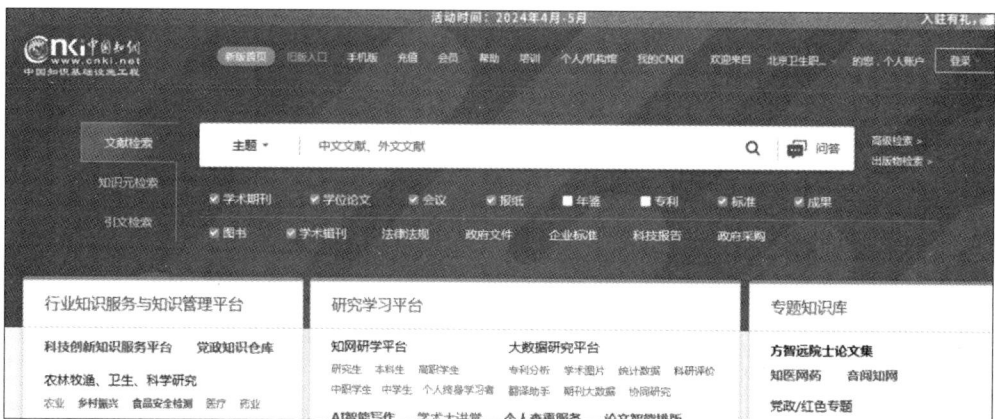

图 4.11　中国知网

图 4.12　万方数据知识服务平台

一个由单纯提供原始文献信息服务过渡延伸到提供深层次知识服务的整合服务系统,如图 4.13 所示。

图 4.13　维普期刊资源整合服务平台

4. PubMed

PubMed，如图 4.14 所示，是一个提供生物医学方面的论文搜寻以及摘要，提供生物医学和健康科学领域的文献搜索服务。它的数据库来源为 MEDLINE。其核心主题为医学，也包括其他与医学相关的领域，如护理学或者其他健康学科。

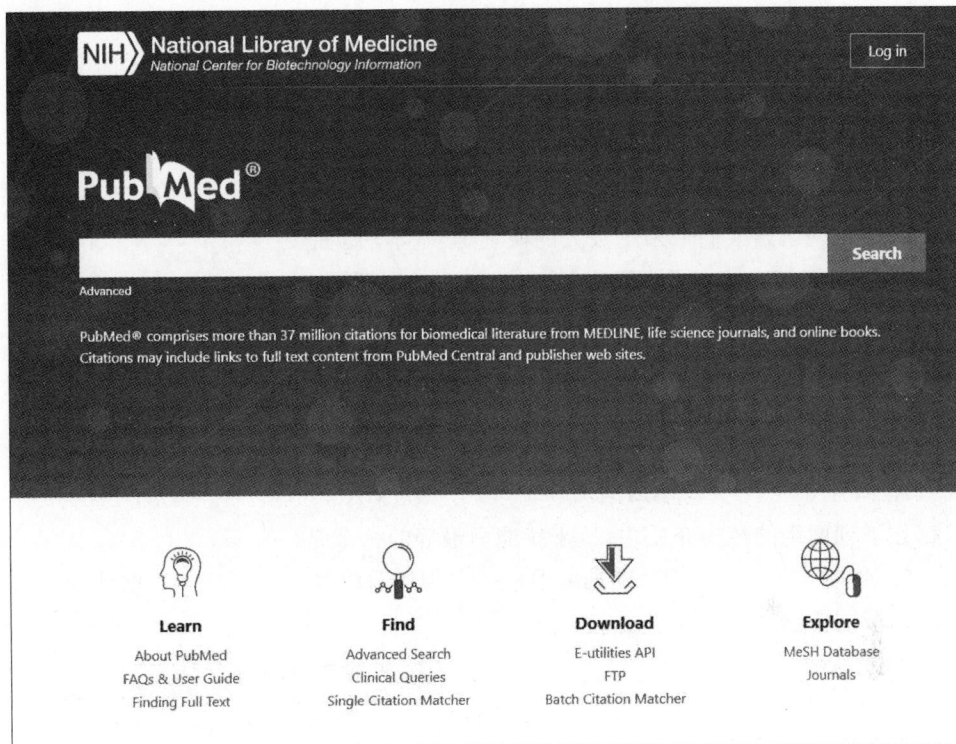

图 4.14　PubMed 资源平台

PubMed 是当今世界上最权威的文摘类医学文献数据库之一，1996 年起向公众开放，是互联网上使用最广泛的免费 MEDLINE 检索工具。PubMed 系统的特征工具栏提供辅助检索功能、侧栏提供其他检索如期刊数据库检索、主题词数据库检索和特征文献检索。PubMed 免费提供题录和文摘，还提供检索词自动转换匹配功能，操作简便、快捷，并且可提供原文的网址链接帮助用户获取资源。

【实践任务】

（1）完成如下操作：

- 在桌面新建 1 个文件夹，命名为"生成式人工智能"；在此文件夹内再新建 3 个文件夹，分别命名为"文本""图片""视频"。
- 通过多个搜索引擎网站和文献数据库资源平台检索关于"生成式人工智能"的文章、图片和视频。
- 分别将文字资料，使用文本文档（.txt）或 Word 文档（.docx）保存放入"文本"文件夹；图片类型资料放入"图片"文件夹，视频资料放入"视频"文件夹。

（2）使用学习网站查看如下课程介绍：

- 信息技术课程。
- 人工智能概论。

（3）使用文献检索平台搜索如下内容：

- 信息技术在中医四诊中的应用研究。

练 习 题

一、单选题

1. 计算机网络给人们带来了极大的便利，其基本功能是（　　）。

    A. 安全性好　　　　　　　　　　　　B. 运算速度快

    C. 内存容量大　　　　　　　　　　　D. 数据传输和资源共享

2. 通常情况下，覆盖范围最广的是（　　）。

    A. 局域网　　　　　B. 广域网　　　　　C. 城域网　　　　　D. 校园网

3. 表示局域网的英文缩写是（　　）。

    A. WAN　　　　　　B. LAN　　　　　　C. MAN　　　　　　D. USB

4. 在下列网络的传输介质中，抗干扰能力最好的一个是（　　）。

    A. 光缆　　　　　　B. 同轴电缆　　　　C. 双绞线　　　　　D. 电话线

5. 局域网传输介质一般采用（　　）。

    A. 光纤　　　　　　　　　　　　　　B. 同轴电缆或双绞线

    C. 电话线　　　　　　　　　　　　　D. 普通电线

6. 将计算机与局域网互联，需要（　　）。

    A. 网桥　　　　　　B. 网关　　　　　　C. 网卡　　　　　　D. 路由器

7. 根据 Internet 的域名代码规定，域名中（　　）表示教育机构网站。

    A. .net　　　　　　B. .com　　　　　　C. .edu　　　　　　D. .org

8. 所谓计算机病毒是指（　　）。

    A. 能够破坏计算机各种资源的小程序或操作命令

    B. 特制的破坏计算机内信息且能自我复制的程序

    C. 计算机内存放的被破坏的程序

    D. 能感染计算机操作者的生物病毒

9. 对计算机病毒的防治也应以"预防为主"。下列各项措施中，错误的预防措施是（　　）。

    A. 将重要数据文件及时备份到移动存储设备上

    B. 用杀病毒软件定期检查计算机

    C. 不要随便打开/阅读身份不明的发件人发来的电子邮件

    D. 在硬盘中再备份一份

10. 下列用户 XUEJY 的电子邮件地址中,正确的是(   )。

    A. XUEJY@Bj163. Com　　　　　　　　B. XUEJY @ Bj163.Com

    C. XUEJYBj163.Com　　　　　　　　　D. XUEJY♯Bj163. Com

11. 浏览器收藏夹的作用是(   )。

    A. 记忆感兴趣的页面的内容　　　　　B. 收集感兴趣的页面地址

    C. 收集感兴趣的文件内容　　　　　　D. 收集感兴趣的文件名

12. 域名 ABC.XYZ.COM.CN 中主机名是(   )。

    A. COM　　　　　B. XYZ　　　　　C. ABC　　　　　D. CN

13. 《中华人民共和国计算机软件保护条例》中所称的计算机软件(简称软件)是指(   )。

    A. 计算机程序　　　　　　　　　　　B. 计算机程序及其有关文档

    C. 源程序和目标程序　　　　　　　　D. 源程序

14. 当系统已感染上病毒时,应及时采取清除病毒的措施,此时(   )。

    A. 直接执行硬盘上某一可消除该病毒的软件,彻底清除病毒

    B. 直接执行(没有感染病毒的)软盘上某一可消除该病毒的软件,彻底清除病毒

    C. 应重新启动机器,然后用某一可消除该病毒的软件,彻底清除病毒

    D. 用没有感染病毒的引导盘重新引导机器,然后安装可以消除该病毒的软件,彻底清除病毒

15. 下列关于电子邮件的叙述中,正确的是(   )。

    A. 发件人发来的电子邮件保存在收件人的电子邮箱中,收件人可随时接收

    B. 如果收件人的计算机没有打开,则发件人发来的电子邮件将退回

    C. 如果收件人的计算机没有打开,待当收件人的计算机打开时再重发

    D. 如果收件人的计算机没有打开,则发件人发来的电子邮件将丢失

16. 下列选项不属于"计算机安全设置"的是(   )。

    A. 定期备份重要数据

    B. 不下载来路不明的软件及程序

    C. 停掉 Guest 账号

    D. 安装杀(防)毒软件

17. 下列选项中不属于中文全文型数据库资源的是(   )。

    A. www.cnki.net　　　　　　　　　　B. www.wanfangdata.com.cn

    C. www.cqvip.com　　　　　　　　　D. www.dxy.cn

二、填空题

1. 因特网上,一台计算机可以作为另一台主机的远程终端,使用该主机的资源,该项服务称为_____。

2. 在 Outlook 窗口中,新邮件的"抄送"文本框输入的多个电子邮箱的地址之间,应用_____做分隔。

3. 从远程计算机复制文件到自己的计算机上称为_____。

4. 防火墙可以_____防止未经授权的访问,并在企业网络和互联网之间建立一道安全屏障。

5. Internet 提供的最简便快捷的通信工具是_____。

6. Internet 实现了分布在世界各地的各类网络的互联,其最基础和核心的协议是_____。

7. 计算机病毒是一种通过自我复制进行传染的、破坏计算机程序和数据的_____。

8. 有一个域名为 bit.edu.cn,根据域名代码的规定,此域名表示_____。

9. TCP 的主要功能是保证可靠的_____。

10. 将计算机与局域网互联,需要_____。

11. 用 b/s 来衡量网络的性能,它指的是计算机的_____。

12. 中国知网平台的网址是_____。

三、思考题

1. 家庭中的计算机网络由哪些硬件设备组成? 如何配置路由器?

2. 简述搜索引擎和文献资源网站检索的资料各自的优点与缺点。

3. 如果你想写一篇专业论文,计划使用哪些信息检索平台来查阅资料?

第 5 章 信息素养

信息素养是指在信息技术领域,通过对信息行业相关知识的了解,内化形成的职业素养和行为自律能力。信息素养是当代社会中个体适应信息时代发展、有效参与社会生活和职业活动所必须具备的重要能力。

5.1 信息素养概述

知识目标:
- 了解信息素养的概念、要素、内涵。

能力目标:
- 培养良好的信息素养,用以解决实际问题。

素养目标:
- 将信息意识、信息知识、信息能力和信息道德内化为自身的行为习惯和思维方式。

本节内容思维导图如图 5.1 所示。

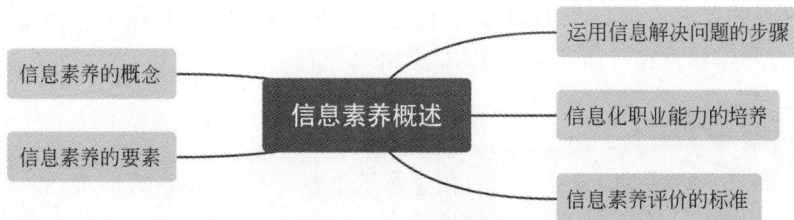

图 5.1 信息素养概述思维导图

近 30 年,得益于互联网技术的快速发展和传播环境的日益开放,人类生产的信息量已超过过去 5000 年信息生产的总和,形成了信息爆炸的现象。同时产生的大量的虚假信息、无用信息甚至有害信息充斥网络,个人在接收信息时面临严重"超载"的问题,具备良好地筛选和利用有效信息的能力就至关重要。以此为核心的信息素养是大学生综合职业素养的重要组成部分,亦是其终身学习的核心能力。

【思考】

问题 1:什么是信息素养?

问题 2:结合自己专业,分析在实际工作 9 岗位中有哪些具体事例体现了信息素养?

5.1.1　信息素养的概念

信息素养是一个综合性的概念,它涵盖了个人在信息社会中获取、理解、评估、创造、使用和交流信息的能力。

信息素养的发展过程是一个不断演进和丰富的过程,它随着信息技术的发展和社会环境的变化而不断变化。

(1) 萌芽阶段(20 世纪 70 年代),信息素养的概念在这一时期萌芽,主要关注手工检索文献的技能和用户教育。这一时期,信息素养的提出主要是基于图书馆学和情报学的背景,强调如何有效地利用图书馆资源和手工检索工具来获取信息。

(2) 发展阶段(20 世纪 70 年代至 80 年代末),信息素养中开始融入计算机素养的元素,关注如何利用计算机进行信息检索与评价。这一阶段,信息素养的内涵逐渐扩大,开始重视信息意识的重要性。

(3) 成型阶段(20 世纪 90 年代至 21 世纪初),信息素养逐渐成为公民的基本素养之一,强调批判和评价信息的能力。这一时期,信息素养的培育开始受到广泛关注,并被纳入教育体系之中。

(4) 新发展阶段(21 世纪 10 年代至今),信息素养进入了一个全新的发展阶段,强调智能时代的综合素养。随着人工智能、大数据等技术的兴起,信息素养的内涵更加丰富和复杂,除了传统的信息获取、处理和应用能力外,还包括计算思维、信息社会责任等新的元素。强调在新技术环境下的信息获取、理解、评价、交流、使用和创造能力。

5.1.2　信息素养的要素

信息素养的要素是信息素养概念的进一步延伸和细化,主要包括信息意识、信息知识、信息能力和信息道德 4 方面,如图 5.2 所示。

图 5.2　信息素养的要素组成图

1. 信息意识

信息意识是整个信息素养的前提,指人对信息敏锐的感受力、判断力和洞察力,即人的信息敏感程度。信息意识是人们产生信息需求,形成信息动机、信息兴趣,进而自觉寻求信息、利用信息的动力和源泉,是人类所特有的意识。通俗地讲,信息意识就是面对不懂的东西,能积极主动地去寻找答案,并知道到哪里找、如何找才能获得答案的意识。在当下这个"信息爆炸"的时代,具有良好信息意识的人能够以有效的方法和手段对信息去粗取精、去伪存真,自觉地学习、掌握各种现代信息工具,并将其熟练地运用于解决生活、学习和工作中的实际问题,不断提高自己,形成新认知,实现终身学习。

2. 信息知识

信息知识是人们为了获取信息和利用信息而应该掌握的基本知识和技能。这包括了解信息技术的基本概念、原理和发展趋势,掌握信息检索、信息处理和信息传递的基本方法和技巧,以及了解与信息技术相关的法律法规和道德规范等。信息知识是信息素养的基础,它为人们有效地利用信息提供了必要的支持和保障。

(1) 信息理论知识:信息理论包括信息的基本概念,信息系统的结构、工作原理及其原则等。有了对信息本身的认知,就能更好地辨别信息,获取、利用信息。

(2) 信息技术知识:信息技术是指利用计算机、网络等各种硬件设备及软件工具与科学方法,对各种信息进行获取、加工、存储、传输与使用的技术之和。

3. 信息能力

信息能力是指个人利用信息技术解决实际问题的能力。这包括理解信息能力、获取信息能力、处理信息能力、应用信息能力等多方面。

理解信息能力是对信息进行分析、评价和决策的能力,这包括对信息内容和信息来源的分析,鉴别信息质量和评价信息价值,以及决策信息取舍和分析信息成本的能力;获取信息能力就是通过各种途径和方法搜集、查找、提取、记录和存储信息的能力;处理信息能力是指个人对获取的信息进行整理、分析和评价的能力;应用信息能力则是指个人将获取和处理的信息应用于实际问题的解决中的能力。信息能力是信息素养的核心部分,它直接影响个人在信息社会中的生存和发展。

4. 信息道德

信息道德是指在信息领域中用以规范人们相互关系的思想观念与行为准则。它涵盖了信息的采集、加工、存储、传播和利用等各个环节,是这些环节中产生的各种社会关系的道德意识、道德规范和道德行为的总和。具体来说,信息道德通过社会舆论、传统习俗等力量,使人们形成一定的信念、价值观和习惯,从而自觉地规范自己的信息行为。

以上4方面相互联系、相互作用,共同构成一个不可分割的统一整体。信息意识是前提,信息知识是基础,信息能力是核心,信息道德是保证。在信息化日益发展的今天,具备良好的信息素养已经成为个人适应信息社会、实现自身发展的重要基础。

5.1.3　运用信息解决问题的步骤

如何用信息技术分析和解决实际问题,是信息素养的核心内涵。运用信息解决问题通常涉及一系列有序的步骤,这些步骤旨在确保问题得以全面、准确和有效地解决。以下是一个典型的流程,分为6个关键阶段,如图5.3所示。

(1) 明确问题。首先,需要清晰地定义问题的范围、性质和目标。确保对问题的理解是准确且具体的。然后进行需求分析。分析解决问题所需的信息类型和范围,以便后续有针对性地搜集信息。

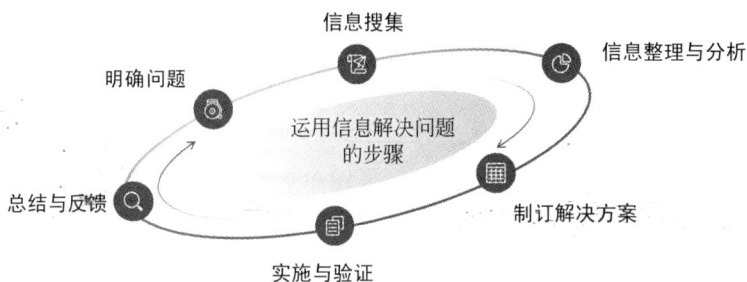

图 5.3　运用信息解决问题的步骤

　　（2）信息搜集。根据问题的性质和需求，选择合适的信息源。信息源可以包括搜索引擎、专业数据库、行业报告、学术文献、官方网站等，利用多种渠道和工具进行信息搜集，以确保信息的全面性和多样性。在搜集过程中，要注意评估信息的质量，包括信息的真实性、可靠性、时效性和相关性。

　　（3）信息整理与分析。将搜集到的信息进行分类整理，以便后续分析和处理，这一步骤包括信息筛选和信息分析。信息筛选，去除重复、冗余或无关的信息，保留对解决问题有用的信息。信息分析，运用合适的方法和工具对信息进行分析，如数据分析、趋势分析、对比分析等，以揭示信息背后的规律和趋势。

　　（4）制订解决方案。根据信息分析的结果，制订解决问题的具体策略或方案。对制订的方案进行可行性评估，包括资源投入、时间成本、预期效果等方面。

　　（5）实施与验证。按照制订的方案实施，确保各项措施得到有效执行，这一步骤包括监控进展和验证效果。监控进展，在实施过程中，密切关注问题解决的进展情况，及时调整和优化方案。验证效果，通过实际结果来验证解决方案的有效性，评估是否达到了预期的目标。

　　（6）总结与反馈。对解决问题的过程进行总结，提炼出成功的经验和不足之处。将总结的经验和教训反馈给相关人员或组织，以便在未来的问题解决过程中进行改进和优化。

　　运用信息解决问题的流程是一个动态循环的过程，可能需要根据实际情况进行多次迭代和调整。同时，不同的问题和情境可能需要采用不同的方法和工具，因此在运用信息解决问题的过程中，需要保持灵活性和创新性，不断适应变化的需求和环境。

　　信息素养在新时代已经不仅仅局限于信息获取和处理的技能层面，而是涵盖了信息意识、信息获取与检索、信息评估与判断、信息处理与应用、信息交流与协作、信息伦理与责任以及信息创新与创造等多方面。这些新内涵的拓展和丰富使得信息素养成为个体适应新时代发展的重要能力之一。

5.1.4　信息化职业能力的培养

　　新时代职业教育改革要求深化复合型职业人才培养，开展信息素养教育。一方面是为了让学生更好地适应信息化社会的生活和学习环境，构建终身学习能力。另一方面是使就读于各专业的学生形成信息化职业能力。

各专业学生可以从以下几方面,提高自身信息化职业能力发展水平。

(1) 掌握信息技术基础知识和技能。包括掌握计算机基础知识,熟练掌握计算机的基本操作技能,熟练掌握基本的信息处理和信息展示应用软件的操作,掌握因特网的基本应用,掌握计算机安全使用和信息安全基本知识,掌握基本的编程知识,了解新一代信息技术的基本知识和部分应用场景等。

(2) 提高自身信息素养。

(3) 关注和收集本专业密切相关的信息源。了解并掌握一批本专业密切相关的专业知识库、行业专题网站等,了解本专业信息分类和检索的基本方法。

(4) 在所学专业领域努力提升信息化实践水平。

请根据个人信息素养情况,完成个人信息素养自评图,如图 5.4 所示。

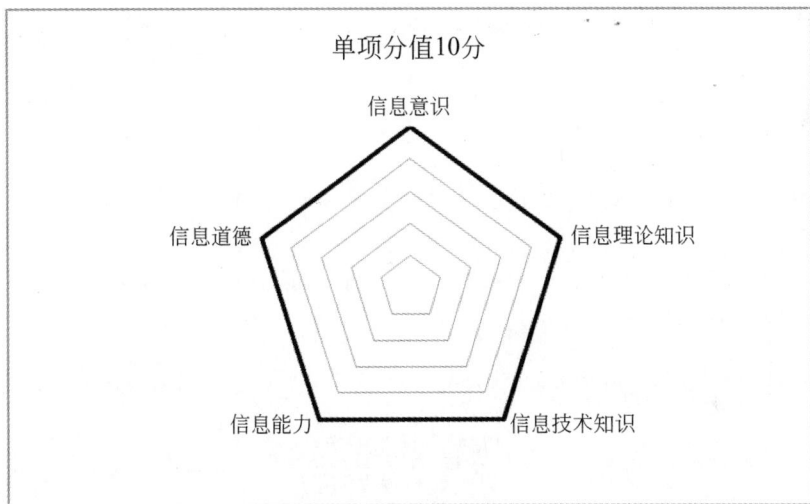

图 5.4 个人信息素养自评图

5.1.5 信息素养评价的标准

2003 年和 2005 年,联合国教科文组织分别召开两次专题性的世界大会,将信息素养界定为一种能力,即"信息素养是人们在信息社会和信息时代生存的前提条件,是终身学习的重要因素,能够帮助个体和组织实现其生存和发展的各类目标,它能够通过确定、查找、评估、组织和有效地生产、使用和交流信息来解决问题"。

2005 年,清华大学孙平教授发布了由他主持研究的"北京地区高校信息素质能力指标体系"。该指标体系由 7 个维度、19 项标准、61 个三级指标组成。该指标体系作为北京市高校学生信息素养评价的重要指标,是我国第一个比较完整、系统的信息素养能力体系。以下为该指标体系的框架。

维度 1:具备信息素质的学生能够了解信息以及信息素质能力在现代社会中的作用、价值与力量。

维度 2:具备信息素质的学生能够确定所需信息的性质与范围。

维度 3：具备信息素质的学生能够有效地获取所需要的信息。

维度 4：具备信息素质的学生能够正确地评价信息及其信息源，并且把选择的信息融入自身的知识体系中，重构新的知识体系。

维度 5：具备信息素质的学生能够有效地管理、组织与交流信息。

维度 6：具备信息素质的学生作为个人或群体的一员能够有效地利用信息来完成一项具体的任务。

维度 7：具备信息素质的学生了解与信息检索、利用相关的法律、伦理和社会经济问题，能够合理、合法地检索和利用信息。

5.2　信息安全与责任

知识目标：
- 了解信息安全、信息责任的概念。

能力目标：
- 通过识别信息安全威胁，提高个人信息安全防护能力。

素养目标：
- 培养信息安全意识、提高信息敏感度，自觉遵守信息道德行为准则。

本节内容思维导图如图 5.5 所示。

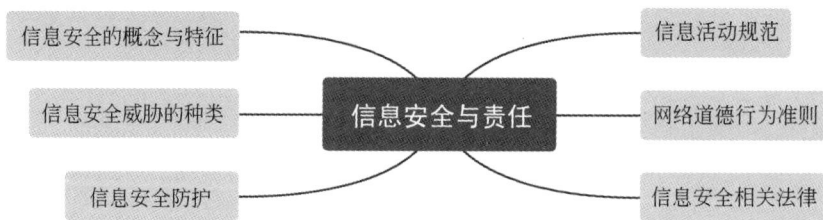

图 5.5　信息安全与责任思维导图

在当今数字化的时代，信息如同空气一般无处不在，渗透到我们生活的每一个角落。从日常的社交互动、在线购物，到重要的金融交易、政务处理，信息的流动和交换支撑着社会的运转。然而，伴随着信息的广泛应用，信息安全问题也日益凸显，成为我们不得不面对的严峻挑战。

【思考】

问题 1：我们在生活中可能遇见哪些信息安全的问题？

问题 2：结合自己所学专业，思考在工作岗位中需要承担哪些信息责任？

5.2.1　信息安全与防护

1. 信息安全的概念与特征

信息安全是对信息系统的硬件、软件以及数据信息实施的安全防护。信息安全对于保护个人隐私、企业商业秘密、国家机密等至关重要。信息安全具有以下基本特征。

（1）保密性。信息的保密性是指对于隐私信息，如交易记录、账户密码、社交信息等，未经授权者授权不能获取、阅读或查看。保密性是信息安全的核心特征。例如人们在使用社交媒体时，应当合理设置隐私权限，如个人信息、发布的内容和位置信息等，避免将过多的个人隐私暴露给不相关的人，以防止被骚扰或诈骗。

（2）完整性。信息的完整性是指信息不被非法更改、篡改或销毁，确保信息的完整性从而有效保证信息的可用性和可信程度。在网络社交平台上，大学生经常分享个人见解、学习心得和生活点滴。信息的完整性要求这些分享的内容在传播过程中不被恶意篡改或曲解，以维护个人的声誉和形象。例如，在社交媒体上发布的时事观点或工作内容，应当确保信息的准确性和完整性，避免被他人断章取义或误导他人。

（3）可用性。信息的可用性是指被授权的用户在需要时能够便捷、准确地获取到所需信息的程度。它不仅仅关乎信息是否存在，更强调信息能否以用户易于理解、访问和使用的形式呈现。在信息爆炸的时代，大学生需要快速筛选出对自己有用的信息。例如，在寻找实习机会时，一个能根据个人专业、兴趣和地理位置推荐实习岗位的平台，就比一个仅提供大量杂乱无章岗位信息的网站更受大学生欢迎。

（4）可信度。信息的可信度是信息安全的重要特征之一，它是指信息的真实、准确和可信程度。大学生在注册在线学习平台时，要仔细阅读平台的隐私政策和用户协议，了解平台如何收集、使用和保护个人信息。如果平台的隐私政策模糊不清或存在漏洞，要谨慎考虑是否继续使用该平台。

（5）不可抵赖性。信息的不可抵赖性，也称作不可否认性，是指在网络信息系统的信息交互过程中，所有参与者都不可能否认或抵赖曾经完成的操作和承诺。在涉及信息安全和隐私保护的场景中，数字签名和身份验证技术是实现信息不可抵赖性的重要手段。大学生在使用各种网络服务时，可能需要提供身份验证信息或签署数字协议。这些操作都确保了信息的真实性和不可抵赖性，保护了用户的合法权益。

（6）可控性。信息的可控性是指网络系统和信息在传输范围和存放空间内的可控程度，也就是人们对信息的传播路径、范围及其内容所具有的控制能力。在大学校园中，学校通常会通过网络技术手段对校园网络进行管理，以确保网络信息的可控性。例如，学校可以设置网络访问权限，控制哪些网站或资源可以被学生访问。这有助于防止不良信息的传播，维护校园网络的安全和秩序。

2. 信息安全威胁的种类

威胁信息安全的因素很多，主要有以下 4 种，如图 5.6 所示。

（1）计算机病毒。计算机病毒是指编制或者在计算机程序中插入的破坏计算机功能，影响计算机使用并且能够自我复制的一组计算机指令或者程序代码。如今，计算机病毒的威胁变得愈发多元化和复杂化。勒索病毒、二维码病毒、键盘监听病毒等，从数据勒索到系统入侵，对全球网络安全构成严峻挑战。

（2）网络黑客。在信息安全受到的威胁中，网络黑客通过网络扫描、利用漏洞、暴力破解、篡改攻击、植入后门和恶意软件等技术手段来侵害信息安全，这些手段不仅具有高

图 5.6　信息安全威胁的种类

度的隐蔽性和破坏性,而且往往难以被及时发现和防范。我国法律对黑客攻击行为有明确的制裁措施,不仅规定了刑事责任,还涉及民事责任和行政责任。

(3)垃圾信息。通过垃圾邮件、短信等方式发送的包含恶意链接或附件的信息,一旦用户单击或下载,可能会导致其个人信息(如姓名、电话、地址、账号密码等)被不法分子窃取。垃圾信息充斥着网络空间,使得用户需要花费大量时间和精力去筛选和识别真正有用的信息,降低了信息获取的效率和质量。

(4)隐私泄露。隐私泄露最直接的影响是个人信息被未经授权的第三方获取。这些信息一旦落入不法分子手中,就可能被用于银行卡盗刷、网络诈骗等活动,导致受害者遭受经济损失。隐私泄露事件频发会加剧公众对信息安全的担忧和不信任感,影响社会的和谐稳定。

3. 信息安全防护

有效的硬件与软件信息安全防护是确保计算机系统稳定运行和数据安全的重要措施。包括硬件信息安全、软件信息安全、人员信息安全防护 3 方面。

(1)硬件信息安全防护包括计算机物理安全、设备保护、防止被盗或非法移动、环境控制、网络设备安全等。

(2)软件信息安全防护包括技术层面的数据加密,对敏感数据进行加密存储和传输,以防止数据在存储和传输过程中被未授权访问。

(3)人员信息安全防护包括制定信息安全政策,建立一套符合组织实际情况的信息安全政策;安全培训与教育,定期对相关人员进行网络安全和信息安全培训,提高相关人员的信息安全意识和操作技能。

5.2.2　信息社会责任

信息社会责任是指在信息社会中,个体在文化修养、道德规范和行为自律等方面的综合表现。具备信息社会责任的人具有信息安全意识,能够遵守信息法律法规,信守信息社会的道德与伦理准则,在现实空间和虚拟空间中尊重公共规范,既有效维护信息活动中的个体合法权益,也积极维护他人合法权益和公共信息安全。

1. 信息活动规范

信息道德(Information Morality)是指在信息的采集、加工、存储、传播和利用等信息活动各个环节中,用来规范其间产生的各种社会关系的道德意识、道德规范和道德行为的总和。信息道德具有巨大的约束力,能够在潜移默化中规范人们的信息行为,是信息政策和信息法律建立和发挥作用的基础。

知识产权(如专利、著作权)通过法律手段保护创新成果,为标准化提供技术基础;标准化可以提高信息活动效率,保障信息质量。信息活动中涉及大量知识产权、标准化的生成、传播与利用。知识产权、标准化也可以激励信息活动中的创新与规范信息使用。

1) 知识产权

知识产权又称为智慧财产权,是指人们对其智力劳动成果所享有的民事权利。知识产权是依照各国法律赋予符合条件的著作者以及发明成果拥有者在一定期限内享有的独占权利,是一种无形的财产。它有两类:一类是版权,另一类是工业产权(专利权)。

版权(Copyright)亦称"著作权",是指权利人对其创作的文学、科学和艺术作品所享有的独占权。这种专有权未经权利人许可或转让,他人不得行使,否则构成侵权行为(法律另有规定者除外)。

专利权通过权利人向国家专利管理部门申报,经过一定的法律程序获得。版权一般因创作而自动产生,它包括精神权利(发表权、身份权、修改权等)和经济权利(复制权、发行权、公演权、广播权、追偿权等)。前者不可转让、不可剥夺,也无时间限制;后者则可转让、可继承或者许可他人使用。版权期限各国规定不同,少至作者有生之年及其死后25年,多至死后80年。

2) 标准化

标准是对重复性事物和概念所做的统一规定。规范、规程都是标准的一种形式。标准化的实质是通过制定、发布和实施标准达到统一,其目的是获得最佳秩序和社会效益。

标准化是在经济、技术、科学及管理等社会实践中,以改进产品、过程和服务的适用性,防止贸易壁垒,促进技术合作,以促进最大社会效益为目的,对重复性事物和概念通过制定、发布和实施标准达到统一,获得最佳秩序和社会效益的过程。

2. 网络道德行为准则

网络道德行为准则的核心内容包括遵守法律法规、尊重知识产权、倡导诚实守信、健康上网、不传播有害信息、不侵犯他人权益、保护个人隐私和增强网络安全意识。旨在引导自觉遵守法律法规,维护网络空间的法治秩序,共同营造一个清朗、健康、和谐的网络环境。

具体来说,网络道德行为准则包括以下几方面。

(1) 遵守法律法规。严格遵守《中华人民共和国计算机信息网络国际联网管理暂行规定》《互联网信息服务管理办法》等国家法律法规,不制作、传播违法信息,自觉抵制网络犯罪活动。

（2）尊重知识产权。尊重他人的知识产权，不盗用、不抄袭、不传播未经授权的作品，同时保护自己的知识产权。

（3）倡导诚实守信。在网络交往中，不编造、不传播虚假信息，不参与网络欺诈行为。

（4）健康上网。树立正确的网络观念，合理安排上网时间，不沉迷网络，抵制低俗、暴力等不良信息。

（5）不传播有害信息。自觉抵制网络谣言、淫秽色情、暴力恐怖等有害信息。

（6）不侵犯他人权益。尊重他人的名誉、隐私等合法权益，同时保护自己的合法权益。

（7）保护个人隐私。重视个人隐私保护，不泄露、不传播他人的个人信息。

（8）增强网络安全意识。提高网络安全防范能力，不随意点击不明链接，不下载不明软件，防止网络攻击和个人信息泄露。

3. 信息安全相关法律

1994 年中国通过一条 64kb/s 的国际专线，全功能接入国际互联网，开启了中国互联网时代。1994 年 2 月 18 日，国务院颁布了《中华人民共和国计算机信息系统安全保护条例》，这是我国第一部有关互联网的法律文件，拉开了我国网络立法的序幕。

1997 年底，公安部发布了由国务院批准的《计算机信息网络国际联网安全保护管理办法》，明确了计算机信息网络国际联网的安全保护原则要求，规定了安全保护责任、安全监督、法律责任等。

2000 年底《全国人民代表大会常务委员会关于维护互联网安全的决定》明确了保障互联网的运行安全和信息安全的相关规定，确立了刑事责任、行政责任和民事责任"三位一体"的网络安全责任体系框架。

2012 年以来，随着互联网技术的进一步发展和普及，以及网络安全事件的频发，网络法治建设进入了高质量发展阶段。2016 年发布的《中华人民共和国网络安全法》是我国第一部全面规范网络空间安全管理方面问题的基础性法律，是我国网络空间法治建设的重要里程碑，是依法治网、化解网络风险的法律重器，是让互联网在法治轨道上健康运行的重要保障。

2017 年发布的《信息安全技术　个人信息安全规范》作为国家推荐标准，厘定、阐明了个人信息及其相关术语基本定义，个人信息安全基本原则，个人信息收集、保存、使用和处理等流转环节等，为提升公民意识、企业合规和政府调节水平提供了新的行为指引。

2021 年发布的《中华人民共和国个人信息保护法》进一步细化、完善了个人信息保护应遵循的原则和个人信息处理规则，明确个人信息处理活动中的权利义务边界，健全个人信息保护工作体制机制。

中国互联网立法对普通人维护信息安全具有多方面的意义。它不仅为个人信息保护提供了法律保障和权益维护的途径，还规范了行业行为、提升了公众意识与自我保护能力，并推动了技术创新与产业发展。这些措施共同构成了网络空间安全的重要屏障，为普通人的信息安全保驾护航。

练 习 题

一、单选题

1. "信息素养"(Information Literacy)最早在(   )年就已被提出。

    A. 1968   B. 1972   C. 1974   D. 1978

2. 下列不属于信息素养的重要组成部分的是(   )。

    A. 信息意识   B. 信息道德   C. 信息能力   D. 信息技术

3. 某黑客出售包含公民的生物识别数据和护照的数据库,包括姓名和地址详细信息、电话号码,护照详细信息等。在此次事件中,个人受到的信息安全威胁是(   )。

    A. 网络黑客   B. 隐私泄露   C. 计算机病毒   D. 垃圾信息

4. 2024 年 7 月,全球多个机场因 Windows 系统出现大面积蓝屏而瘫痪。这次蓝屏事件是由微软视窗系统的用户启动了一款名为"众击"的网络安全服务公司提供的安全软件所引起的。而国内航空公司大部分使用的都是中航信系统,因此中国民航业基本未受波及。中航信所运营的计算机系统和网络属于一种"关键基础信息系统",被列入国务院监管的八大重点系统之一。请问在此次事件中,体现了信息安全的(   )特征。

    A. 保密性   B. 完整性   C. 可控性   D. 可用性

二、填空题

1. _____年国务院颁布了《中华人民共和国计算机_____保护条例》,这是我国第一部有关互联网的法律文件,拉开了我国网络立法的序幕。

2. 信息安全防护包括_____、软件信息安全、_____ 3 方面。

3. 运用信息解决问题的步骤包括明确问题、信息搜集、_____、制订解决方案、实施与验证、_____。

4. 信息能力是信息素养的_____部分,它直接影响着个人在信息社会中的生存和发展。

三、思考题

1. 网络上时常有假新闻和误导性信息在传播,请思考并讨论,作为信息素养的一部分,我们应如何培养对这类信息的敏感性和判断力?结合具体案例,分析信息意识在辨别真伪信息中的作用。

2. AI 换脸骗局中利用了哪些技术手段?侵害了哪些信息安全?可能带来哪些危害?有哪些方法可以防范 AI 换脸带来的危险?

3. 随着远程医疗的发展和物联网设备的普及,远程医疗服务的扩展为患者带来了巨大的便利,但同时医疗行业的网络安全风险也进一步增加。请你谈一谈远程医疗过程中易受到的安全威胁,以及可以采取的信息安全防护措施。

第 **6** 章 文档的编辑与排版

文字处理软件是学习、工作、生活中经常使用的办公软件,本章内容包括利用文字处理软件对字符、段落及页面格式进行设置,创建表格与计算表格内数据,对文档进行图文混排,对长文档或论文进行排版等内容。

6.1 文 本 编 辑

知识目标:

- 熟悉 WPS 文字的工作界面。
- 掌握 WPS 文字的基本操作,如创建、打开、保存及输出。
- 掌握 WPS 文字中文本内容的编辑处理、特殊文本的输入。
- 掌握 WPS 文字中内容的查找与替换。

能力目标:

- 能够快速创建、保存、输出文档。
- 能够准确输入和编辑文本内容。
- 能够合理运用查找与替换对文字内容进行快速定位和更换。

素养目标:

- 培养学生的文本信息编辑能力。
- 提高学生在岗位中的信息技术应用技能。
- 提高学生的信息素养。

本节思维导图如图 6.1 所示。

【思考】

问题 1:WPS 文字界面的布局有哪些部分?

问题 2:鼠标光标定位到文本中有哪些方法?

问题 3:文本选取有哪些快捷键?

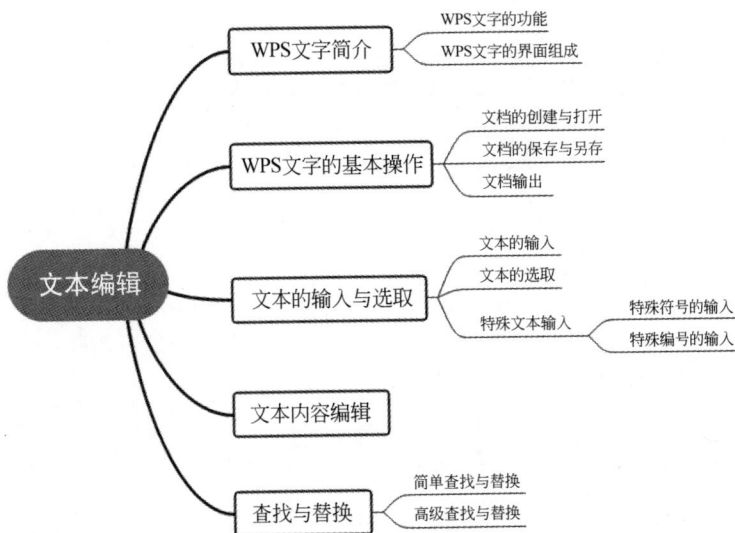

图 6.1　文本编辑思维导图

6.1.1　文本编辑基础知识

1. WPS 文字简介

（1）WPS 文字的功能。WPS 文字是 WPS Office 办公套件中一款功能丰富的文字处理软件，它提供了许多实用的功能和工具，以满足用户在写作、排版、编辑和共享文档时的各种需求。利用 WPS 文字在功能区的"字体""段落"选项组和对话框可以对文档中的字符、段落格式进行设置，例如文字的字体、字号、效果，段落的间距、行距、对齐方式等。可以对短文本进行简单的编排。当遇到长文档或更加复杂的排版需求时，则需要利用页面布局、图文混排、表格、大纲与引用等高级操作方法，实现长文档的排版。

（2）WPS 文字的界面组成。WPS 文字的界面由标题栏、菜单栏/功能区、编辑区、状态栏、视图切换 5 部分组成，如图 6.2 所示。

- 标题栏：在标题区域可以快速切换打开的文档，在标题的右侧是工作区和登录入口。在工作区可以查看已经打开的所有文档，每一个新窗口是一个新的工作区。登录功能可以将文档保存到云端，支持多种登录方式。左侧是首页，在此可以管理所有文档文件夹，包括最近打开的文档、计算机上的所有文档、云文档、回收站等。
- 菜单栏/功能区：菜单栏左侧的小图标是"快速访问工具栏"，快速访问工具可以快速地编辑文本。在菜单栏内选择不同的选项卡，会显示不同的操作工具。
- 编辑区：能够编辑文字文稿的内容。
- 状态栏：可以看到字数和页数，单击字数可以查看详细的字数统计。
- 视图切换：默认为"页面视图"，还可以快速切换"全屏显示""阅读版式""写作模式""大纲""Web 版式""护眼模式"。在此可调整"页面缩放比例"，拖动滚动条可快速调整，最右侧的是"最佳显示比例"按钮。

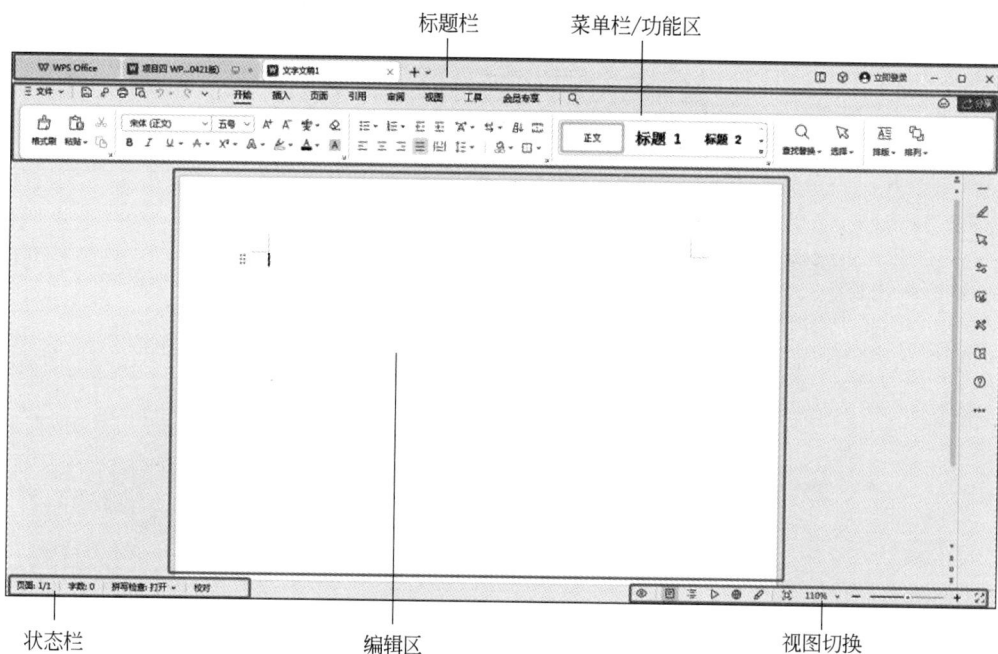

标题栏　　　　　　菜单栏/功能区

状态栏　　　　　　编辑区　　　　　　视图切换

图 6.2　WPS 文字界面组成

2. WPS 文字的基本操作

1）文档的创建与打开

文档的创建与打开操作方法如表 6.1 所示。

表 6.1　文档的创建与打开操作方法

操作名	方法
打开文档	方法一：双击已有文件图标。 方法二：单击文档，右击，在弹出的快捷菜单中选择"打开"命令。 方法三：打开 WPS 软件，在左上方选择"文件"→"打开"命令，在弹出的"打开文件"对话框中选择相应文档，单击"打开"按钮
创建空白文档	方法一：打开 WPS，选择"新建"→"文字"→"空白文档"。 方法二：打开 WPS，选择"文件"→"新建"→"空白文档"。 方法三：打开 WPS，单击标题栏的快速新建"＋"按钮
创建模板文档	方法一：打开 WPS，单击标题栏的快速新建"＋"按钮，在弹出的新建页面选择合适的模板创建文档。 方法二：打开 WPS，选择"文件"菜单→"新建"→"本机上的模板"或"从稻壳模板新建"

2）文档的保存与另存

（1）文档保存是对新建文档按特定名称和路径进行存储，保存的方法如下：

- 方法一：单击"快速访问工具栏"中的"保存"按钮。
- 方法二：选择"文件"→"保存"命令。

● 方法三：按快捷键【Ctrl＋S】。

（2）文档的另存，可以重新选择路径或重命名文档。具体方法：选择"文件"→"另存为"命令，选择所需的另存文件格式，如"＊.wps"或"＊.docx"等，选择需要保存的路径，输入文档名称，单击"保存"按钮即可，如图6.3所示。

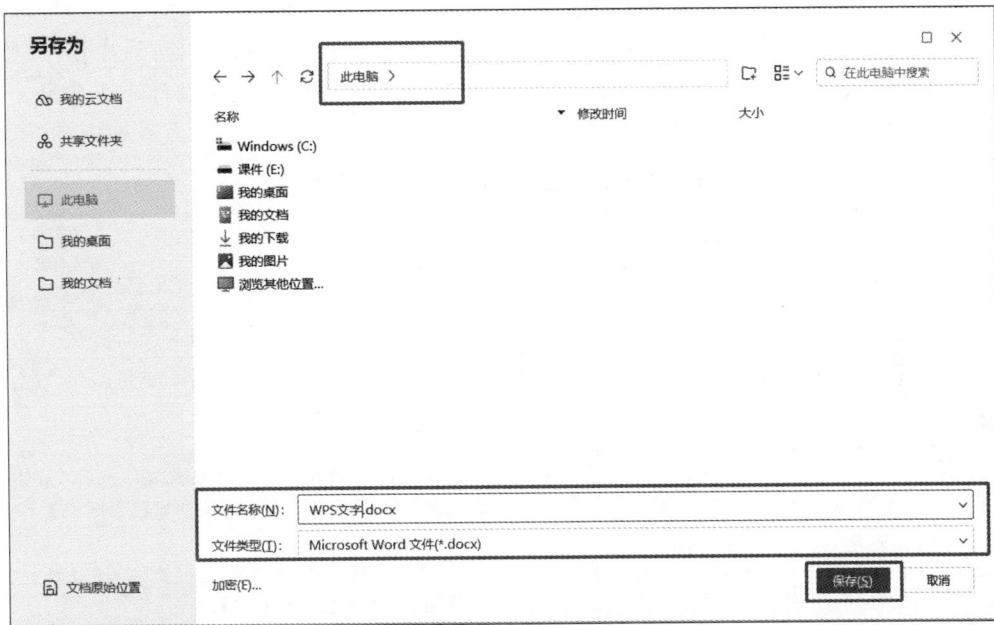

图6.3　WPS文档另存为

3）文档输出

WPS文字提供了多种输出格式，完成文档内容的编辑后，可以选择输出为PPT、PDF、图片等格式。操作方法：选择"文件"菜单，选择所需的输出格式，如图6.4所示。

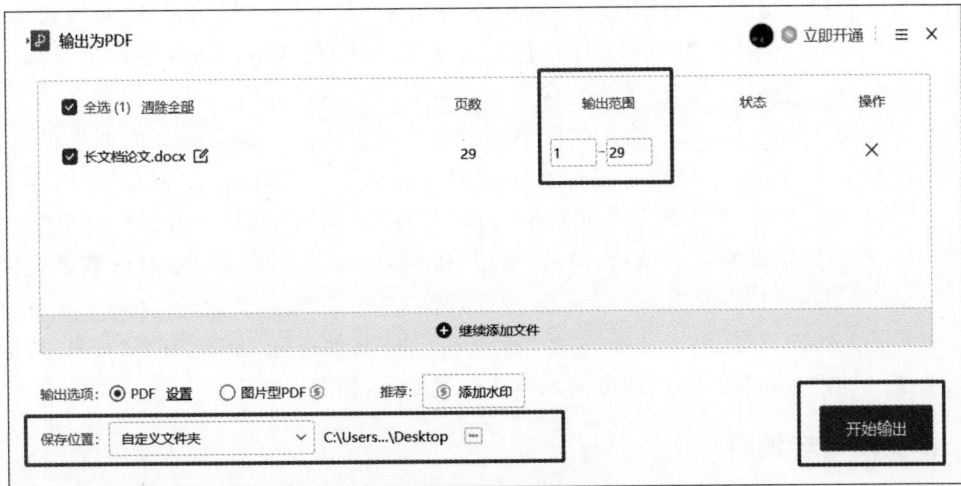

图6.4　WPS文档输出

3. 文本的输入与选取

（1）文本的输入：在光标位置可以输入文本，通常在需要输入文本的任意空白位置单击即可实现光标定位。此外，还可以利用键盘的快捷键进行定位。

（2）文本的选取：在选定了文本内容后，被选中的部分变为突出显示，后续即可以对所选定的文本进行内容编辑，如复制、删除、移动等操作。适用于"先选定，后操作"原则。除了可以使用鼠标进行文本的选定外，还可以通过键盘快捷键对文本进行快速选定。鼠标及键盘选定文本常用操作方法如表6.2所示。

表6.2　鼠标及键盘选定文本常用操作方法

选取或定位	方　　法
连续区域选取	单击定位选取的始点，拖动光标到终点
行	光标移动到所需选定行的左侧页边距外，单击
段落	光标移动到所需选定行的左侧页边距外，双击
非连续多文本	【Ctrl】+拖动鼠标
整篇文档	单击"开始"选项卡中的"编辑"组"选择"按钮，选择"全选"命令；或使用快捷键【Ctrl＋A】
选中当前光标左（或右）一个字符	【Shift＋←】（【Shift＋→】）
选中当前光标向上（或下）一行同一位置所有字符	【Shift＋↑】（【Shift＋↓】）

（3）特殊文本输入：当输入文本时，可以使用键盘上的符号和数字、字母直接输入。但当需要输入一些特殊的符号或编号时，比如"№、☑、×、‰、Ⅳ"，无法直接输入，此时需要通过"插入"选项卡中的"符号"按钮中来完成特殊文本的输入。

- 特殊符号的输入：单击"插入"选项卡中的"符号"按钮，在打开的下拉面板中选择"其他符号"即可打开"符号"对话框，其中含有"符号"及"特殊符号"两个选项卡。"符号"选项卡中的符号来源于字体及其子集，其中的 Wingdings 字体中全部为特殊字符。"特殊符号"选项卡包含常用的符号，比如版权所有、商标等，与字体无关。

- 特殊编号的输入：文本输入过程中有时会需要输入一些特殊格式的编号，比如罗马数字Ⅰ、Ⅱ、Ⅲ……数字编号"①、②、③……"等。可以单击"插入"选项卡中的"符号"按钮，在打开的下拉面板中选择"符号"选项卡中的"序号"，打开"序号"面板，选择所需的数字类型后，单击"确定"按钮，即可实现所需数字对应数字类型的编号，如图6.5所示。

如需其他特殊符号，可以选择"符号"选项卡下的"其他符号"命令，打开"符号"对话框进行选择，单击"插入"按钮后，即可输入特殊格式编号，如图6.6所示。

4. 文本内容编辑

文本内容的编辑主要是通过"开始"选项卡中"剪贴板"组的功能或者相应的快捷键完成。文本内容编辑操作常用快捷键如表6.3所示。

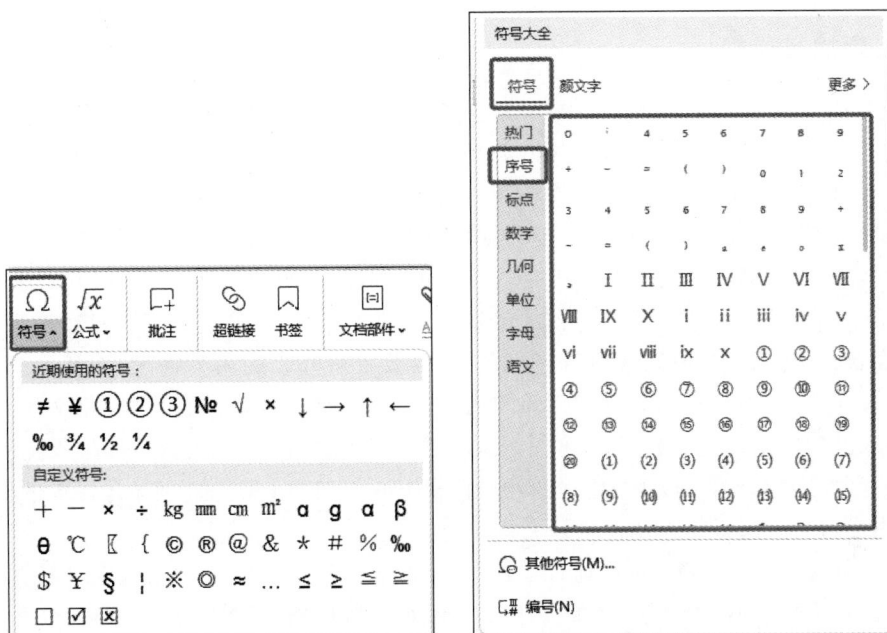

图 6.5 "符号"下拉菜单

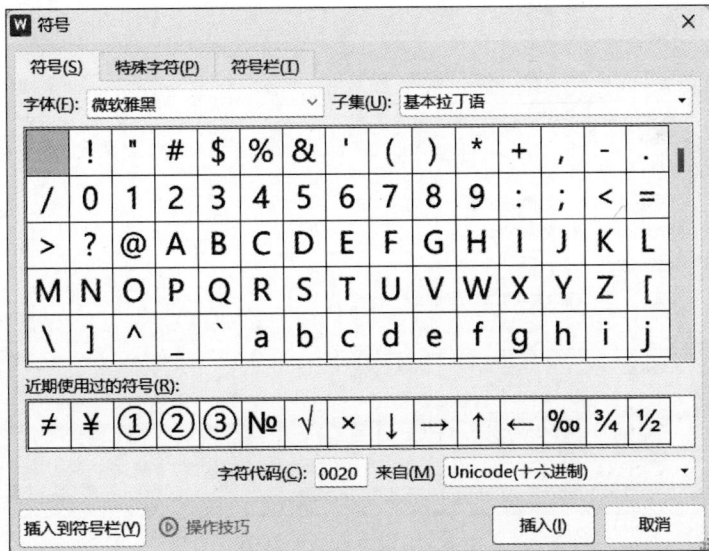

图 6.6 "符号"对话框

表 6.3 文本内容编辑操作常用快捷键

操　作	快　捷　键	操　作	快　捷　键
文本复制	【Ctrl＋C】复制,【Ctrl＋V】粘贴	撤销	【Ctrl＋Z】
文本删除	【Delete】键或【Backspace】键	恢复	【Ctrl＋Y】
文本移动	【Ctrl＋X】剪切,【Ctrl＋V】粘贴		

5. 查找与替换

当对长文档进行编写的过程中,时常会出现对其中的文字、字母和标点符号等进行批量修改的情况。当文档的内容较多时,如果手动一个修改,不仅效率低下而且极易出错或遗漏。在这种情况下,可以使用查找与替换功能进行批量修改。使用简单的查找与替换即可以完成对文本、数字、字母等内容的批量修改,而有时则需要进行带格式的查找与替换,此时需要通过带格式文本和特殊格式符号进行高级查找与替换。

(1)简单查找与替换:选择"开始"选项卡,单击"编辑"组中的"查找替换"按钮,打开"查找和替换"对话框,选择"替换"选项卡。将需要批量修改的内容输入"查找内容"文本框,在"替换为"文本框输入需要修改为的内容。单击"全部替换"按钮可以将文档中所有符合要求的内容全部进行替换,替换完成后将提示已完成的替换次数。如果仅需要替换个别位置的文本内容,可以通过依次单击"查找下一处"按钮来定位到符合要求的文本内容处,用户可自行选择是否替换该处文本。

(2)高级查找与替换:可以通过单击"查找和替换"对话框中的"格式"或"特殊格式"按钮来设置带格式的查找或替换,如图 6.7 所示。单击"格式"按钮,通过单击其中的"字体""段落""制表符""语言""图文框""样式"等选项打开对应的对话框进行进一步的设置。单击"特殊格式"按钮,可以选择"段落标记""分节符""分栏符"等选项进行设置,完成特殊格式的查找与替换。

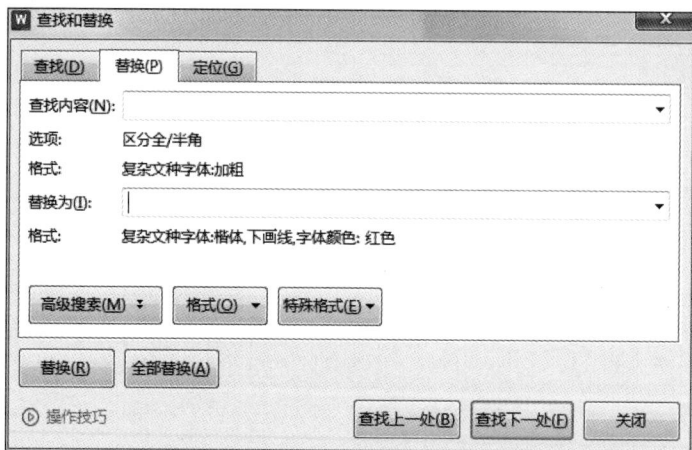

图 6.7　高级查找和替换

例如,将文档中字体加粗的文本替换为楷体、红色、加单下画线。具体操作为,单击"开始"选项卡下的"查找替换"按钮的下拉菜单,选择"替换"命令,在弹出的"查找和替换"对话框中的"替换"选项卡下,将光标定位到"查找内容"文本框,选择"格式"→"字体"命令,在打开的"查找字体"对话框中将"字形"设置为"加粗"后单击"确定"按钮。接下来,将光标定位到"替换为"文本框,按照上述方法,设置"替换为"字体格式为"楷体、红色、加单下画线",设置效果如图 6.7 所示。最后,根据需求单击"替换"或"全部替换"按钮。

6.1.2　实践任务

1. 基础任务

某高职院校学生需要使用文字处理软件 WPS 完成题目为"血液一般检验与疾病诊断意义"的毕业论文文稿。完成内容包括，首先需要熟悉 WPS 文字的主要功能以及界面的组成，掌握 WPS 文字文档的创建、保存和输出，然后能够输入、选定文本，处理、编辑文本内容，最后能够利用查找和替换快速处理文本内容。本任务素材以及完成编辑后的文字效果分别如图 6.8 和图 6.9 所示。

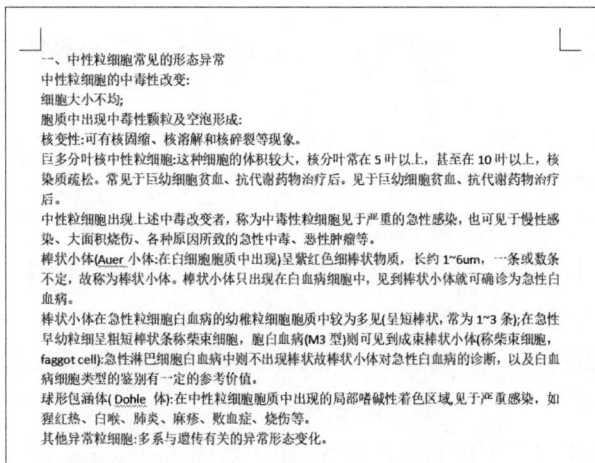

图 6.8　文本内容素材

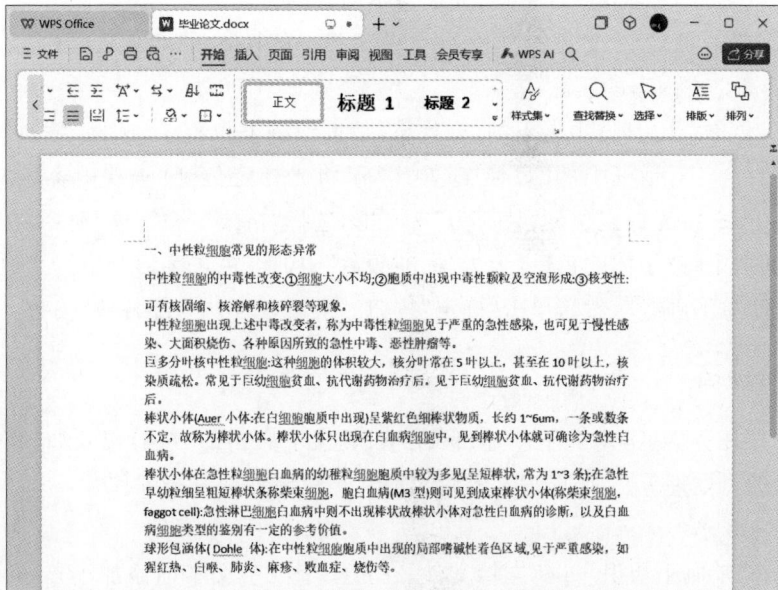

图 6.9　完成编辑后的文字效果

具体的任务要求如下：

（1）新建一个空白 WPS 文字文档，另存为地址为桌面，文件名称为"毕业论文.wps"。

（2）将"素材 4-1.txt"文件中的内容复制到新建的"毕业论文.wps"文档中。

（3）分别为第 3～5 段文本的每一段前面添加"①、②、③"样式的特殊符号。

（4）将第 2～5 段文本内容合并为一段。

（5）将第 4 段文本移动到第 3 段文本前。

（6）将最后一段文本删除。

（7）将文档中所有的"细胞"标红，效果加粗，并添加单下画线。完成后保存并关闭。

根据以上任务要求，任务实施具体操作过程如下：

步骤 1：启动 WPS，选择"新建"→"文字"→"空白文档"。然后选择"文件"→"另存为"命令，选择" ＊.wps"文件格式，保存路径选择桌面，输入文档名称为"毕业论文.wps"，单击"保存"按钮。

步骤 2：双击打开"素材 4-1.txt"文件，使用快捷键【Ctrl＋A】全选内容，右击选择"复制"，单击步骤 1 新建的"毕业论文.wps"文档空白处，右击选择"粘贴"。

步骤 3：将光标放置于第 3 段的起始处，单击"插入"选项卡中的"符号"按钮，在打开的下拉面板中选择"符号"选项卡中的"序号"，打开"序号"面板，选择"①"后，单击"确定"按钮。"②"及"③"的特殊符号添加参照上述方法逐一执行。

步骤 4：将光标放置于第 3 段的起始处，使用快捷键【Backspace】删除换行符，将第 3 段移动到第 2 段段尾。第 4、5 段参照上述方法执行。

步骤 5：双击第 4 段（"中性粒细胞出现上述……恶性肿瘤等"）左侧空白区域，选中第 4 段，右击选择"剪切"或使用快捷键【Ctrl＋X】，然后将光标放置于第 3 段起始位置，右击选择"粘贴"或使用快捷键【Ctrl＋V】，完成文本内容的移动。

步骤 6：双击最后一段文本左侧的空白区域，选中最后一段文本内容，按键盘的【Backspace】键完成内容的删除。

步骤 7：单击"开始"选项卡下的"查找替换"按钮的下拉菜单，选择"替换"命令，在弹出的"查找和替换"对话框中的"替换"选项卡下，将光标定位到"查找内容"文本框，输入"细胞"。接下来，将光标定位到"替换为"文本框，选择"格式"→"字体"命令，在打开的"查找字体"对话框中将"字体颜色"设置为"标准颜色"中的红色，"字形"设置为"加粗"，"下画线线形"选择"单下画线"，然后单击"确定"按钮。最后，单击"全部替换"按钮。

2. 进阶提高

通过实践任务，基本掌握了新建、保存 WPS 文字文档的方法，以及如何对文档内容进行基础的编辑处理等。如遇到以下进阶任务，请思考如何进行操作。

进阶任务要求：

（1）打开"献血小知识.wps"文档文件，在每一个红字文本前添加 Wingdings 字体下字符代码为"168"的特殊符号。

（2）将文档内所有的红色字体文本字体格式替换为"加粗，添加红色单波浪线"。

（3）删除文档内所有的空白行。

（4）将文档以 PDF 格式导出。完成后保存并关闭。

根据以上任务要求，参考操作如下：

步骤 1：双击打开名为"献血小知识.wps"的文档，将光标放置在第一个红字文本前，单击"插入"→"符号"按钮，在弹出的"符号"对话框的"符号"选项卡下的字体中选择"Wingdings"，在下方的"字符代码"文本框中输入"168"，单击"插入"按钮。依照此方法为接下来的每一个红色文本前添加该特殊符号。

步骤 2：单击"开始"选项卡下的"查找替换"按钮的下拉菜单，选择"替换"命令，在弹出的"查找和替换"对话框中的"替换"选项卡下，将光标定位到"查找内容"文本框，选择"格式"→"字体"命令，在打开的"查找字体"对话框将"字体颜色"设置为"红色"后单击"确定"按钮。

接下来，将光标定位到"替换为"文本框，选择"格式"→"字体"命令，在打开的"替换字体"对话框中将"字形"设置为"加粗"，"下画线线型"选择"单波浪线"，"下画线颜色"选择"标准色"中的红色后单击"确定"按钮。最后，单击"全部替换"按钮，如图 6.10 所示。

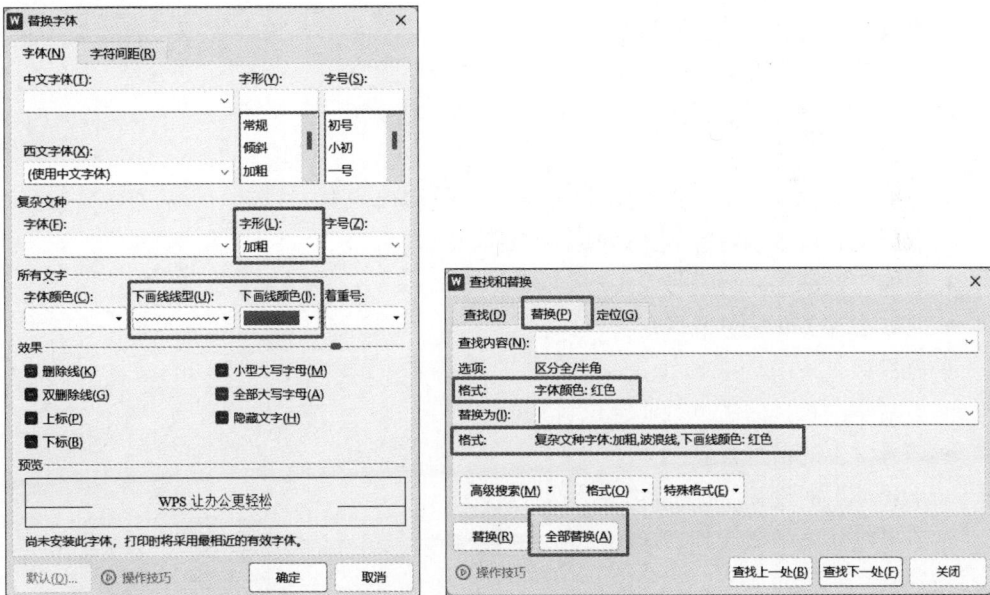

图 6.10　替换红色字体格式

步骤 3：单击"开始"选项卡下的"查找替换"按钮的下拉菜单，选择"替换"命令，在弹出的"查找和替换"对话框中的"替换"选项卡下，将光标定位到"查找内容"文本框，然后单击"特殊格式"，选择两次"段落标记"命令，会显示"^p^p"，然后将光标放置于"替换为"文本框中，选择一次"段落标记"命令，然后单击"全部替换"按钮。

步骤 4：选择"文件"菜单，选择"输出为 PDF"，单击"开始输出"按钮。完成后的效果如图 6.11 所示。

外伤性出血、产后大出血、严重烧伤、各种血液病以及实行外科手术的伤员，需要靠输血来救治。由于血液不能人工制造或是用其他的物质所代替，只有靠广大健康的、适龄的公民献血来获取，所以，无偿献血就意味着帮助了需要血液的病人。

献血者健康要求：

□年龄：18~55周岁（可申请延续献血年限）

□体重：男≥50千克，女≥45千克。

□血压：12~20/8~12kpa，脉压差：≥4kpa或90mmhg~140mmhg/60mmhg~90mmhg，脉压差：≥30mmhg。

□脉搏：60~100次/分，高度耐力的运动员≥50次/分。

□体温：正常。

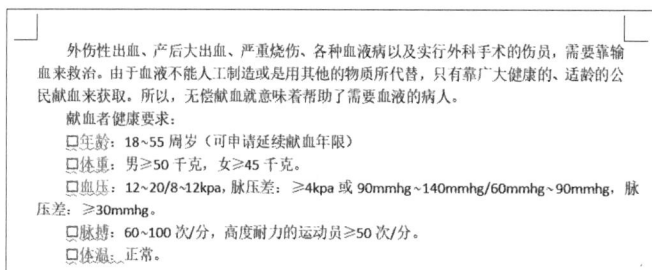

图 6.11　完成效果

6.2　字符、段落格式设置

知识目标：

- 掌握字体、字号及字形的设置。
- 掌握段落的对齐方式、缩进设置。
- 掌握段落的间距、行距设置。
- 掌握项目符号和编号的添加。
- 掌握字符、段落的美化。

能力目标：

- 能够根据要求对字符进行字体、字号、字形设置。
- 能够调整段落的对齐方式、间距、行距以及缩进。
- 能够正确添加项目符号及编号。
- 能够合理美化字符及段落。

素养目标：

- 提高学生积极的岗位就业意识。
- 培养学生的信息素养。
- 培养学生的设计、审美能力。

本节思维导图如图 6.12 所示。

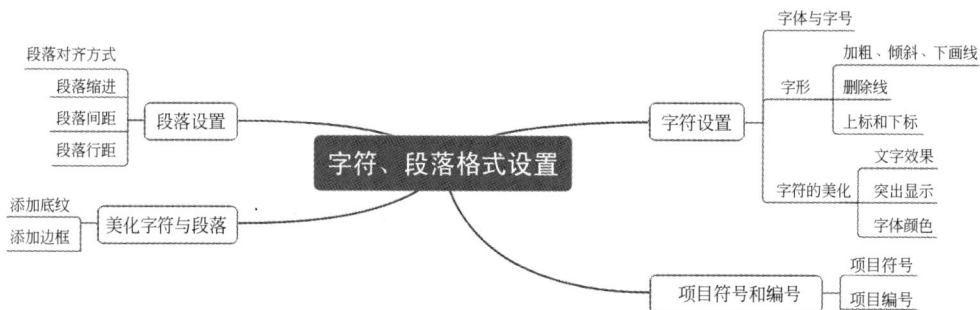

图 6.12　字符、段落格式设置思维导图

问题 1：常见的字体有哪些？

问题 2：字体的默认存储路径是什么？

问题 3：字号可以用什么来描述表示？

6.2.1　字符、段落格式基础知识

1. 字符设置

字符格式包括字体、字号、字形、颜色、文本效果等。默认格式为五号字，中文为宋体字体，西文为 Times New Roman 字体。用户根据需要可以重新对字符格式进行设置，选定字符后再进行设置，只对该字符起作用。还可以在未输入字符前设置，则其后输入的字符都将采用设置的格式。

（1）字体与字号。在选定了字符后，选择"开始"选项卡，单击"字体"组中的按钮进行字体与字号的快速设置，或将光标移动到自动出现的浮动工具栏上，单击"字体"框右侧的下拉按钮，从字体列表中进行选择，如单击"字号"下拉列表进行字大小的设置。字体与字号的设置如表 6.4 所示。

表 6.4　字体与字号的设置

命 令 按 钮	名称和功能	样 例
宋体 (正文) ∨	字体：选择和更改字体	宋体；**黑体**；楷体
五号 ∨	字号：更改字的大小。中文字号数字越大，文本越小；西文字号数字越大，字符越大	小一号字； 小五
A⁺　A⁻	增大/缩小字号：单击可以增大或缩小一个字号	增大字号；缩小字号
Aa 更改大小写(C)...	更改大小写：单击下拉菜单，可切换全角/半角及大小写等设置	句首字母大写：Dos,ios； 词首字母大写：Dos,Ios； 小写：dos； 大写：DOS； Dos 切换大小写：dOS
ⓐ 带圈字符(E)...	带圈字符：选定文本后，单击"带圈字符"可选择样式和圈号	带；圈；壹；△
ⓐ 字符边框(B)	字符边框：选定文本后，单击"字符边框"可为该文本添加方形边框	字符边框
◇	清除格式：清除选中文本的所有格式设置	字符边框 清除格式后： 字符边框
格式刷	格式刷：单击可复制所选内容的格式，应用到不同位置的内容中；双击则可将格式应用到多个不同位置的内容中	字符边框 格式刷后： 格式刷效果

（2）字形。字形为字符的显示效果，包括加粗、倾斜、下画线、删除线、上标和下标。在"字体"选项组中单击相应的按钮，即可设置选定文本的字形。字形的设置如表 6.5 所示。

表 6.5　字形的设置

命　令　按　钮	名　　称	样　　例
B	加粗	**加粗效果**
I	倾斜	*倾斜效果*
U ⌄	下画线	波浪下画线效果 红色单下画线效果
ᴀᴮ 删除线(S) ᴀᴮ 着重号(E)	删除线和着重号	删除线效果 着重号效果
X² 上标(P)　　Ctrl+Shift+= X₂ 下标(B)　　　　Ctrl+=	上标和下标	上标效果：x^3 下标效果：CO_2

（3）字符的美化。除了对字符文本进行字形设置外，还可以进一步对字符进行美化，例如添加文字效果、突出显示字体、更改字体颜色、添加边框与底纹等。

- 文字效果：为文字添加视觉效果，可以使文档更加赏心悦目。在"开始"选项卡中的"字体"选项组中，单击"文本效果"的下拉菜单，即可在打开的下拉面板中选择文本的各种效果，例如"阴影""发光"等，可以直接在预设效果中应用效果。如需更多效果设置，可以通过"文本效果"下拉菜单中的"更多设置"进行选择应用。文字效果设置如图 6.13 所示。
- 突出显示：如果需要强调特定字符内容，可以使用"字体"选项组中的"突出显示"功能，在下拉菜单中可以选择不同的显示颜色底纹来凸显文字内容。选择"突出显示"选项的下拉菜单中的"无"，则可以取消字符内容的突出显示。
- 字体颜色：单击"字体"选项组中的"字体颜色"按钮右侧的箭头按钮打开字体颜色的下拉菜单，可以对字体的颜色进行设置，颜色分为"主题颜色""标准色""渐变填充"等色系。如果用户需要使用其他颜色，可以选择下拉菜单中的"其他字体颜色"命令，在"颜色"对话框中进一步设置，可使用"标准""自定义""高级"等选项卡自定义字体颜色，如图 6.14 所示。

2. 段落设置

段落格式包括段落的对齐方式、缩进、间距与行距等的设置，美化段落的外观。先选定需要设置的段落，再选择段落选项进行编辑。

（1）段落对齐方式。对齐方式是段落在页面中的分布方式，段落对齐方式主要有 5 种："左对齐""居中对齐""右对齐""两端对齐""分散对齐"，默认为"两端对齐"。用户可以通过以下方法设置段落的对齐方式：

- 通过功能区的命令按钮设置。选择"开始"选项卡，在"段落"选项组中选择所需的对齐方式按钮。

图 6.13　文字效果设置

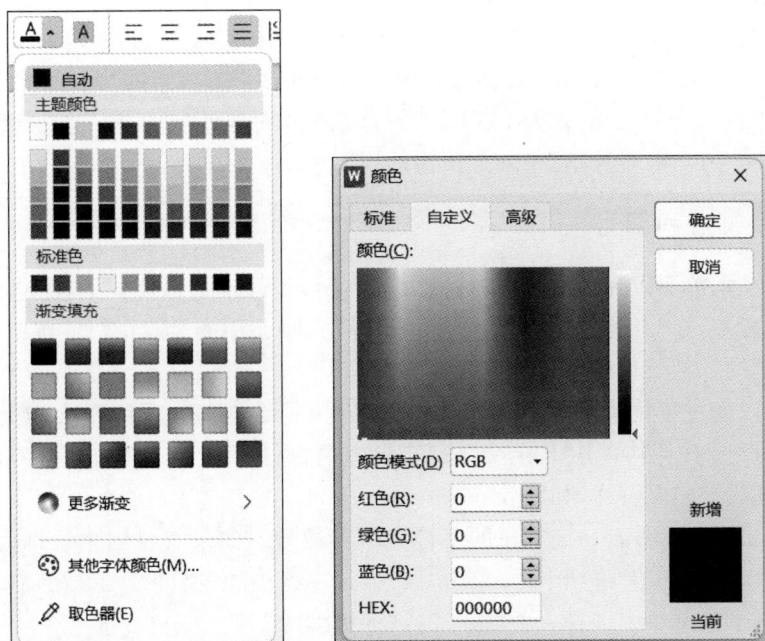

图 6.14　字体颜色设置

- 通过"段落"对话框设置。在"开始"选项卡中，单击"段落"选项组右下角的对话框启动器按钮，弹出"段落"对话框，在"缩进和间距"选项卡下的"常规"栏单击"对齐方式"的下拉菜单选择所需的段落对齐方式。

（2）段落缩进：段落缩进是文本与页面边界的距离，在中文排版中具有十分重要的作用。段落缩进包括"文本之前""文本之后"，以及"首行缩进""悬挂缩进"的特殊格式缩进。一般使用功能区的工具或"段落"对话框完成文本段落缩进的设置，设置方法如下：

- 通过功能区的命令按钮设置。选择"开始"选项卡，在"段落"选项组中单击"减少缩进量(←-)"或"增加缩进量(→-)"按钮，可以对段落左侧的缩进量进行设置。如果需要更为精确的缩进设置，则需要在"段落"对话框中进行进一步的设置。
- 通过"段落"对话框设置。在"开始"选项卡中，单击"段落"选项组右下角的对话框启动器按钮，弹出"段落"对话框，在"缩进"栏中选择在"文本之前""文本之后"输入所需的距离。如需特殊格式的设置，可以通过"特殊格式"下拉列表框选择"首行缩进""悬挂缩进"选项，在右边的"度量值"中输入自定义数值。选择"特殊格式"下拉列表框中的"无"则可以取消特殊格式。

（3）段落间距：段落的间距为当前段落与其前段落、后段落之间的距离。在"开始"选项卡中，单击"段落"选项组右下角的对话框启动器按钮，弹出"段落"对话框，在"缩进和间距"选项卡的"间距"栏中，通过在"段前""段后"框后输入间距的数值实现段落间距的设置。

（4）段落行距：段落的行距为段落内各行之间的距离，其设置方法如下：

- 通过功能区的命令按钮设置。选择"开始"选项卡，在"段落"选项组中单击"行距"按钮右侧的下拉菜单，快捷选择常用的行距，还可以通过"其他"实现自定义行距设置。
- 通过"段落"对话框设置。在"开始"选项卡中，单击"段落"选项组右下角的对话框启动器按钮，弹出"段落"对话框，在"缩进和间距"选项卡的"间距"栏中，通过"行距"下拉列表框可以设置选定段落的行距，如果选择"最小值""固定值""多倍行距"，则可以在"设置值"中输入所需的行距大小，如图 6.15 所示。

3. 项目符号和编号

放置在文本前面以强调文本内容的符号为项目符号。如果需要创建项目符号，首先选定相应的段落，在"开始"选项卡中，单击"段落"选项组中的"项目符号"按钮右侧的箭头按钮，从弹出的下拉菜单中选择需要的项目符号。

此外可以通过下拉菜单中的"自定义项目符号"命令，打开"项目符号和编号"对话框，在"项目符号"选项卡中单击"自定义"按钮，设置项目符号的"字体"和"字符"，可根据"字符代码"来插入自定义符号，如图 6.16 所示。

放置在文本前面具有一定顺序的字符为项目编号。如果需要创建项目编号，首先选定相应的段落，在"开始"选项卡中，单击"段落"选项组中的"项目编号"按钮右侧的箭头按钮，从弹出的下拉菜单中选择一种"编号"或"多级编号"。

此外可以通过下拉菜单中的"自定义编号"命令，打开"项目符号和编号"对话框，在

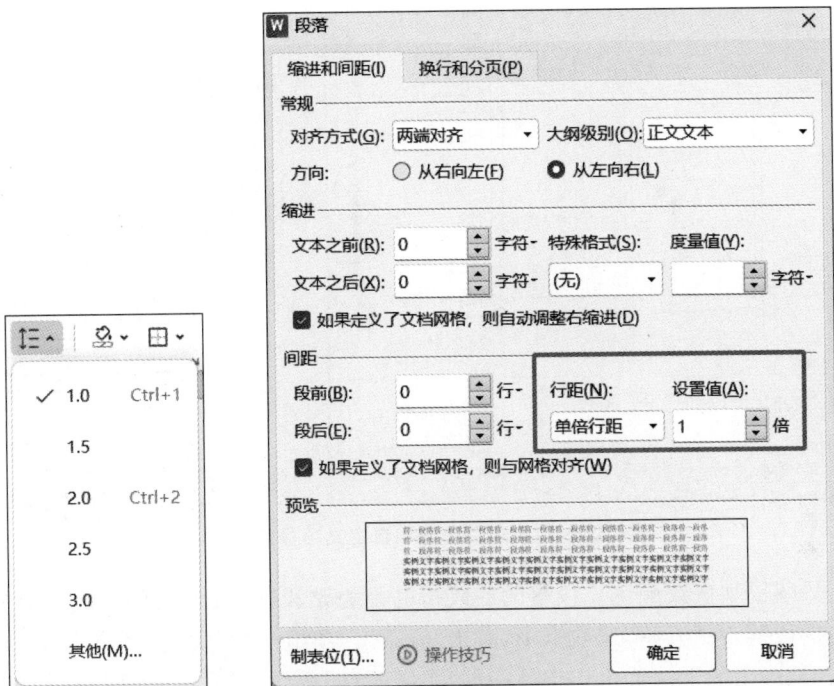

图 6.15　段落的行距设置

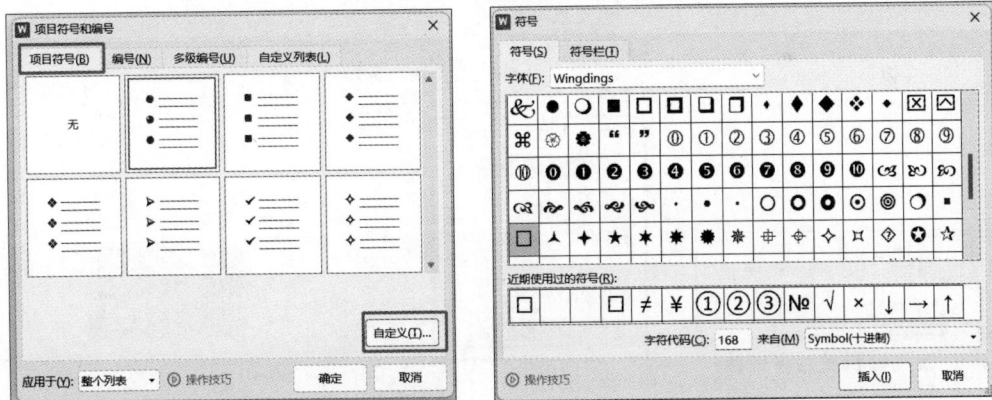

图 6.16　自定义项目符号

"编号"选项卡中单击"自定义"按钮,打开"自定义编号列表"对话框,可以设置"编号格式" "编号样式""起始编号"来插入自定义编号,如图 6.17 所示。

4. 美化字符与段落

1）添加底纹

- 为字符添加底纹颜色。在"开始"选项卡的"段落"选项组中单击"底纹颜色"按钮右侧的箭头按钮,在下拉菜单中可以设置文本的底纹颜色,底纹颜色分为"主题颜色" "标准色""其他填充颜色"。

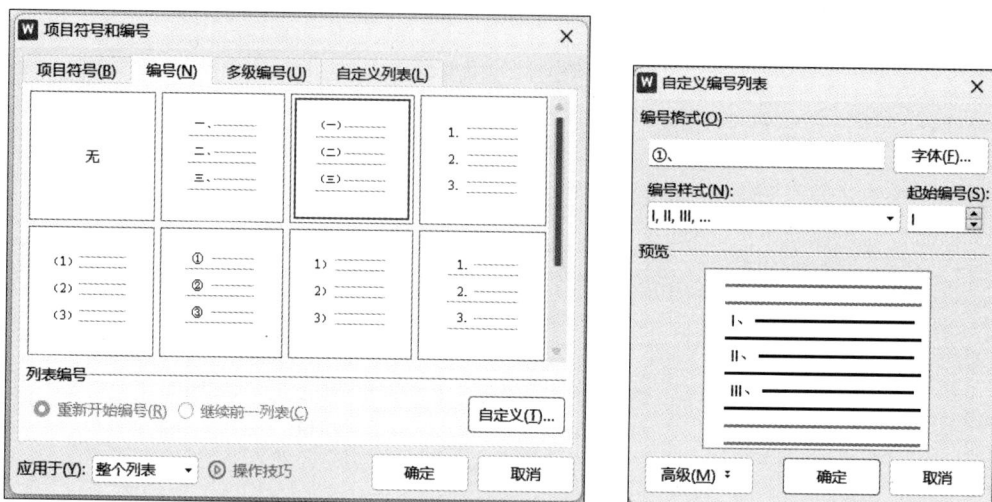

图 6.17　项目编号和自定义项目编号

- 为段落添加底纹颜色。段落的底纹指的是为整段文字添加背景颜色，首先选定相应的段落，在"开始"选项卡中，单击"段落"选项组中"底纹颜色"按钮右侧的箭头按钮，从弹出的下拉菜单中选择一种"主题颜色"或"标准色"，还可以选择"其他填充颜色"设置自定义颜色底纹。此外还可以通过打开"边框和底纹"对话框，在"底纹"选项卡中进行设置，与字符的底纹设置同理，如图 6.18 所示。

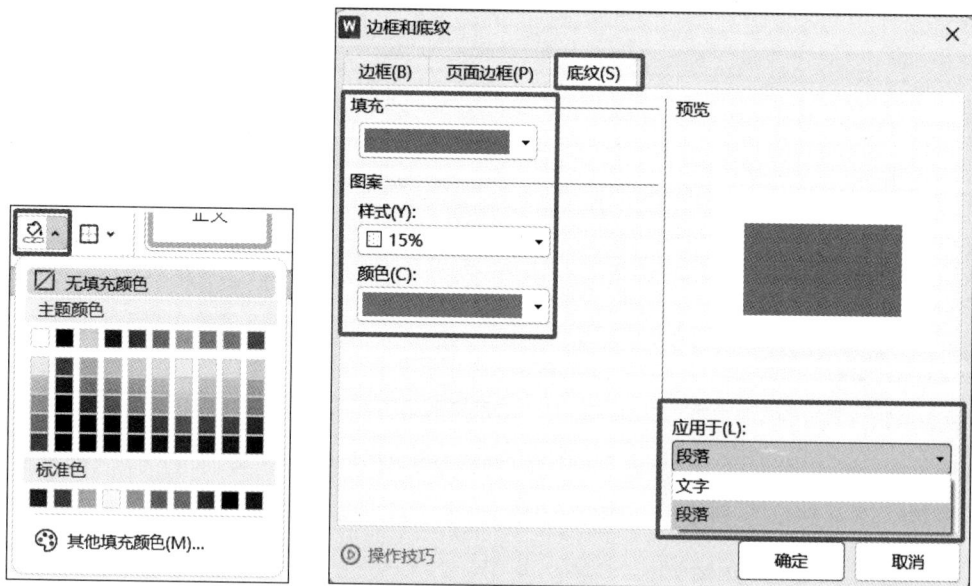

图 6.18　底纹颜色设置

2）添加边框

- 为字符添加边框。单击"段落"选项组中的"边框"按钮右侧的箭头按钮，从下拉菜单中选择"边框和底纹"命令，打开"边框和底纹"对话框，在"边框"选项卡中可以设置选定文本的边框样式。"底纹"选项卡可以进一步对底纹效果进行设置,例如添加"深色横线"样式、应用于文字等,如图 6.19 所示。

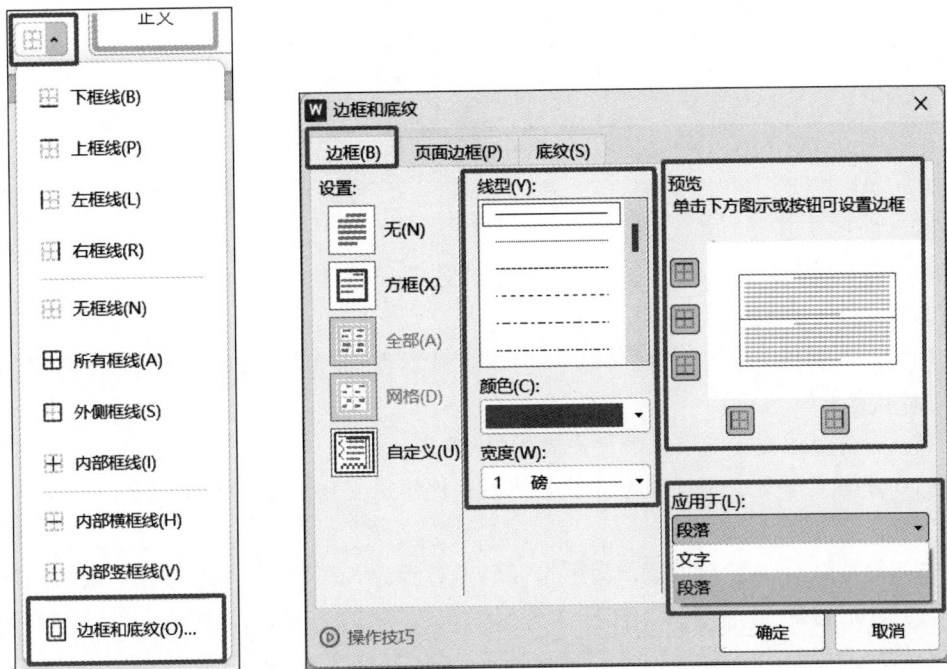

图 6.19 边框设置

- 为段落添加边框。段落的边框指的是为整段文字应用边框,首先选定相应的段落,在"开始"选项卡中,单击"段落"选项组中"边框"按钮右侧的箭头按钮,从弹出的下拉菜单中选择"边框和底纹"命令,打开"边框和底纹"对话框,在"边框"选项卡中可以选择"线型""颜色""宽度"对段落边框进一步设置,最后选择应用于"段落"。

6.2.2 实践任务

1. 基础任务

某高职院校学生已经着手撰写题目为"血液一般检验与疾病诊断意义"的毕业论文文稿,在文稿的编辑过程中,需要按照一定的格式对字符以及段落进行设置与美化,并且能够添加合适的项目符号及编号。文稿的素材以及完成效果分别如图 6.20 和图 6.21 所示。

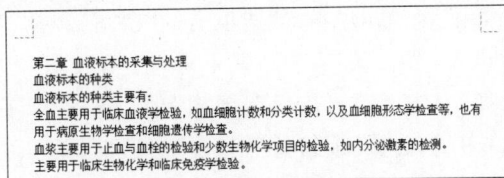

图 6.20 文稿的素材

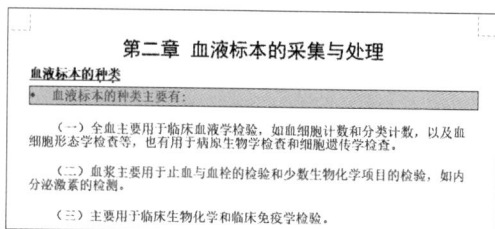

第二章 血液标本的采集与处理

血液标本的种类

* **血液标本的种类主要有：**

（一）全血主要用于临床血液学检验，如血细胞计数和分类计数，以及血细胞形态学检查等，也有用于病原生物学检查和细胞遗传学检查。

（二）血浆主要用于止血与血栓的检验和少数生物化学项目的检验，如内分泌激素的检测。

（三）主要用于临床生物化学和临床免疫学检验。

图 6.21　完成效果

具体的任务要求如下：

（1）打开"血液标本的采集与处理.wps"文档，设置第 1 行文本字体为"黑体，小二号"，其他文本字体设置为"宋体，小四号"。

（2）将第 2 行文本内容"血液标本的种类"设置为"加粗、下画线"，其中"种类"两个字符添加"着重号"。

（3）将第 3 行文本的字体颜色设置为"标准色，深红"。

（4）将第 1 行文本的对齐方式设置为"居中对齐"，其他段落文本的对齐方式为"左对齐"。

（5）设置第 4～6 段落的段前间距为"1 行"，行距为"12 磅"，文本之后缩进"0.5 字符"。

（6）分别为第 4～6 段落添加样式为"（一）、（二）、（三）"的项目编号。为第 2 段落添加字符代码为"119"的项目符号。

（7）为第 3 行文本添加"白色，背景 1，深色 15％"的底纹，并添加"外侧框线"。完成后请保存并关闭文档。

根据以上任务要求，任务实施具体操作过程如下：

步骤 1：选定第 1 行文本，在"开始"选项卡的"字体"组设置字体为"黑体"、字号为"小二号"；接着选定剩余其他段落文本，设置字体为"宋体"、字号为"小四号"。

步骤 2：选定第 2 行文本，在"开始"选项卡的"字体"组设置字形为"加粗""下画线"；接着选定该行中的"种类"，添加"着重号"。

步骤 3：选定第 3 行文本，在"开始"选项卡的"字体"组设置字体颜色为"标准色，深红"。

步骤 4：选定第 1 行文本，在"开始"选项卡的"段落"组设置对齐方式为"居中对齐"；选定剩余行段落，设置对齐方式为"左对齐"。

步骤 5：选定第 4～6 段落，单击"开始"选项卡的"段落"组的对话框启动器按钮，弹出"段落"对话框，在"间距"栏中的"段前"文本框中输入"1 行"，行距设置为"固定值，12 磅"，在"缩进"栏中的"文本之后"文本框中输入"0.5 字符"。

步骤 6：选定第 4～6 段落，单击"开始"选项卡的"段落"组的"项目编号"下拉菜单，单击"编号"中"（一）、（二）、（三）"样式的编号。接下来选定第 2 段文本，单击"段落"组的"项目符号"的下拉菜单，选择"自定义项目符号"，弹出"项目符号和编号"对话框，单击"项目符号"→"自定义"按钮，打开"自定义项目符号列表"对话框，单击"字符"→"确定"按钮，打开"符号"对话框，在"符号"选项卡下的"字符代码"文本框中输入"119"，单击"插入"按钮，如图 6.22 所示。

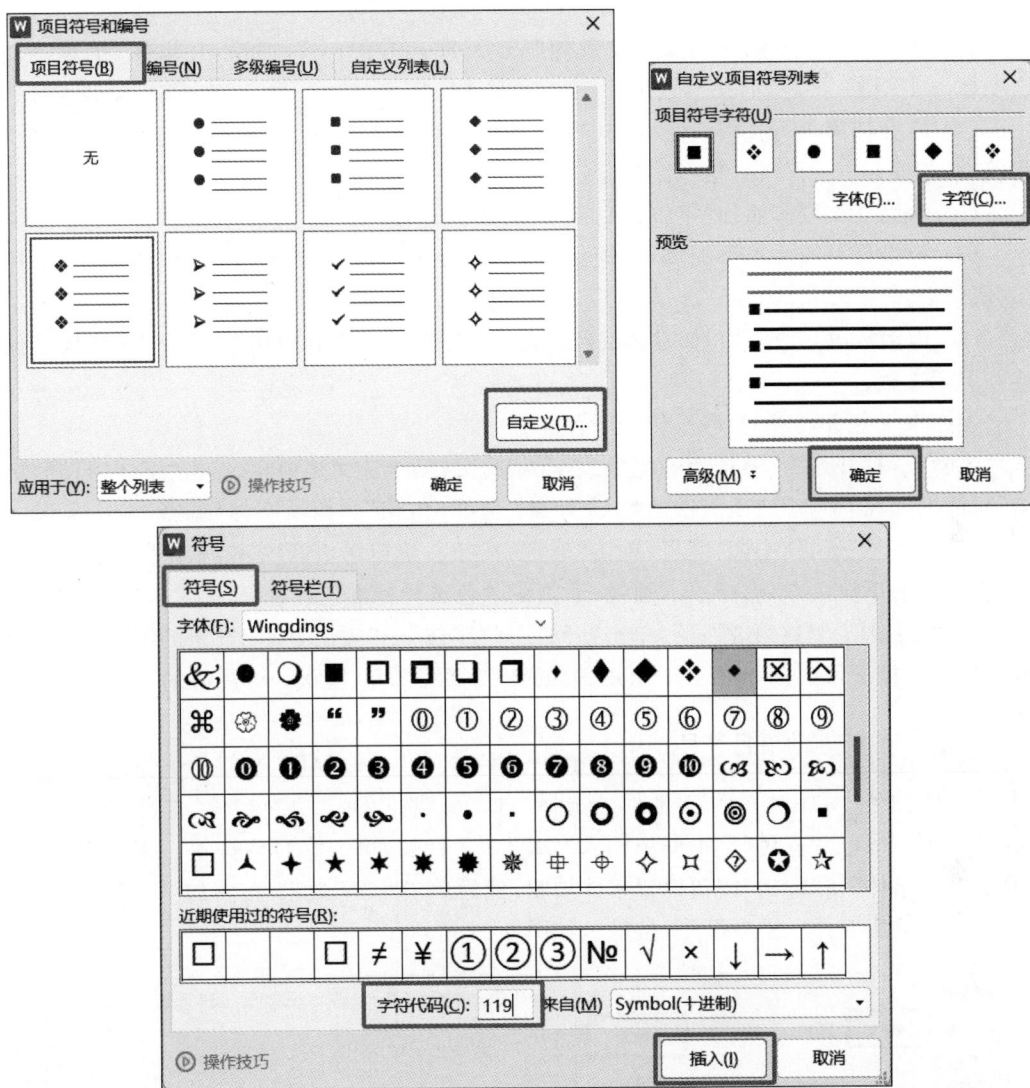

图 6.22　自定义项目符号设置

步骤 7：选定第 3 行文本，单击"开始"选项卡的"段落"组的"底纹颜色"下拉菜单，选择"主题颜色"中的"白色，背景 1，深色 15％"。

2. 进阶提高

通过实践任务，基本掌握了字符和段落格式的设置方法，以及如何添加项目编号和符号等。如遇到以下进阶任务，请思考如何进行操作。

进阶任务要求：

（1）打开"感冒药的化学式.wps"文件，设置中文字体为"仿宋，小四字号"，西文字体为"Times New Roman"，对文档第 2 行文本内容添加"红色单下画线"。

（2）将文本倒数第 3 段落添加"黄色"突出显示，并将方程式中"C8H9NO2"中的数字分别设置为下标。

（3）将第 1 行文本的字体颜色设置为"RGB(26,49,131)"，加粗，并添加"倒影→倒影变体→半倒影，接触"的文本效果。

（4）将文档第 1 行文本设置为"居中对齐"，其余文本设置为"两端对齐，首行缩进 2 字符，段前间距 0.5 行，1.5 倍行距"。

（5）为第 3、4 段落添加"字符代码：70"的项目符号。

（6）为最后一段文本添加"单波浪线，标准色绿色，宽度 1.5 磅"的方框边框，并应用于"段落"。

（7）为倒数第 2 段添加"标准色浅绿，样式 20％"的底纹，并应用于"文字"。完成后保存并关闭文档。

根据以上任务要求，参考操作如下：

步骤 1：打开名为"感冒药的化学式.wps"的文档，全选文档内容，右击"字体"打开"字体"对话框。在"字体"选项卡中的"中文字体"选择"仿宋"、"西文字体"选择"Times New Roman"，"字号"选择"小四"字号，单击"确定"按钮。选定第 2 行文本，单击"开始"→"下画线"按钮的下拉菜单，选择单下画线，下画线颜色选择标准色红色。

步骤 2：选定倒数第 3 段落，单击"开始"→"字体"→"突出显示"按钮的下拉菜单，选择"黄色"。接下依次选择"C8H9NO2"中的"8""9""2"，单击"X_2"按钮的下拉菜单，选择"下标"。

步骤 3：选定第 1 行文本，单击"开始"→"字体"→"字体颜色"按钮的下拉菜单，选择"其他字体颜色"，弹出"颜色"对话框。选择"自定义"选项卡，"颜色模式"选择"RGB"，依次在"红色""绿色""蓝色"文本框中输入"26""49""131"，单击"确定"按钮。接下来，单击"开始"→"字体"→"加粗"按钮设置字体加粗，然后单击"文字效果"按钮的下拉菜单，选择"倒影"→"倒影变体"→"半倒影，接触"，如图 6.23 所示。

图 6.23　字体颜色自定义设置与字体效果设置

步骤 4：选定第 1 行文本，单击"开始"→"段落"→"居中对齐"按钮。然后选择剩余文本内容,右击"段落"打开"段落"对话框。"缩进和间距"选项卡中的"对齐方式"选择"两端对齐","特殊格式"下拉菜单选择"首行缩进","度量值"输入"2"字符,"间距"栏的"段前"输入"0.5"行,"行距"选择"1.5 倍行距",单击"确定"按钮。

步骤 5:选定第 3、4 段落,在"段落"组的"项目符号"的下拉菜单,选择"自定义项目符号",弹出"项目符号和编号"对话框。在"项目符号"选项卡下单击"自定义"按钮,打开"自定义项目符号列表"对话框,依次单击"字符"和"确定"按钮,打开"符号"对话框,在"符号"选项卡下的"字符代码"输入框中输入"70",最后单击"插入"按钮。

步骤 6:选定最后一段,在"段落"组的"边框"的下拉菜单中选择"边框和底纹"命令,弹出"边框和底纹"对话框。在"边框"选项卡下,选择"方框",线型选择"单波浪线",颜色为"标准颜色"中的"绿色",宽度选择"1.5 磅",应用于"段落",最后单击"确定"按钮。

步骤 7:选定倒数第 2 段,在"段落"组的"边框"的下拉菜单中选择"边框和底纹"命令,弹出"边框和底纹"对话框。在"底纹"选项卡下,"填充"选择"标准颜色"中的"浅绿","图案"栏中的"样式"选择"20%",应用于"文字",最后单击"确定"按钮,如图 6.24 所示。

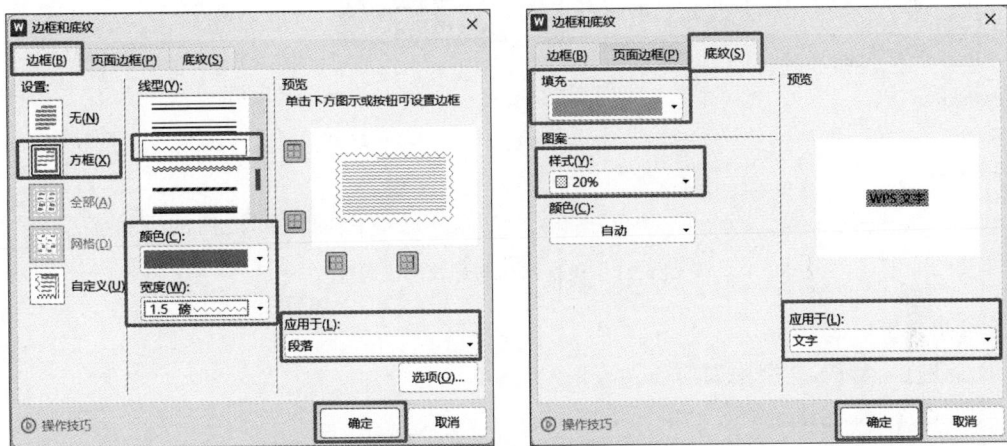

图 6.24　设置边框和底纹

6.3　表格制作与计算

知识目标:

- 掌握表格的创建和删除方法。
- 掌握表格内容的选定方式。
- 掌握表格的编辑及设计。
- 掌握表格内数据的计算和处理。

能力目标:

- 能够选择合适的方法创建表格以及正确删除表格。
- 能够快速选定表格内容。

- 能够根据要求编辑表格,合理设计单元格。
- 能够准确计算和处理表格内数据。

素养目标:
- 提高学生积极的岗位就业意识。
- 培养学生的信息素养。
- 培养学生的设计、审美能力。
- 培养学生科学严谨的计算思维能力。

本节思维导图如图 6.25 所示。

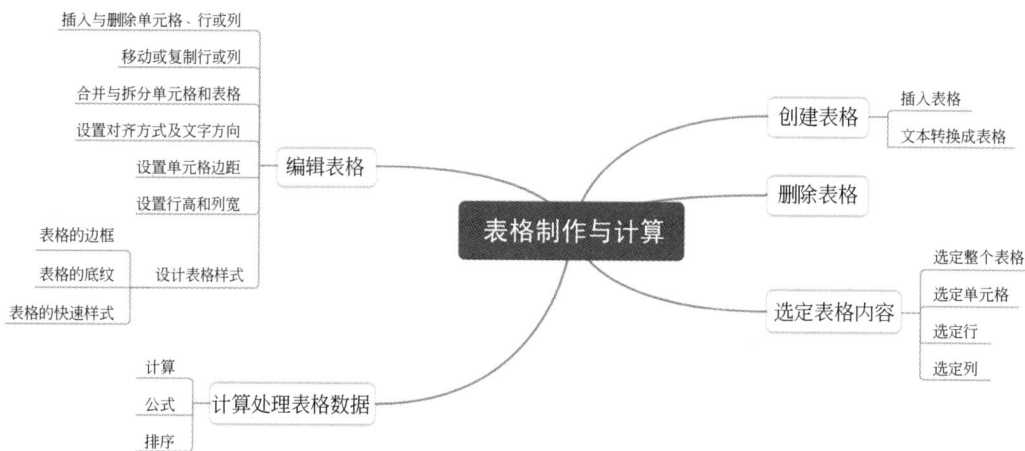

图 6.25　表格制作与计算思维导图

【思考】

问题 1:WPS 文字中如何插入表格?

问题 2:如何选定某一个单元格?

问题 3:WPS 文字中表格内的数据内容可以进行哪些处理?

6.3.1　表格制作与计算基础知识

1. 创建表格

(1)插入表格:插入自定义表格时,首先需要将光标放置到插入表格的位置,单击"插入"选项卡中的"表格"按钮,有以下 3 种插入方法。

- 框选法:用鼠标在下拉菜单上方的示意表格中移动,用鼠标框选出所需表格的行与列,同时示意表格上方会显示所选表格的行数及列数,选择结束后单击即可,如图 6.26 所示。
- 输入法:在"表格"按钮的下拉菜单中选择"插入表格"命令,打开"插入表格"对话框,在"行数"及"列数"中输入数值确定表格尺寸,单击"确定"按钮。
- 绘制法:在"表格"按钮的下拉菜单中选择"绘制表格"命令,光标会变成铅笔形状,单击拖曳鼠标即可绘制表格,松开鼠标完成绘制,单击"表格工具"选项卡中的"绘制表格"结束表格的绘制。

（2）文本转换成表格：通过"文本转换成表格"命令，可以将文本内容转换成表格，并将文本内容输入表格。首先选定需要转换成表格文本，单击"插入"选项卡中的"表格"按钮，在下拉菜单中选择"文本转换成表格"，弹出"将文字转换成表格"对话框，在"表格尺寸"中输入所需表格的列数，行数固定，选择与文本对应的"文字分隔位置"，例如"段落标记""逗号""制表符"等，单击"确定"按钮，如图6.27所示。

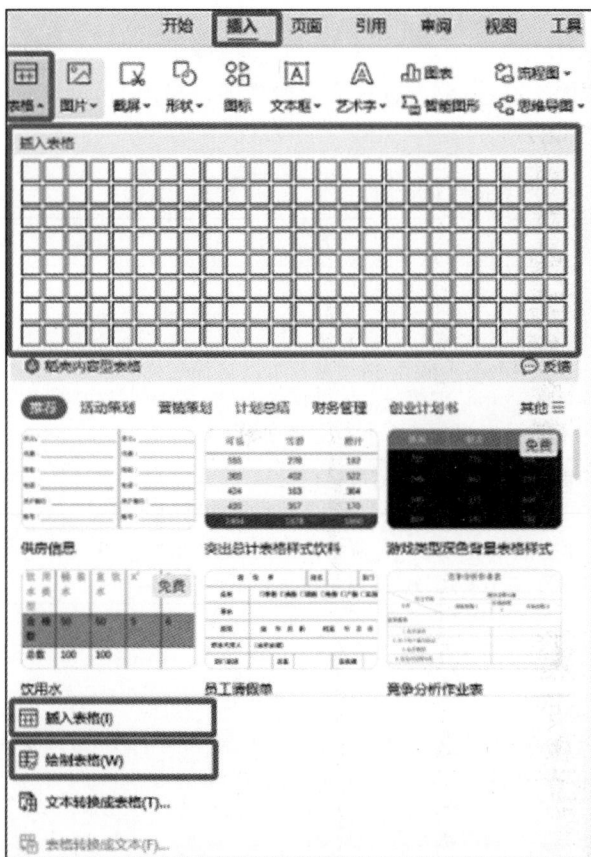

图 6.26　框选法插入表格　　　　图 6.27　"将文字转换成表格"对话框

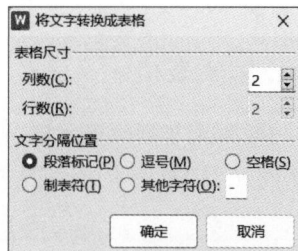

2. 删除表格

当需要删除整个表格时，首先需要将光标放置到表格中的任意位置，通过以下方法进行删除。

（1）使用"表格工具"的选项按钮。单击"表格工具"选项卡中的"删除"按钮，在弹出的下拉菜单中选择"表格"命令删除整个表格。

（2）使用浮动快捷菜单"删除表格"命令。将光标移动到表格的左上角，单击表格的移动控制点"⊞"，此时光标会变为双向的十字箭头表示已选定整个表格，在弹出的浮动快捷菜单中单击"删除"按钮，在下拉菜单中选择"删除表格"命令，可删除整个表格，如

图 6.28 所示。

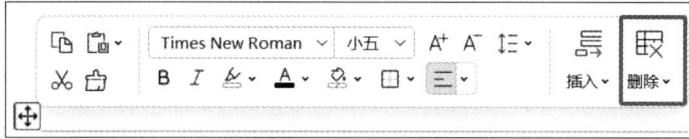

图 6.28 使用浮动快捷菜单的"删除表格"命令删除表格

3. 选定表格内容

在对表格进行进一步的编辑与美化之前,需要先选定需要操作的表格内容,再进行下一步具体操作。表格的选定方法如表 6.6 所示。

表 6.6 选定表格内容的方法

选取对象	光标样式	光标位置	方　　法
整个表格	⊞	表格左上角	单击选中整个表格
单元格	↗	单元格内左侧	单击选中光标所指向的一个单元格。选中一个单元格后,拖动鼠标可以选择连续的多个单元格区域;选中一个单元格后,按住【Ctrl】键依次选定其他单元格区域,可以选择多个不连续的单元格
行	↗	表格外左侧	单击选中表格中光标所指向的行,拖动鼠标可以选择连续的行,按住【Ctrl】键可以依次选择不连续的多行
列	↓	表格外上方	单击选中表格中光标所指向的列,拖动鼠标可以选择连续的列,按住【Ctrl】键可以依次选择不连续的多列

4. 编辑表格

(1)插入与删除单元格、行和列:首先需要选定需要插入或删除的单元格、行或列,在"表格工具"选项卡中,完成接下来的设置,操作方法如表 6.7 所示。

表 6.7 编辑表格方法

命　令　按　钮	功　　能	方　　法
插入单元格(E)...	插入单元格	单击"插入"按钮,在弹出的下拉菜单中选择"插入单元格",打开"插入单元格"对话框,选择合适的插入方式,单击"确定"按钮
在上方插入行(A)　在下方插入行(B)	插入行	单击"插入"按钮,在弹出的下拉菜单中选择"在上方插入行"或"在下方插入行"
在左侧插入列(L)　在右侧插入列(R)	插入列	单击"插入"按钮,在弹出的下拉菜单中选择"在上左侧插入列"或"在右侧插入列"
单元格(D)...	删除单元格	单击"删除"按钮,在弹出的下拉菜单中选择"删除单元格"
行(R)	删除行	单击"删除"按钮,在弹出的下拉菜单中选择"删除行"
列(C)	删除列	单击"删除"按钮,在弹出的下拉菜单中选择"删除列"

除此之外,还可以通过右击需要操作的单元格,从弹出的浮动快捷菜单中选择上表的各种命令同样完成以上操作。

(2) 移动或复制行或列。

- 移动行或列:先选定包括行结束符在内的行/列,按快捷键【Ctrl+X】,将所选行/列的内容存放到剪贴板中,将光标选定到需要插入的行/列,按快捷键【Ctrl+V】,移动的行/列被插入当前行/列的上方,并且不替换其中的内容。
- 复制行或列:先选定包括行结束符在内的行/列,按快捷键【Ctrl+C】,将所选行/列的内容存放到剪贴板中,将光标选定到需要粘贴的行/列,按快捷键【Ctrl+V】,复制的行/列被粘贴到当前行/列的上方,并且不替换其中的内容。

(3) 合并与拆分单元格和表格:如果需要对表格进行更加复杂的设计,可以使用合并与拆分功能。首先需要选择要进行操作的单元格,接下来的具体操作方法如表 6.8 所示。

表 6.8　合并与拆分单元格和表格方法

按 钮 命 令	功　能	方　　法
合并单元格	合并单元格	方法一:在"表格工具"选项卡中单击"合并单元格"按钮; 方法二:右击选定的单元格,从弹出的浮动快捷菜单中选择"合并单元格"命令
拆分单元格	拆分单元格	在"表格工具"选项卡中单击"拆分单元格"按钮,在弹出的"拆分单元格"对话框中输入要拆分的"行数"和"列数",单击"确定"按钮
拆分表格	拆分表格 合并表格	拆分表格:将光标移至拆分后为新表格第一行的单元格,在"表格工具"选项卡中单击"拆分表格"按钮,在下拉列表中选择"按行拆分"或"按列拆分",即可将一个表格拆分成两个表格; 合并表格:将两个表格之间的换行符删除,即可实现两个表格的合并

(4) 设置对齐方式及文字方向。

- 设置表格的对齐方式:选定整个表格,在"开始"选项卡的"段落"选项组中,选择一种对齐方式,实现整个表格在页面中的对齐。
- 设置单元格内文本的对齐方式:选定单元格或整个表格,在"表格工具"选项卡中分别在垂直方向以及水平方向选择一种对应的按钮,完成单元格内文字对齐方式的设置。垂直方向的对齐方式包括"顶端对齐""垂直对齐""底端对齐",水平方向的对齐方式包括"左对齐""居中对齐""右对齐"。
- 文字方向:选定需要设置文字方向的单元格,在"表格工具"选项卡中单击"文字方向"按钮,在下拉列表中选择所需的文字方向。

(5) 设置单元格边距。单元格边距为单元格中的内容与边框间的距离以及单元格与单元格之间的距离。操作方法如下:首先需要选择要进行操作的单元格,在"表格工具"选项卡中单击"表格属性"按钮,弹出"表格属性"对话框;在"单元格"选项卡中单击"选项"按钮,打开"单元格选项"对话框;可以勾选是否"与整张表格相同",如不相同则可以在下方输入单元格的"上""下""左""右"的边距和间距值,如图 6.29 所示。

图 6.29　设置单元格边距

（6）设置行高和列宽。设置单元格行高和列宽的方法相似，以设置行高为例，可以通过以下 3 个方法进行操作。

图 6.30　自动调整行高和列宽

- 使用光标拖动单元格边框调整。将光标移动到两列中间的垂直线上，此时光标变为左右双向箭头时，按住鼠标左键进行左右拖动，调整至合适的列宽时松开鼠标左键即可完成对单元格列宽的调整。
- 手动输入行高和列宽。选定需要调整的列，在"表格工具"选项卡的"表格行高"及"表格列宽"微调框内输入指定的值进行更精准的设置。
- 自动调整功能。选定需要调整的列，单击"表格工具"选项卡的"自动调整"按钮，在下拉菜单中选择合适的命令，自动调整包括"适应窗口大小""根据内容调整表格""行列互换""平均分布各行""平均分布各列"，如图 6.30 所示。

（7）设计表格样式。

- 表格的边框：选定需要设置边框的单元格，在"表格样式"选项卡中单击"边框"按钮右侧的箭头按钮，从弹出的下拉菜单中选择合适的框线命令。如果需要自定义边框，则在弹出的下拉菜单中选择"边框和底纹"命令，打开"边框和底纹"对话框，对其中的"样式""颜色""宽度"等选项进行设置后，单击"确认"按钮。设置表格的边框如图 6.31 所示。

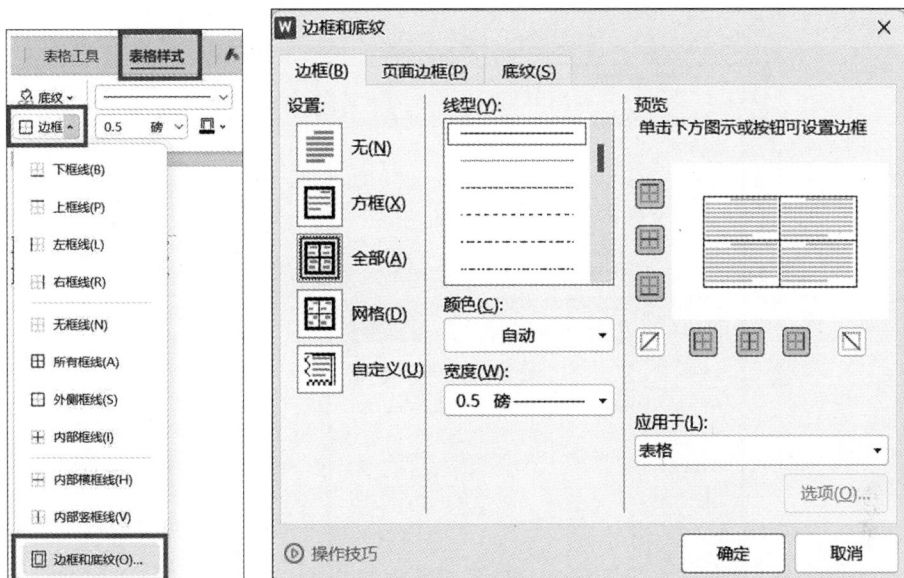

图 6.31 设置表格的边框

- 表格的底纹：在"表格样式"选项卡中单击"底纹"按钮右侧的箭头按钮，在弹出的下拉菜单中选择所需的颜色。或右击表格，选择"边框和底纹"命令，打开"边框和底纹"对话框，单击"底纹"标签进行填充颜色、图案样式和颜色的设置，如图 6.32 所示。

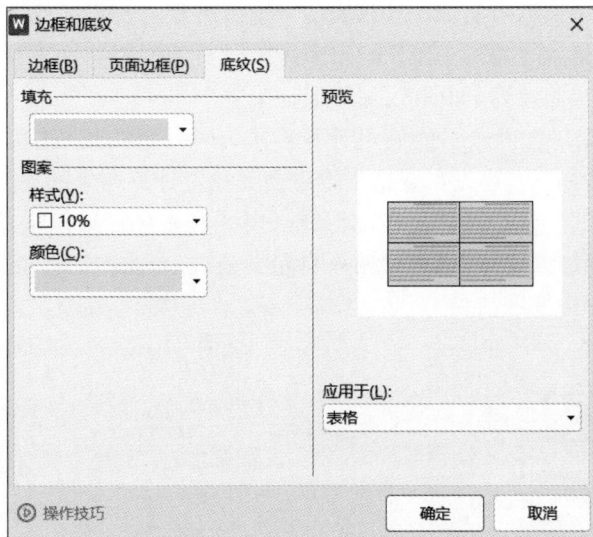

图 6.32 设置表格的底纹

- 表格的快速样式：将光标放置在表格中的任意一个单元格中，在"表格样式"选项卡中选择一种样式，能够看到表格的预设样式，单击即可应用该快速样式，如图 6.33 所示。

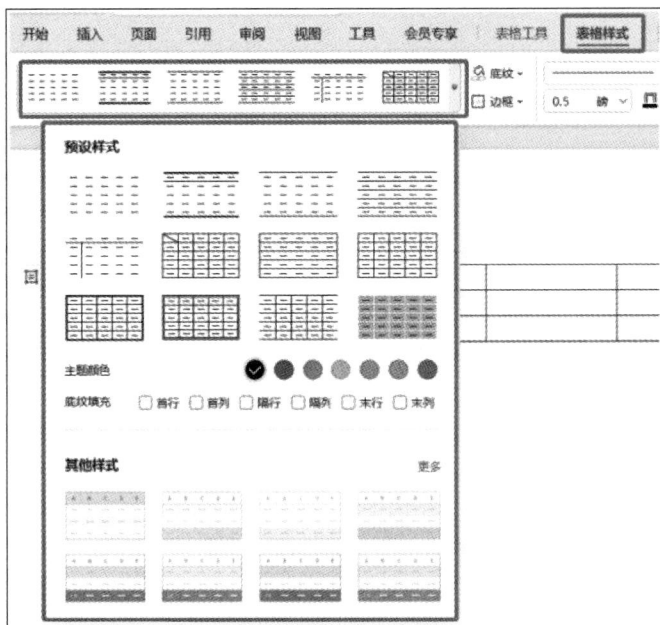

图 6.33　表格的快速样式

5. 计算处理表格数据

（1）计算。表格中自带了一些常用的函数可以对内容进行计算，包括"求和""平均值""最大值"和"最小值"，方法如下：在表格中选中需要对内容进行计算的单元格以及放置计算结果的单元格，在"表格工具"选项卡中单击"计算"按钮，在下拉菜单中选择对应的函数实现对表格内容的计算，如图 6.34 所示。

（2）公式。如果以上函数不能满足计算要求，还可以通过公式选择更多的函数或自定义计算公式，方法如下：首先在表格中选定需要放置计算结果的单元格，在"表格工具"选项卡中单击"公式"按钮，弹出"公式"对话框（图 6.35），可以通过辅助的"数字格式""粘贴函数""表格范围"输入公式，也可以输入自定义公式，单击"确定"按钮完成对表格内容的计算，在目标单元格显示结果。

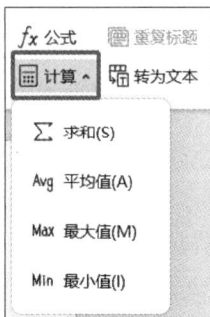

图 6.34　表格的计算

图 6.35　"公式"对话框

公式的书写标准为"＝函数（参数）"，例如"＝ABS（ABOVE）"。函数有"ABS"（绝对值函数）、"COUNT"（计数函数）等；参数可以是表格范围，例如"LEFT"（左侧）、"RIGHT"（右侧）、"ABOVE"（上方）、"BELOW"（下方），也可以是单元格的表示范围，例如"A1,B2,C3""D1：D6"等，其中用字母表示列号，数字表示行号，需列号在前行号在后表示一个单元格。此外","表示多个不连续的单元格范围，"："表示多个连续单元格范围。

（3）排序。除了能够对表格中的数据进行计算外，还可以对表格内的数据进行排序，用户可以依据"拼音""笔画""数字""日期"等类型对单个或多个关键字进行排序，如图 6.36 所示。

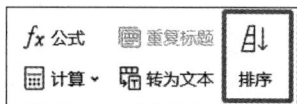

图 6.36　排序

具体操作方法：将光标放置在需要排序的表格中，在"表格工具"选项卡中单击"排序"按钮，弹出"排序"对话框（图 6.37），在"列表"栏中选中"有标题行"单选按钮，可以防止对表格中的标题行进行排序；如无标题行，则选中"无标题行"单选按钮。接下来在"主要关键字"栏中选择首先依据排序的列，在右侧"类型"的下拉列表框中选择数据排序依据的类型，包括"拼音""数字"等，选择"升序"或"降序"单选按钮。如果数据中有相同的主关键字，则可以进一步对"次要关键字"和"第三关键字"进行设置，分别选择"类型"以及"升序"或"降序"单选按钮，单击"确定"按钮即可完成对表格数据的排序。

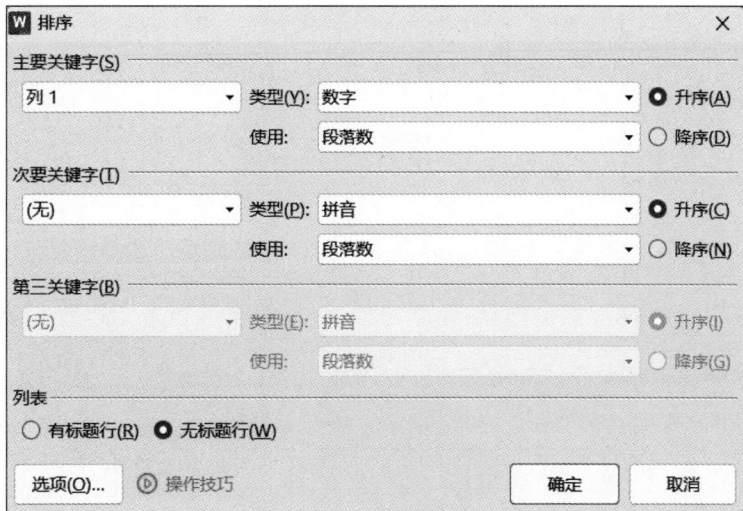

图 6.37　"排序"对话框

6.3.2　实践任务

1. 基础任务

某高职院校学生已经着手撰写题目为"血液一般检验与疾病诊断意义"的毕业论文文稿，在文稿的编写过程中，需要将文稿的部分内容以表格的形式呈现，使数据或内容更加清晰易读，以及完成文稿中表格的创建、编辑操作，并且对表格进行合理设计，使其更美观。表格的完成效果如图 6.38 所示。

3.2.1 红细胞计数(RBC)

红细胞计数[5](red blood cell count，RBC)是血液一般检验的基本项目，常作为诊断贫血及红细胞增多的主要指标之一。

【检测原理】

一、显微镜计数法采用等渗稀释液将血标本稀释一定倍数，滴入血细胞计数室中，显微镜下统计一定区域内红细胞数，经换算得每升血液中红细胞数量。

二、多采用电阻抗法，有时也采用流式细胞术激光检测法等。

		红细胞数 $\times 10^{12}$/L	血红蛋白数/(g/L)
新生儿		6.0~7.0	170~200
成年	男性	4.0~5.5	120~160
	女性	3.5~5.0	110~150

图 6.38　完成效果

具体的任务要求如下：

(1) 打开“红细胞计数.wps”文档，在本文内容下方的空白行创建一个 3 行 4 列的表格。

(2) 将表格的第 3 列单元格删除，在表格最后一行后面插入一行，为表格的 A1 单元格添加一条斜线。

(3) 将表格第 1 列的第 3、4 行单元格拆分为 2 行 2 列的单元格，将拆分后的左侧 2 个单元格合并为 1 个单元格。

(4) 设置单元格上下边距均为 0.1 厘米，左右边距均为 0.19 厘米，表格行高设置为 0.8 厘米，第 2、3 列表格的列宽为 4.8 厘米。

(5) 按照图 6.39 填写表格内容，将表格居中，设置单元格文字内容为水平居中和垂直居中。

		红细胞数 $\times 10^{12}$/L	血红蛋白数/(g/L)
新生儿		6.0~7.0	170~200
成年	男性	4.0~5.5	120~160
	女性	3.5~5.0	110~150

图 6.39　表格内容示例

(6) 为表格中的第 1 行的第 2、3 列单元格添加标准色“橙色”底纹，把表格的所有框线设置为“蓝色，1.5 磅”。完成后保存并关闭文档。

根据以上任务要求，任务实施具体操作过程如下：

步骤 1：将光标放置文本下方空白行，单击“插入”选项卡的“表格”按钮，在弹出的菜单栏中选择一种插入方式。以“框选法”为例，用鼠标在下拉菜单上方的示意表格中移动，框选出 3 行 4 列,选择结束后单击。

步骤 2:选定表格的第 3 列单元格,单击"表格工具"选项卡的"删除"按钮,在弹出的菜单栏中选择"列",选择结束后单击;接下来选定表格的最后一行,在浮动快捷菜单单击"插入"按钮,在弹出的菜单栏中选择"在下方插入行",选择结束后单击;最后将光标放置在第 1 行第 1 列的单元格左侧,单击选定该单元格,在"表格样式"选项卡中单击"斜线表头"按钮,在弹出的"斜线单元格类型"对话框中选择左上右下的单斜线,勾选"合并选中单元格"复选框,单击"确定"按钮,如图 6.40 所示。

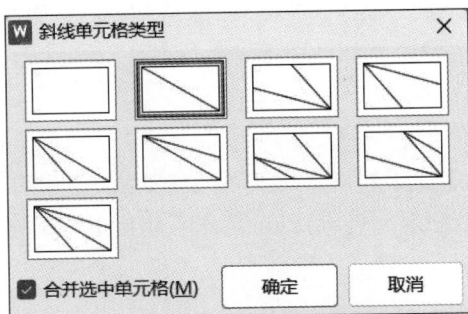

图 6.40 设置斜线单元格

步骤 3:光标放置于表格的第 1 列第 3 行单元格左侧,选中一个单元格后,拖动鼠标选择第 1 列第 4 行单元格。选定要求的连续单元格区域后,单击"表格工具"选项卡下的"拆分单元格"按钮,在弹出的"拆分单元格"对话框中,列数输入"2",行数输入"2",单击"确定"按钮。然后按照上述选定连续单元格区域的方法,选定拆分后的左侧 2 个单元格,单击"表格工具"选项卡下的"合并单元格"按钮。

步骤 4:单击表格左上角的四向箭头选中整个表格,单击"表格工具"选项卡下的"表格属性"按钮,打开"表格属性"对话框,在"表格"选项卡中单击"选项"按钮,打开"表格选项"对话框,在单元格边距中输入要求的数值,如图 6.41 所示。然后在"表格工具"选项卡

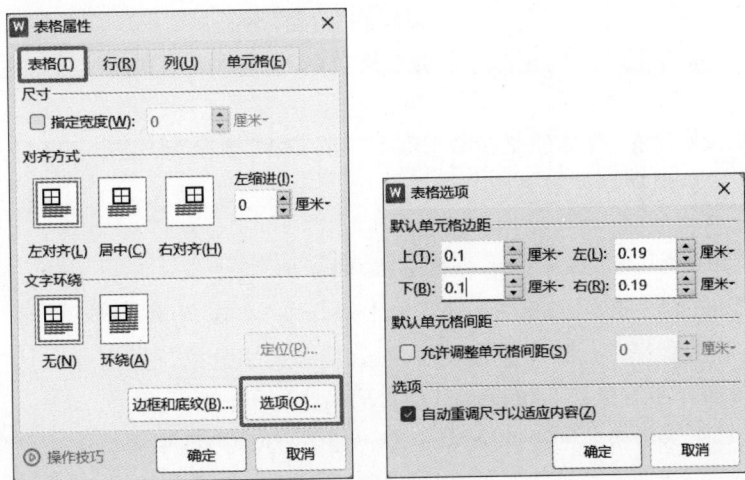

图 6.41 设置单元格边距

下的"表格行高"输入框中输入"0.8";选定表格的第2、3列单元格,在"表格工具"选项卡下的"表格列宽"输入框中输入"4.8"。

步骤5:按图6.39填写表格内容后,选定整个表格,单击"表格工具"选项卡下的"表格属性"按钮打开"表格属性"对话框,在对齐方式组选择"居中",然后在"表格工具"选项卡下单击"垂直居中"和"水平居中"对齐单元格内文字内容。

步骤6:选定表格第一行第2、3列的单元格后,单击"表格样式"选项卡下的"底纹"下拉菜单按钮,"颜色"选择"标准色"中的"橙色";选定整个表格,在"表格样式"选项卡下,在边框宽度下拉框选择"1.5磅","颜色"选择"标准色"中的"蓝色",在"边框"下拉菜单命令按钮中选择"所有框线"。

2. 进阶提高

通过实践任务,基本掌握了表格创建及单元格插入、删除的方法,能够对表格进行简单的编辑和设计等。如遇到以下进阶任务,请思考如何进行操作。

进阶任务要求:

(1)打开"身体质量指数表.wps"文档文件,将除了第1行标题外的文本内容转换为6行5列的表格。在第5行填写自己的身高和体重信息。

(2)将表格第2列和第4列单元格添加填充色为"橙色,着色3,浅色60%"的主题颜色,图案样式为12.5%,图案颜色为标准色橙色的底纹。

(3)将单元格外框线设置为"深蓝色,2.25磅,单实线",第1行与第2行间的线框设置为"蓝色,1.5磅,双实线",其余线框设置为"蓝色,0.75磅,单实线"。

分类	BMI 范围
偏瘦	≤18.4
正常	18.5 ~ 23.9
过重	24.0 ~ 27.9
肥胖	≥28.0

图6.42　BMI指数范围分类表

(4)计算表格第2～5行的身体质量指数(BMI),对应填写在"身体质量指数(BMI)"列。计算公式为:身体质量指数(BMI)=体重(kg)/身高^2(m)。例如,体重70kg,身高1.75m,BMI=70÷(1.75×1.75)=22.86。按照图6.42判断BMI范围所属的分类,对应填写在"分类"列。

(5)分别计算"身高""体重""身体质量指数(BMI)"列的平均值,填写在最后一行的B～D列。

(6)主要关键字按"身体质量指数(BMI)"列,依据"数字"类型升序排列表格的第3～5行内容。完成后保存并关闭文档。

根据以上任务要求,参考操作提示如下:

步骤1:打开名为"身体质量指数表.wps"的文档,选定第1行以下的文档内容,单击"插入"选项卡下的"表格"按钮,在下拉菜单中选择"文本转换成表格",在弹出的"将文字转换成表格"对话框,在"表格尺寸"组输入列数"5",文字分隔位置选择默认的"制表符",单击"确定"按钮。然后在第5行输入自己对应信息即可。

步骤2:选定表格第2列单元格,按住【Ctrl】键不放,再选定表格第4列单元格,完成不连续列的选定。单击"表格样式"选项卡下的"边框"下拉菜单按钮,选择"边框和底纹",在弹出的"边框和底纹"对话框,单击"底纹"选项卡,"填充"选择"橙色,着色3,浅色60%"

的"主题颜色";"图案"栏中"样式"选择"12.5％","颜色"选择"标准色"中的"橙色",单击"确定"按钮,如图 6.43 所示。

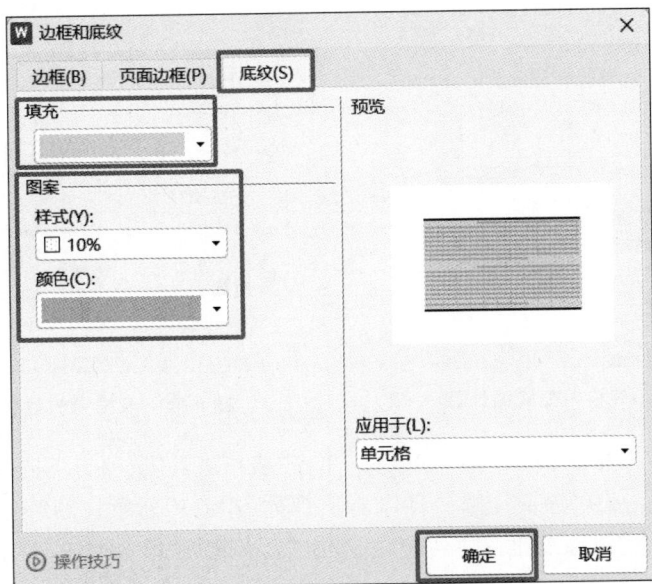

图 6.43　单元格底纹的设置

步骤 3：选定整个表格,单击"表格样式"选项卡下的线框类型下拉菜单,选择单实线,线框宽度选择"0.75 磅",线框颜色选择标准色"蓝色",然后单击"边框"的下拉菜单按钮,选择"所有框线"。随后单击"表格样式"选项卡下的线框类型下拉菜单,选择单实线,线框宽度选择"2.25 磅",线框颜色选择标准色"深蓝色",然后单击"边框"的下拉菜单按钮,选择"外侧框线"。最后单击"表格样式"选项卡下的线框类型下拉菜单,选择双实线,线框宽度选择"1.5 磅",线框颜色选择标准色"蓝色",在第 1 行与第 2 行间绘制线框,绘制结束后,单击"绘制表格"按钮结束绘制。表格边框的设置如图 6.44 所示。

图 6.44　表格边框的设置

或者单击"表格样式"选项卡下的"边框"下拉菜单按钮,选择"边框和底纹",打开"边框和底纹"对话框,在"边框"选项卡中进行上述设置。

步骤 4：单击"身体质量指数(BMI)"列的第 2 行,单击"表格工具"选项卡下的"公式"按钮,弹出"公式"对话框,依据题目所给公式填写"＝C2/(B2 ＊ B2)","数字格式"选择"0.00",单击"确定"按钮。其中单元格表示为先列号再行号,列号用数字表示,行号用字母表示,例如第 3 行第 4 列用单元格表示为"D3",分别在第 3～5 列按照公式计算结果,如图 6.45 所示。

步骤 5：选定"身高"列，单击"表格工具"选项卡下的"计算"按钮，在下拉菜单中选择"平均值"。参照"身高"列计算平均值方法，以此计算"体重"列和"身体质量指数（BMI）"列的平均值，如图 6.46 所示。

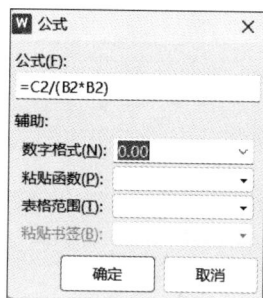

图 6.45　表格内公式的计算

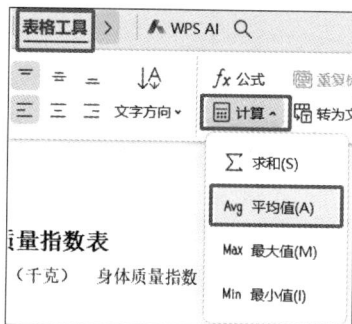

图 6.46　表格内的计算

步骤 6：选定表格的第 3～5 行单元格，单击"表格工具"选项卡下的"排序"按钮，打开"排序"对话框，"主要关键字"选择"身体质量指数（BMI）"列所在的"列 4"，"类型"选择"数字"，选中"升序"单选按钮；在"列表"栏选中"无标题行"单选按钮，单击"确定"按钮。

6.4　图 文 排 版

知识目标：

- 掌握图文对象的插入方法。
- 掌握图文对象的编辑设计。
- 掌握首字下沉设置。

能力目标：

- 能够选择适当的图文对象进行插入。
- 能够快速编辑图片、形状、文本框及艺术字对象。
- 能够对图文对象进行美观设计。
- 能够合理利用首字下沉等功能强调特定文本。

素养目标：

- 培养学生的信息化素养。
- 提高学生积极的岗位就业意识。
- 培养学生的设计、审美能力。

本节思维导图如图 6.47 所示。

【思考】

问题 1：WPS 文字可以插入和编辑哪些元素？

问题 2：图片与文字的环绕方式有哪些？

问题 3：图文排版的优点有哪些？

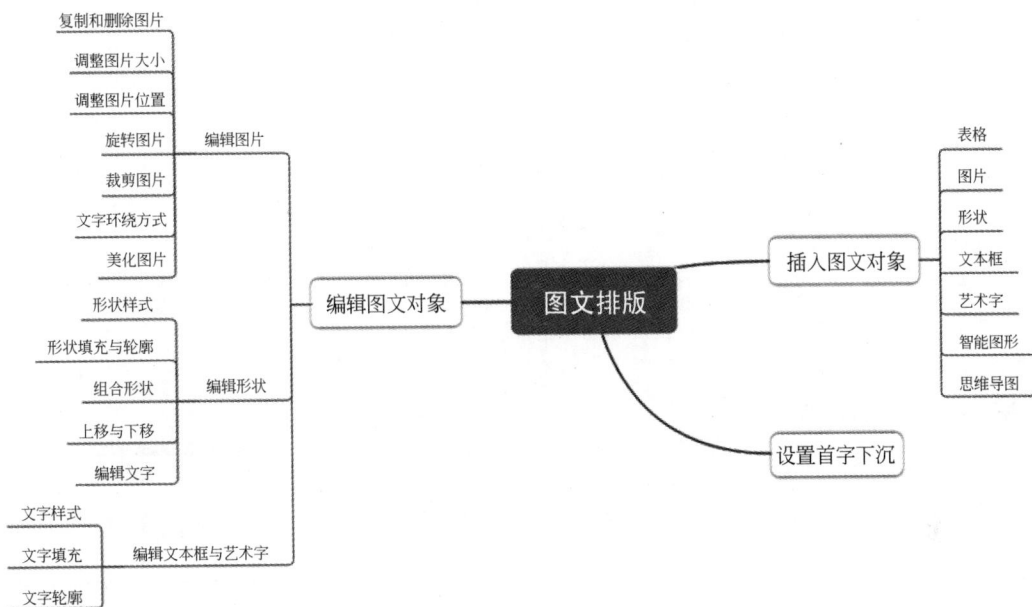

图 6.47　图文排版思维导图

6.4.1　图文排版基础知识

图文混排在日常工作中的应用十分广泛,需要考虑版面的整体设计、艺术效果,一篇图文并茂的文档,能够增添阅读的直观性和观赏性。图文混排主要用到插入图片、插入文本框、插入艺术字、设置首字下沉等操作以及对图文对象的编辑美化。

1. 插入图文对象

除了插入表格以外,常用的图文对象还包括"图片""形状""文本框""艺术字"等元素。首先光标选中目标位置,选择"插入"选项卡,具体插入元素方法如表 6.9 所示。

表 6.9　插入元素方法

命令按钮	功　能	方　　法	效　　果
表格⌄	插入表格	单击"表格"按钮,在下拉菜单中选择一种插入方法	
图片⌄	插入图片	单击"图片"按钮,在下拉菜单中选择"本地图片",在弹出的资源管理器中选择图片,或者使用下方的"在线图片"	
形状⌄	插入形状	单击"形状"按钮,在下拉菜单中选择一款预设形状,单击并拖动即可插入该形状,松开鼠标左键即完成	

命令按钮	功　能	方　法	效　果
[A] 文本框 ⌄	插入文本框	单击"文本框"按钮下方的箭头按钮，在下拉菜单中可以选择"横向""竖向""多行文字"，选择一种文本框后，单击并拖动即可插入该文本框，松开鼠标左键即完成，然后在文本框中输入相应的文本	本文框内输入文字
A 艺术字 ⌄	插入艺术字	单击"艺术字"按钮，在下拉菜单中可以选择一种艺术字预设，单击插入艺术字，然后在艺术字框中输入相应的文本	艺术字
智能图形	插入智能图形	单击"智能图形"按钮，在弹出的窗口中选择"SmartArt"，单击插入一种智能图形，然后在文本框中输入相应的文本	文本 文本 文本 文本 文本
思维导图 ⌄	插入思维导图	单击"思维导图"按钮，在弹出的窗口中选择"新建空白"制作思维导图，制作完成后单击"插入"按钮	分支主题 未命名文件(6) 分支主题 分支主题 分支主题

2. 编辑图文对象

1）编辑图片

插入图片之后，可以进一步对图片进行编辑设置，例如调整大小、移动位置、裁剪、文字环绕方式以及美化等。在编辑图片之前，需要先单击选中需要操作的图片，此时图片边框会出现 8 个控制柄，表示已经选中该图片，然后即可编辑图片。

（1）复制和删除图片。通过快捷键【Ctrl＋C】可以复制图片，通过快捷键【Ctrl＋X】可以剪切图片，将光标置于图片粘贴或移动到的位置，按【Ctrl＋V】可以实现图片的粘贴，按【Delete】键可以删除图片。此外也可以通过右击图片，在弹出的快捷菜单中实现以上操作。

（2）调整图片大小。将光标放置于任意一个控制柄上，可以对图片大小进行粗略的调整。拖动 4 个角上的控制柄能够按比例缩放图片，拖动上、下或左、右边的控制柄，可以改变图片的高度和宽度，松开鼠标完成对图片大小的调整。

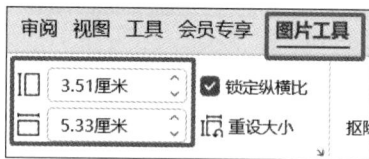

如果需要对图片进行更精确的尺寸设置，在"图片工具"选项卡下"大小和位置"选项组中，在"形状高度"和"形状宽度"的数值选择框中输入数值进行精确的大小设置，同时可以选择是否勾选"锁定纵横比"复选框，勾选即可保持图片放大或缩小不会变形，如图 6.48 所示。或者单击"大小和位置"选项组

图 6.48　精确调整图片大小

的对话框启动按钮，弹出"布局"对话框，在"大小"选项卡中进行高度和宽度的设置，如图 6.49 所示。

（3）调整图片位置。选定图片后，光标呈现"✥"时，单击拖动图片，松开鼠标即可完成图片位置的粗略移动。如果需要将图片放置到精准的位置，在"图片工具"选项卡下单

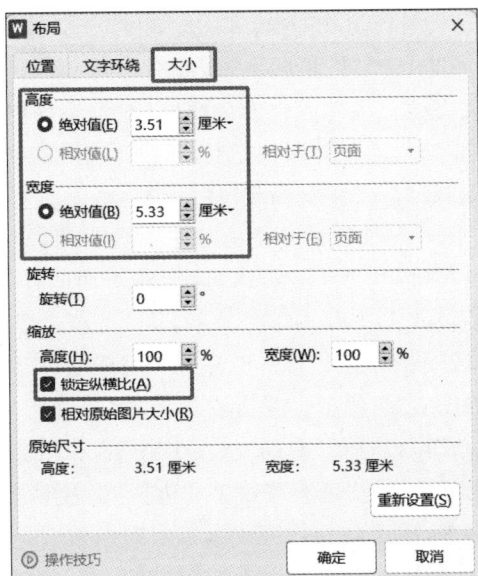

图 6.49 "布局"对话框调整图片大小及锁定纵横比

击"大小和位置"选项组的对话框启动按钮,弹出"布局"对话框,在"位置"选项卡中对"水平"和"垂直"的"绝对位置"框中输入合适的数值,如图 6.50 所示。

(4)旋转图片。单击"图片工具"选项卡下的"旋转"按钮,在下拉菜单中可以选择"向左旋转 90°""向右旋转 90°""水平翻转""垂直翻转"。或者选中图片,将光标放置在图片边框上方的旋转柄"⟳"上,按住鼠标左键不放,旋转鼠标即可旋转图片,选择合适角度后松开鼠标。如果想要更加精确地对图片角度进行调整,可以在"图片工具"选项卡下,单击"大小和位置"选项组的对话框启动按钮,弹出"布局"对话框,在"大小"选项卡下的"旋转"数值选择框中输入旋转的角度值,如图 6.51 所示。

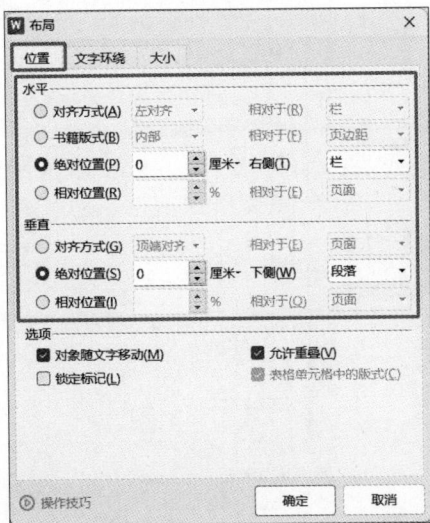

图 6.50 "布局"对话框调整图片位置

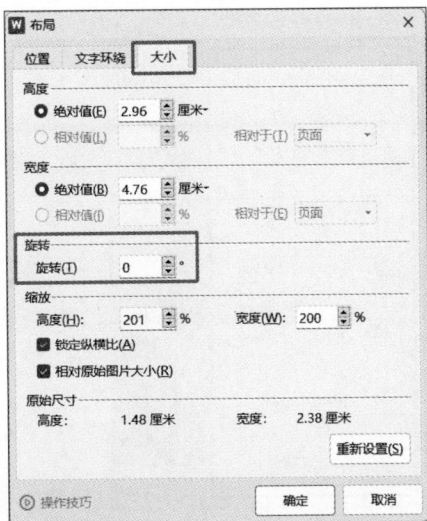

图 6.51 "布局"对话框旋转图片

(5) 裁剪图片。单击"图片工具"选项卡下"大小和位置"选项组中"裁剪"按钮下方的箭头按钮,在下拉菜单中可以选择"按形状裁剪"或"按比例裁剪",直接单击"裁剪"按钮,图片边框会出现黑色的裁剪柄。将光标放置在裁剪柄上,将该侧的裁剪柄向里拖动可以裁剪某一侧,如果需要同时均匀地裁剪两侧,则按下【Ctrl】键的同时将任一侧的裁剪柄向里拖动。完成后再次单击"裁剪"按钮上部或按【Esc】键结束。

(6) 文字环绕方式。图片与文字的环绕方式主要分为两种:嵌入型和浮动型。嵌入型与文字相同可以进行段落排版。浮动型可以放置在页面的任意位置,可使图片位于文字上方或下方等。具体的设置方法为,单击"图片工具"选项卡下的"环绕"按钮,在下拉菜单中可以选择"嵌入型""四周型环绕""紧密型环绕""衬于文字下方""浮于文字上方""上下型环绕"等环绕方式,如图 6.52 所示。或者右击图片,在弹出的下拉列表中选择"文字环绕",选择"其他布局选项"可以打开"布局"选项卡,进而对环绕方式进行更精细的设置。

(7) 美化图片。美化图片包括"色彩""效果""边框"设置等。在"图片工具"选项卡下的"设置形状格式"选项组中,单击"色彩"按钮可以设置灰度、黑白等;单击"效果"按钮可以选择"阴影""倒影""发光"等效果设置;单击"增加对比度"或"降低对比度"按钮可以调整色彩对比程度;单击"增加亮度"或"降低亮度"按钮可以调整图片亮度;单击"边框"按钮右侧的下拉箭头,可以为图片选择边框的颜色和线型等。此外,单击"图片工具"选项卡下的"设置形状格式"选项组的对话框启动按钮,即可打开图片的"属性"面板,在此可以进一步美化图片。图片图片设置如图 6.53 所示。

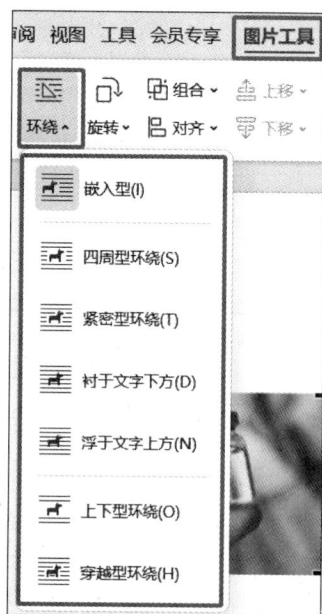

图 6.52　设置图片的文字环绕方式

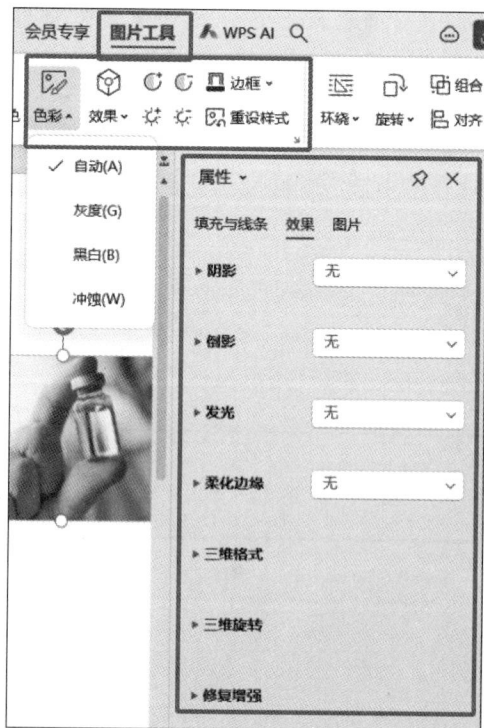

图 6.53　美化图片设置

2）编辑形状

插入形状之后，可以进一步对形状编辑设置，具体操作与编辑图片类似，仅在此处介绍不同的设置操作，例如形状样式、形状填充、形状轮廓、组合形状、上移/下移。在编辑形状之前，需要先选中需要操作的形状，然后进行编辑。

（1）形状样式。在"绘图工具"选项卡下单击"形状样式"的下拉箭头，可以选择一种形状的"预设样式"以及"主题颜色"。

（2）形状填充与轮廓。此操作能够对形状进行自定义绘制，在"绘图工具"选项卡下单击"填充"按钮下方的箭头按钮打开形状填充的下拉面板，可选择一种填充颜色。单击"轮廓"按钮下方的箭头按钮打开形状轮廓的下拉面板，可选择一种轮廓的颜色。形状样式、填充与轮廓设置如图 6.54 所示。

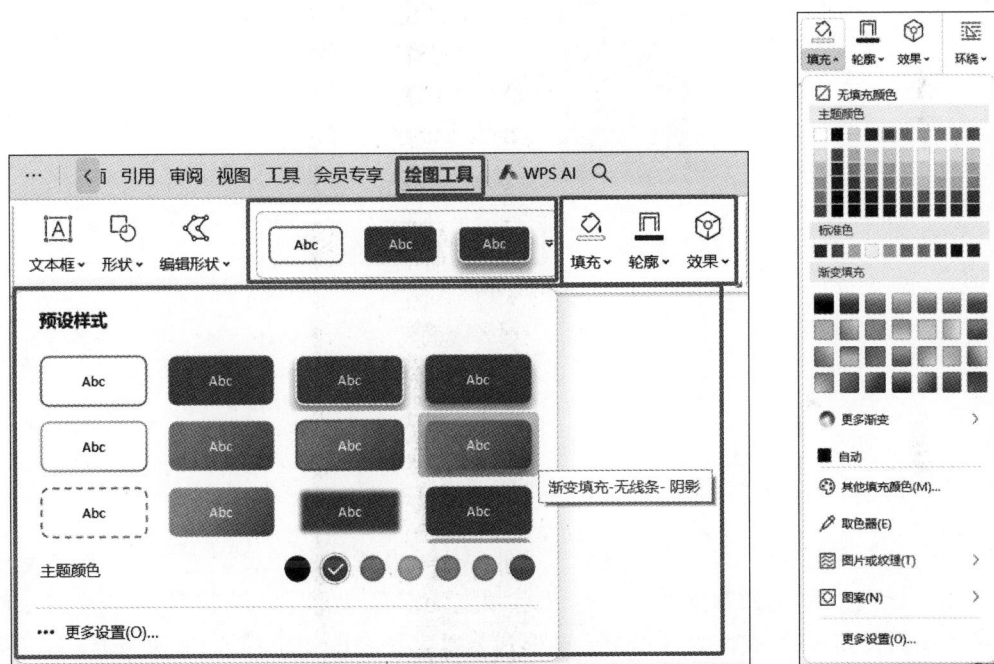

图 6.54　形状样式、填充与轮廓设置

（3）组合形状。此操作可将选中的多个对象组合起来作为单个对象处理。在"绘图工具"选项卡下单击"组合"按钮下方的箭头按钮打开组合的下拉面板，选择"组合"或者"取消组合"。

（4）上移与下移。此操作可上移或下移所选对象。在"绘图工具"选项卡下单击"上移"或"下移"按钮下方的箭头按钮打开下拉面板，选择一种移动方式。形状的组合、上移及下移设置如图 6.55 所示。

（5）编辑文字。右击形状，在弹出的下拉列表中选择"编辑文字"，即可在形状中添加文本，如图 6.56 所示。

3）编辑文本框与艺术字

文本框与艺术字的编辑相同，此处以"文本框"为例介绍具体操作。插入文本框之后，

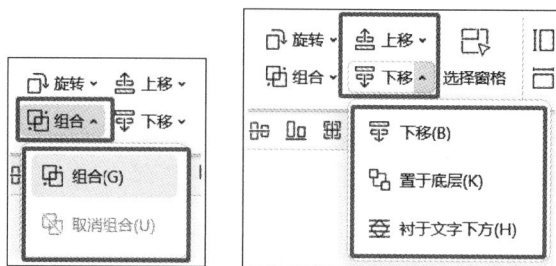

图 6.55　形状的组合、上移及下移设置

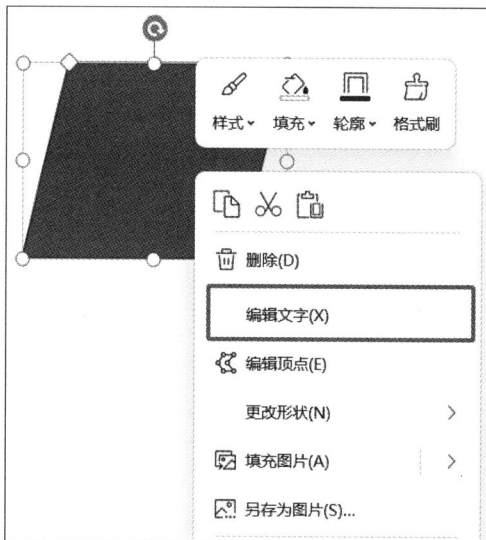

图 6.56　形状编辑文字

可以进一步设置文本框,其中文本框中文字的字体以及段落的相关设置与 6.2 节、6.3 节操作相同,对于文本框的背景形状样式、形状填充及轮廓、效果、布局选项的设置与图片和形状的编辑操作相同,在此处仅介绍文本框和艺术字特有的文字样式、文字填充、文字轮廓的设置。在编辑文本框之前,需要先选中需要操作的文本框,然后进行编辑。

(1) 文字样式。在"文本工具"选项卡下单击"文本样式"的下拉箭头,可以选择一种形状的"预设样式"以及"主题颜色"。

(2) 文字填充。在"文本工具"选项卡下单击"填充"按钮下方的箭头按钮打开文字填充的下拉面板,选择一种填充颜色。

(3) 文字轮廓。在"文本工具"选项卡下单击"轮廓"按钮下方的箭头按钮打开文字轮廓的下拉面板,选择一种轮廓颜色。文字样式、填充、轮廓设置如图 6.57 所示。

3. 设置首字下沉

为了强调突出个别文字,可以使用首字下沉功能更改首字的大小和字体。方法为,光标放置到目标段落中,单击"插入"选项卡中的"首字下沉"按钮,打开"首字下沉"对话框,在"位置"栏可以选择"下沉"或"悬挂",进一步在"选项"栏设置所需的"字体""下沉行数"

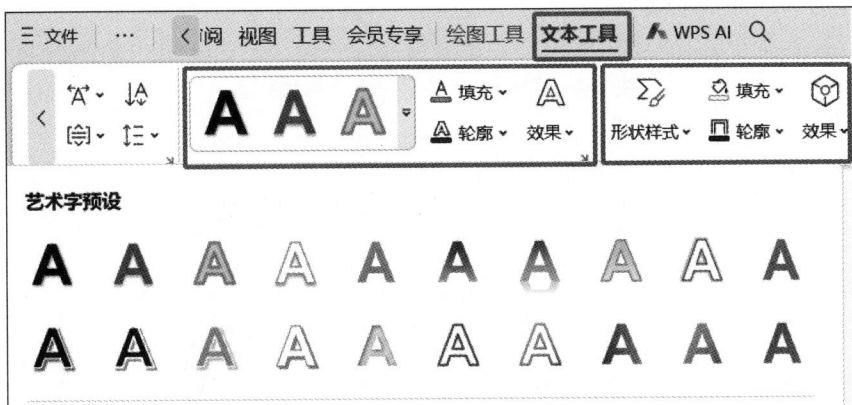

图 6.57　文字样式、填充、轮廓设置

"距正文"（即首字距正文的距离），如图 6.58 所示。

图 6.58　设置首字下沉

6.4.2　实践任务

1. 基础任务

某高职院校学生需要完成主题为"血液一般检验与疾病诊断意义"的健康宣传海报，首先需要掌握 WPS 文字中图片、形状、文本框、艺术字等元素的插入功能，然后能够对插入的图文对象进行编辑及合理设计，最后能够使用首字下沉功能对特殊文本内容强调显示。文稿的完成效果如图 6.59 所示。

具体的任务要求如下：

（1）打开"健康宣传海报.wps"文档文件，将文档前 3 个段落设置为 1.5 倍行距。在第 1 行空白处插入"填充-金色，着色 2，轮廓-着色 2"预设艺术字，艺术字的内容为"血液一般检验与疾病诊断意义"，艺术字的字号为"小一号"，取消加粗，艺术字文本填充为标准色"浅绿"，布局选项为"嵌入型"环绕方式。

图 6.59 完成效果

（2）在文档空白处插入"血液检查素材.png"图片,将图片的文字环绕方式设置为"四周型环绕",调整图片大小为"高度:2.92 厘米""宽度:4.73 厘米",移动图片到第 2 段文字右侧。

（3）在文档空白处插入一个"横向"文本框,将第 4 段文本内容移动到文本框内,将文本框的布局选项设置为"上下型环绕",文字设置为"楷体",文字填充为标准色"黄色",文字轮廓为标准色"蓝色",形状样式选择预设样式"无填充-虚线",主题颜色为"红色"。

（4）在文档空白处插入一个"横卷形"形状,将第 5 段文本内容移动到该形状内,设置环绕方式为"嵌入型",放置于文档最后一段。设置形状填充为主题颜色"浅绿,着色 4",形状轮廓为标准色"深蓝",形状内文字加粗。

（5）将文档第 3 段文本设置首字下沉,下沉行数为"2"。完成后保存并关闭文档。

根据以上任务要求,任务实施具体操作过程如下:

步骤 1:打开"健康宣传海报.wps"文档文件,选定第 1～3 段落,右击"段落"按钮打开"段落"对话框,将"间距"栏的"行距"设置为"1.5 倍行距"。光标定位在第 1 行,单击"插入"选项卡下"艺术字"的下拉菜单按钮,在"艺术字预设"中选择名为"填充-金色,着色 2,轮廓-着色 2"的艺术字,输入艺术字内容,如图 6.60 所示。选中艺术字内容,在"文本工具"选项卡下设置字号为"小一号",单击"加粗"按钮取消加粗设置,单击"文本填充"下拉菜单按钮,在"标准色"中选择"浅绿",单击艺术字旁边的"布局选项"按钮,在弹出的下拉菜单中选择"嵌入型",如图6.61所示。

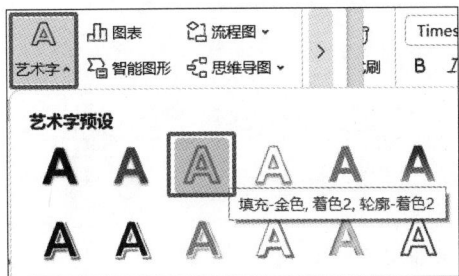

图6.60 插入艺术字

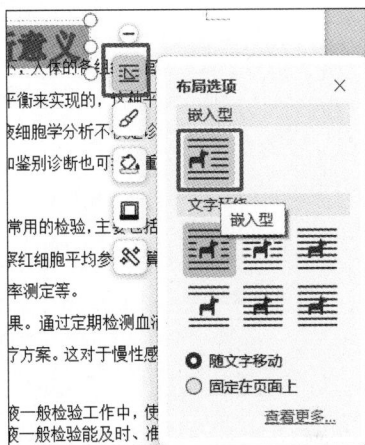

图6.61 设置艺术字布局环绕方式

步骤2：选定文档最后空白行,单击"插入"选项卡下"图片"的下拉菜单按钮,选择"本地图片",将名为"血液检查素材.png"的图片插入文档。选中图片,单击图片旁边的"布局选项"按钮,在弹出的下拉菜单中选择"四周型环绕"。选中图片,在"图片工具"选项卡下输入图片的宽度和高度。选中图片,将图片拖动到文本第2段文字右侧的合适位置,松开鼠标。

步骤3：选定文档最后空白行,单击"插入"选项卡下"文本框"的下拉菜单按钮,选择"横向",拖曳文本框至合适大小,选定第4段文本,使用快捷键【Ctrl＋X】剪切文本,选中文本框,按快捷键【Ctrl＋V】将内容粘贴到文本框内。选中文本框,单击文本框旁边的"布局选项"按钮,在弹出的下拉菜单中选择"上下型环绕"。选中文本框内文字,在"文本工具"选项卡下设置字体为"楷体",单击"文本填充"下拉菜单按钮,在"标准色"中选择"黄色"(图6.62),单击"文本轮廓"下拉菜单按钮,在"标准色"中选择"蓝色",然后单击"形状样式"按钮,在下拉菜单中选择"主题颜色"为"红色","预设样式"为"无填充-虚线",如图6.63所示。

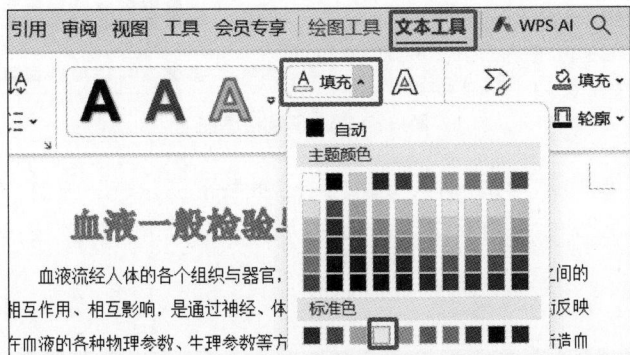

图6.62 设置文本框内文字填充

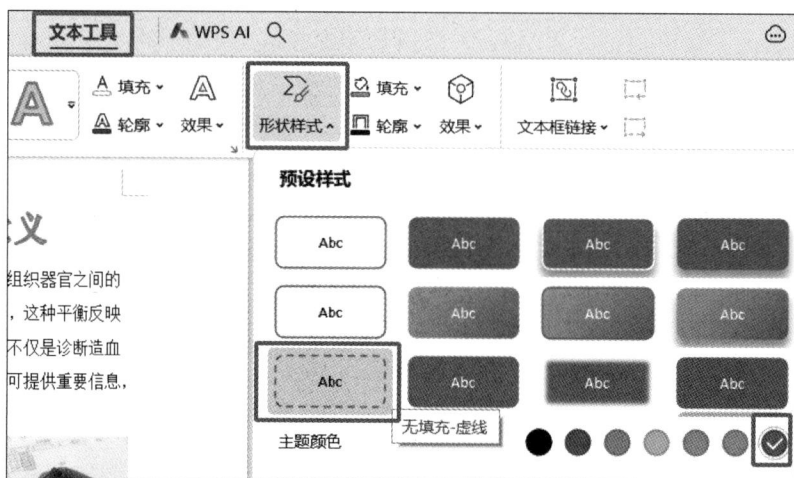

图 6.63　设置文本框形状样式

步骤 4：选定文档最后空白行，单击"插入"选项卡下"形状"的下拉菜单按钮，选择"横卷形"，拖曳形状至合适大小后松开鼠标。选定第 5 段文本，使用快捷键【Ctrl＋X】剪切文本，右击形状，选择"编辑文字"命令，按快捷键【Ctrl＋V】将内容粘贴到形状内。选中形状，选择"绘图工具"选项卡，单击"环绕"下拉菜单按钮中的"嵌入型"。选中形状并至最后一段，在"绘图工具"选项卡的"填充"下拉菜单按钮中选择"主题颜色"为"浅绿，着色 4"，如图 6.64 所示。接着单击"轮廓"下拉菜单按钮，选择"标准色"为"深蓝"。选定形状内文字，在"文本工具"选项卡下单击"加粗"按钮。

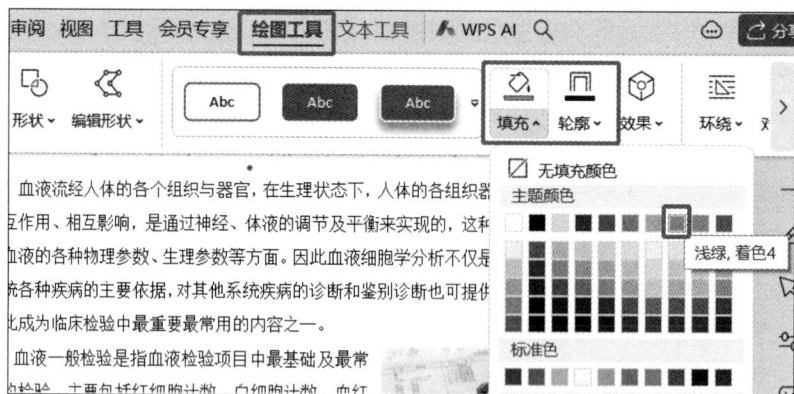

图 6.64　设置形状填充

步骤 5：选定第 3 段，单击"插入"选项卡下"首字下沉"按钮，弹出"首字下沉"对话框，"位置"栏选择"下沉"，在"下沉行数"输入框内填写"2"，单击"确定"按钮，如图 6.65 所示。

2. 进阶提高

通过实践任务，基本掌握了插入图文对象的基本方法，以及如何对图片、形状、文本框等图文对象进行编辑。如遇到以下进阶任务，请思考如何进行操作。

图 6.65　设置首字下沉

进阶任务要求：

（1）打开"屠呦呦团队青蒿素新突破.wps"文档文件，将标题"屠呦呦团队青蒿素新突破"设置为艺术字"填充-白色，轮廓-着色 2，清晰阴影-着色 2"，文本填充为"白色，背景 1"，文本轮廓为"橙色，着色 3，浅色 40％"，并设置着重号。

（2）设置艺术字的形状填充为"钢蓝，着色 1，浅色 40％"，形状轮廓为标准色"紫色"。设置艺术字为"嵌入型"。

（3）第 2 自然段的首字"屠"设置为首字下沉，下沉行数为"3"，字体为"仿宋"，距正文"0.2 厘米"，字体颜色设置为"培安紫，文本 2"，字体加粗。

（4）将"屠呦呦获奖.png""屠呦呦研制.jpg"两张图片插入上述文档空白处中。设置"屠呦呦获奖.png"图片为"四周环绕型"，调整"屠呦呦获奖.png"图片大小的高度为"3.58 厘米"，宽度为"4.29 厘米"，图片位置放置于水平位置"10.3 厘米"，垂直位置"0.04 厘米"。将"屠呦呦研制.jpg"设置为"嵌入型"，图片高度设置为"4.98 厘米"，宽度为"8.50 厘米"，移动该图片到第 2 段下方。

（5）插入形状"云形"至"屠呦呦研制.jpg"图片右侧，将第 3 自然段文字添加进形状。设置形状填充为"巧克力黄，着色 2"，形状轮廓颜色为"RGB(74,56,102)"，文字字体为"楷体"，字号为"12"。

（6）添加"横向"文本框，将最后一个自然段所有文字添加进文本框内，设置字体为"仿宋"，字号为"12"，加粗，设置文本框轮廓为"长画线-短线，1 磅，单线"。完成后保存并关闭文档。

根据以上任务要求，参考操作提示如下：

步骤 1：选定第 1 行标题内容，单击"插入"选项卡下"艺术字"的下拉菜单按钮，在"艺术字预设"中选择名为"填充-白色，轮廓-着色 2，清晰阴影-着色 2"的艺术字。在"文本工具"选项卡下单击"文本填充"下拉菜单按钮，在"主题颜色"中选择"白色，背景 1"，接着单击"文本轮廓"下拉菜单按钮，在"主题颜色"中选择"橙色，着色 3，浅色 40％"。最后选中艺术字内容，右击选择"字体"命令，打开"字体"对话框，选择"着重号"。

步骤2：选定艺术字，单击"形状填充"下拉菜单按钮，在"主题颜色"中选择"钢蓝，着色1，浅色40％"，接着单击"形状轮廓"下拉菜单按钮，在"标准色"中选择"紫色"。选择"绘图工具"选项卡，单击"环绕"下拉菜单按钮下的"嵌入型"。

步骤3：选定第2段，单击"插入"选项卡下"首字下沉"按钮，弹出"首字下沉"对话框，"位置"栏选择"下沉"，"字体"选择"仿宋"，在"下沉行数"输入框内填写"3"，"距正文"输入框内填写"0.2"，单击"确定"按钮，如图6.66所示。然后在"开始"选项卡下选择字体颜色为"培安紫，文本2"，单击"加粗"按钮。

步骤4：选定文档最后空白行，单击"插入"选项卡下"图片"的下拉菜单按钮，选择"本地图片"，将名为"屠呦呦获奖.png"及"屠呦呦研制.jpg"的两张图片插入文档。选中"屠呦呦获奖.png"图片，单击图片旁边的"布局选项"按钮，在弹出的下拉菜单中选择"四周型环绕"。选中图片，在"图片工具"选项卡下取消勾选"锁定纵横比"，输入图片的宽度和高度。然后单击布局的扩展选项按钮打开"布局"对话框，选择"位置"选项卡，"水平"栏的"绝对位置"处输入"10.3"，"垂直"栏的"绝对位置"处输入"0.04"，如图6.67所示。

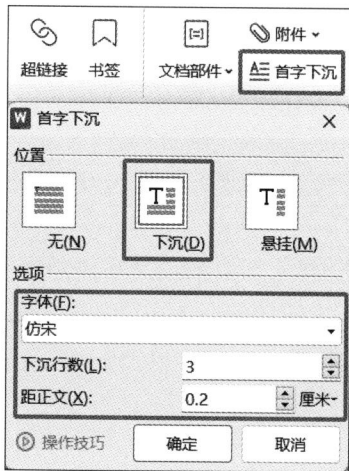

图6.66　设置首字下沉

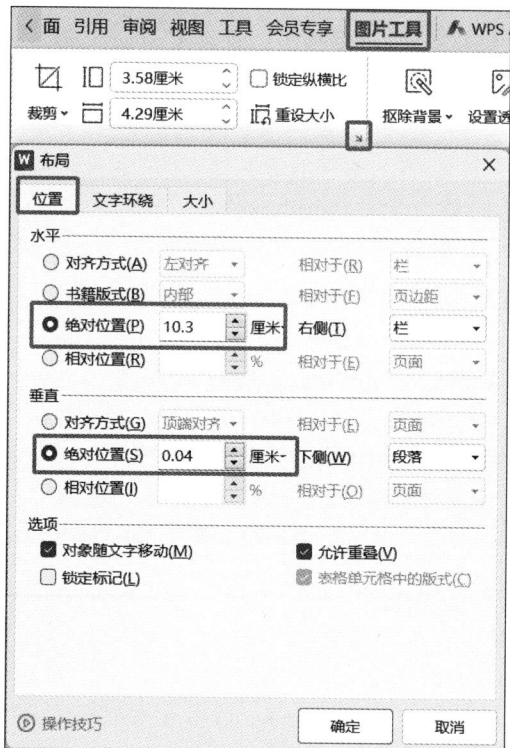

图6.67　设置图片位置

选中"屠呦呦研制.jpg"图片，单击图片旁边的"布局选项"按钮，在弹出的下拉菜单中选择"嵌入型"。选中图片，在"图片工具"选项卡下输入图片的宽度和高度。拖动该图片至第2段下方。

步骤5：单击"插入"选项卡下"形状"的下拉菜单按钮，选择"云形"，在"屠呦呦研制

.jpg"图片右侧拖曳形状至合适大小后松开鼠标。选定第 3 段文本，使用快捷键【Ctrl＋X】剪切文本，右击形状，选择"编辑文字"命令，按快捷键【Ctrl＋V】将内容粘贴到形状内。

选中形状，在"绘图工具"选项卡的"填充"下拉菜单按钮中选择"主题颜色"为"巧克力黄，着色 2"。接着单击"轮廓"下拉菜单按钮，选择"其他边框颜色"，弹出"颜色"对话框，选择"自定义"选项卡，"颜色模式"选择"RGB"，分别在下方输入对应值。选定形状内文字，在"文本工具"选项卡单击"加粗"。然后单击"文本工具"选项卡下，选择文字"字体"为"楷体"，"字号"设置为"12"。

步骤 6：单击"插入"选项卡下"文本框"的下拉菜单按钮，选择"横向"，在最后空白行单击并拖曳文本框至合适大小。选定最后一段文本，使用快捷键【Ctrl＋X】剪切文本，选中文本框，按快捷键【Ctrl＋V】将内容粘贴到文本框内。在"文本工具"选项卡下设置"字体"为"仿宋"，"字号"为"12"，并单击"加粗"按钮。然后单击"轮廓"下拉菜单按钮，选择"更多设置"，弹出"属性"面板，选择"形状选项"选项卡，在"线条"下拉菜单中选择"长画线-短线，1 磅，单线"，如图 6.68 所示。

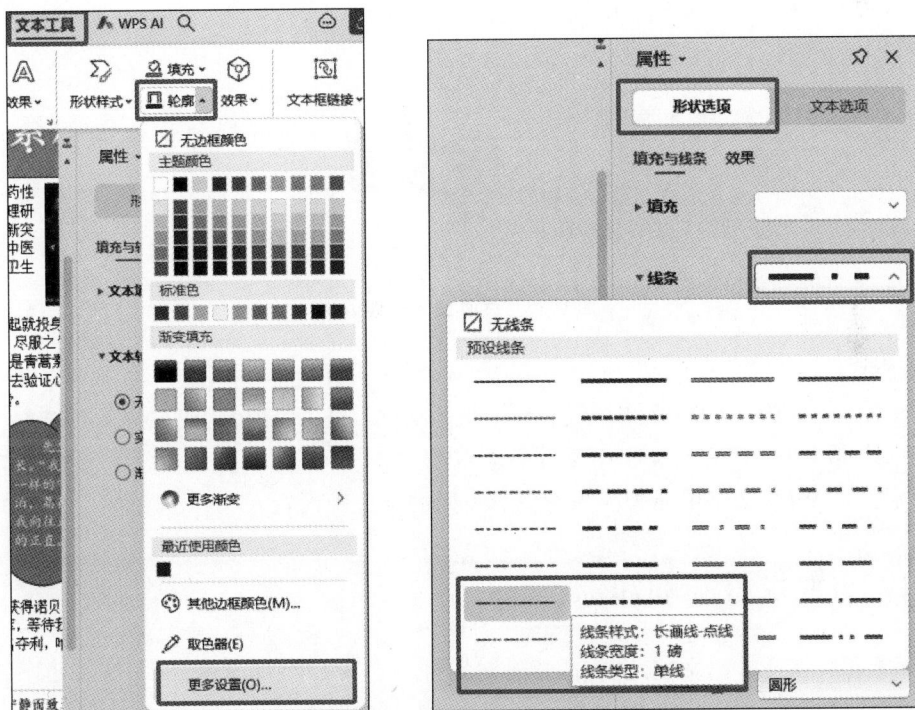

图 6.68　设置文本框轮廓特殊线条

6.5　页面设置

知识目标：

● 掌握页面页边距、纸张以及文字的设置。

- 掌握分栏的设置。
- 掌握页面的边框、背景以及水印的设计。
- 掌握页面中空白页及分隔符的插入方法。

能力目标：
- 能够根据要求设置页面的页边距、纸张与文字。
- 能够根据要求设置分栏、栏宽、间距和分割线。
- 能够合理设计页面边框、背景以及水印。
- 能够快速插入空白行。
- 能够正确插入分隔符及分页符。

素养目标：
- 提高学生积极的岗位就业意识。
- 培养学生的信息素养。
- 培养学生的设计、审美能力。

本节思维导图如图 6.69 所示。

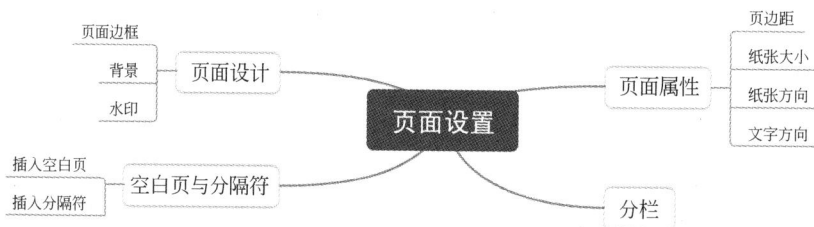

图 6.69　页面设置思维导图

【思考】

问题 1：如何在 WPS 文字中设置页面大小为 A4 纸，并设置为纵向展示？

问题 2：如何在 WPS 文字中设置页边距？

问题 3：WPS 文字中能否实现奇偶页不同的页边距设置？

6.5.1　页面设置基础知识

通常在打印或导出文档之前，需要对文档进行一系列的页面设置，包括页边距、纸张大小、分栏等设置，也可以添加页面边框、背景、水印等页面设计。在打印之前可以对文档进行打印预览，确定文档页面效果后再打印。

1. 页面属性

WPS 文字提供了丰富的页面属性设置，允许用户根据自身需求设置页边距、纸张大小、纸张方向、文字方向。

（1）页边距。页边距可以设置本节文档内容或整篇文档内容与页面之间的距离。在"页面"选项卡中可以直接输入上、下、左、右的边距值进行设置，也可以单击"页边距"按钮选择一种样式的页边距。页边距设置如图 6.70 所示。

如果需要更多的页边距设置,例如添加装订线,可以选择"页边距"按钮下的"自定义页边距"命令,打开"页面设置"对话框,在"页边距"选项卡下进行页边距的更多设置,如图 6.71 所示。

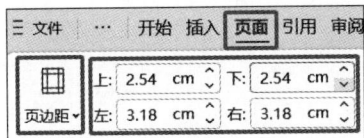

图 6.70　页边距设置

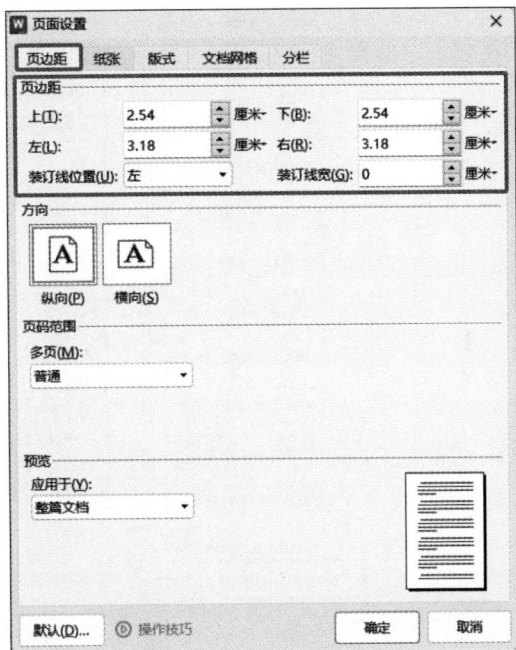

图 6.71　"页面设置"对话框

(2) 纸张大小。办公常用的 A4 纸张大小为 WPS 文字默认纸张大小,用户如果需要调整为其他纸张大小,可以在"页面"选项卡下,单击"纸张大小"按钮,从弹出的下拉菜单中选择所需的纸张大小。用户还可以选择下拉菜单中的"其他页面大小"命令,自定义纸张大小,在弹出的"页面设置"对话框中,在"纸张"选项卡的"纸张大小"栏中选择"自定义大小",在"宽度"和"高度"输入框中输入数值进行相应的设置。纸张大小设置如图 6.72 所示。

(3) 纸张方向。纸张方向设置是对当前页面的纵向和横向布局进行切换。可以在"页面"选项卡下,单击"纸张方向"按钮,从弹出的下拉菜单中选择"横向"或"纵向"。还可以在"页面设置"对话框内的"方向"栏中进行设置。

(4) 文字方向。文字方向设置是为本节、整篇文档或所选文本框以及表格设置文字方向。在"页面"选项卡下,单击"文字方向"按钮,从弹出的下拉菜单中选择一种文字方向,例如"水平方向""垂直方向从右往左"等。还可以在"文字方向"对话框内进行设置。

2. 分栏

分栏可以将文档中的文字内容拆分成两栏或者更多栏,以提高文档的阅读性。单击"页面"选项卡下的"分栏"按钮,可选择"一栏""两栏""三栏""更多分栏"。选择"更多分

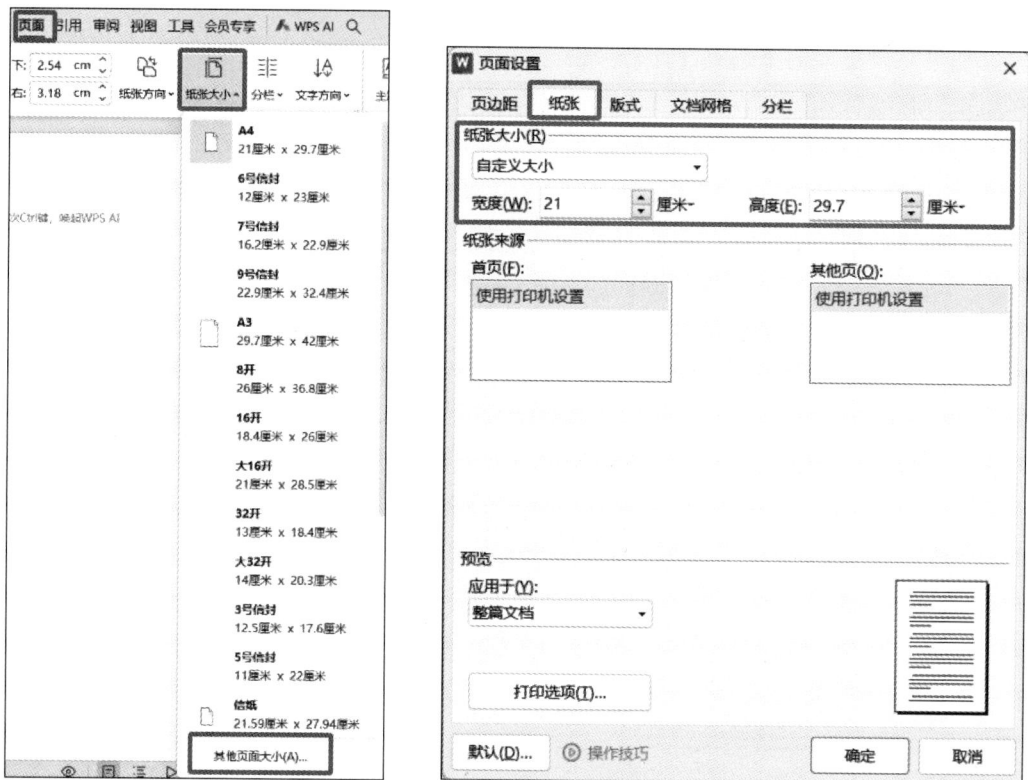

图 6.72　纸张大小设置

栏"可以调出"分栏"对话框,可以对栏数、分隔线、栏宽等进行更多的设置。分栏设置如图 6.73 所示。

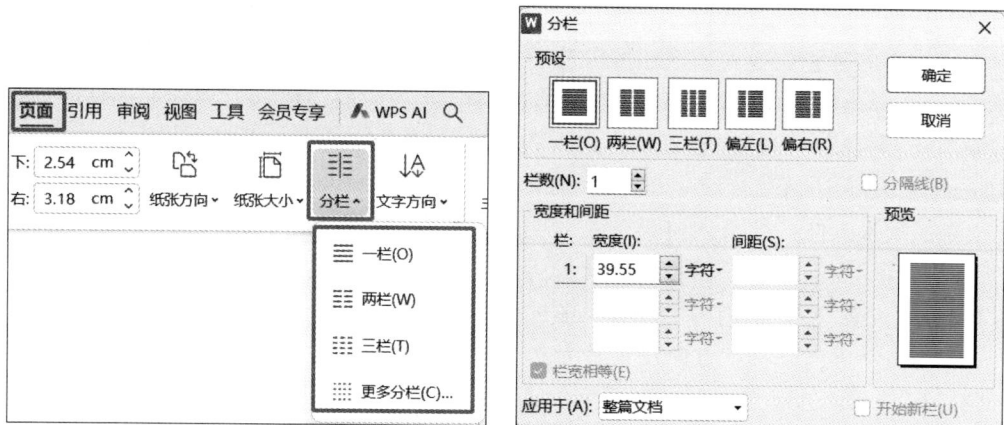

图 6.73　分栏设置

3. 页面设计

(1)页面边框。页面边框设置是为本节或整篇文档设置整个页面的边框。单击"页面"选项卡下的"页面边框"按钮,在打开的"边框和底纹"对话框(图 6.74)中设置线型、颜色、宽度等信息。其中"艺术型"下拉列表框中提供了多种艺术边框。

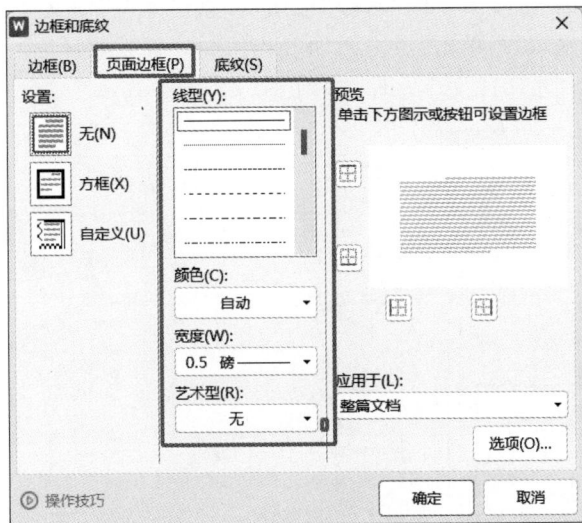

图 6.74 "边框和底纹"对话框

(2) 背景。背景设置是设置文档中页面的背景色,实际是纸张的颜色。单击"页面"选项卡下的"背景"按钮,在下拉菜单中可以选择主题颜色和标准色,选择"其他背景"中的"纹理"或"图案",打开"填充效果"对话框,可设置"渐变""纹理""图案""图片"的填充效果,如图 6.75 所示。

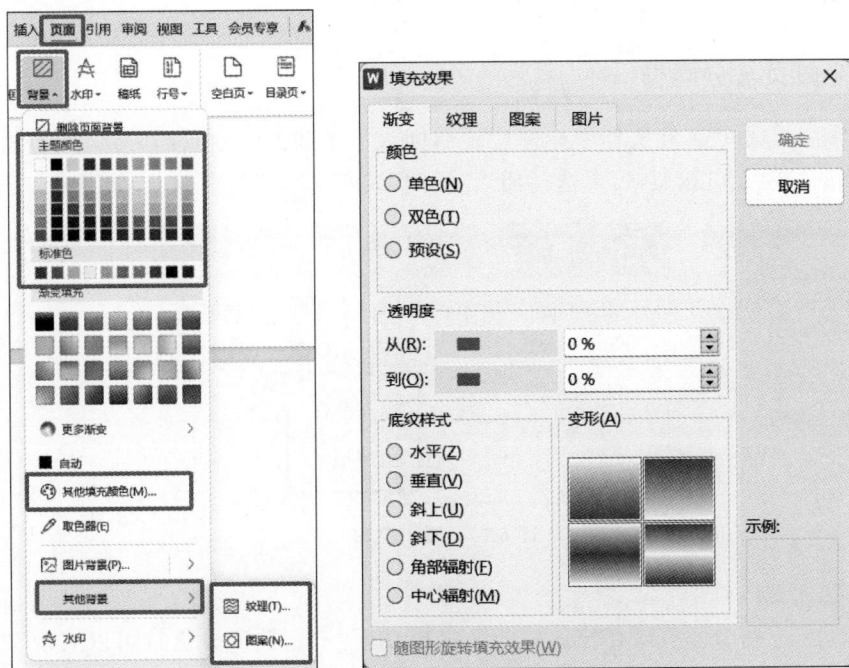

图 6.75 背景设置

（3）水印。水印是在文档页面内容后面添加的虚影文字和图片,通常用于标识文档的特殊性,如"加密""绝密"等。或者标识文档的出处,如添加公司的标识图标、文档制作者信息等。单击"页面"选项卡下的"水印"按钮,可以选择 WPS 文字内置的预设水印,也可以选择在"自定义水印"栏单击"点击添加"或者选择"插入水印"命令,打开"水印"对话框,设置自定义的图片水印或文字水印,如图 6.76 所示。

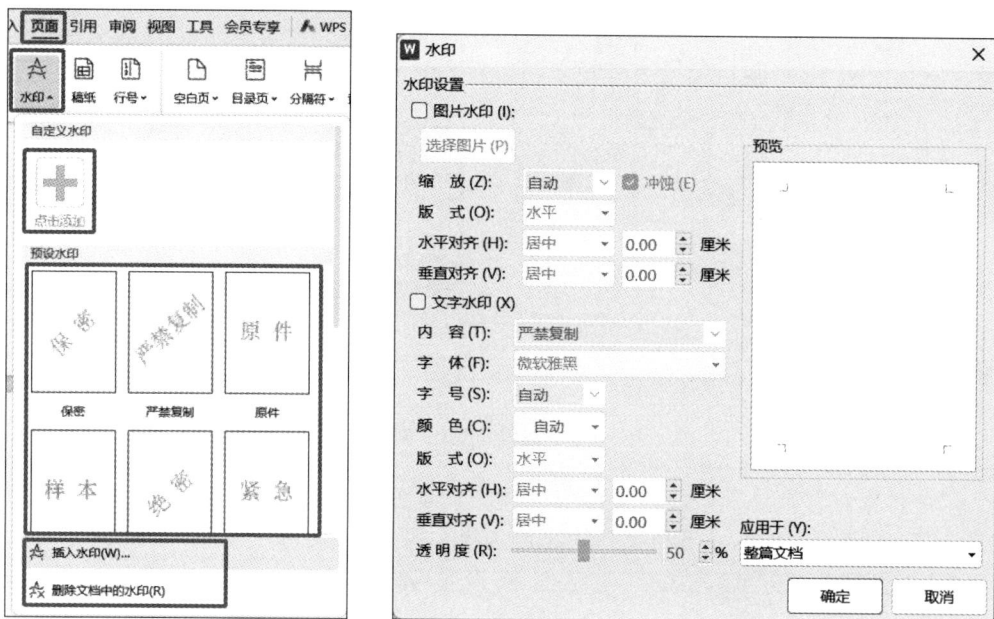

图 6.76　水印设置

4. 空白页与分隔符

（1）插入空白页。在文档中光标位置后插入一个新的空白页的方法为,单击"页面"选项卡下的"空白页"按钮,可以选择插入"竖向"或者"横向"的空白页,如图 6.77 所示。

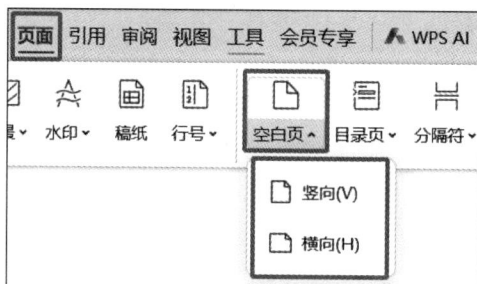

图 6.77　插入空白页

（2）插入分隔符。

- 分页符:将分隔符所在位置后的文本排在下一页,插入分页符可以实现文档的强制分页。

- 分节符：默认情况下，WPS 文字将整篇文档视为一节，采用相同的页面格式，如果在一篇文档中需要采用不同的页边距、页面边框等格式，就需要插入分节符。WPS 文字中的分节符包括四种："下一页分节符"（分节的同时分页）、"连续分节符"（分节但不分页）、"偶数页分节符"（从下一个偶数页上开始新节）、"奇数页分节符"（从下一个奇数页上开始新节）。

通过单击"页面"选项卡下的"分隔符"按钮打开的下拉菜单中，可以选择插入分页符或者分节符，如图 6.78 所示。

图 6.78 插入分隔符

6.5.2 实践任务

1. 基础任务

某高职院校学生已经着手撰写题目为"血液一般检验与疾病诊断意义"的毕业论文文稿，在文稿的编写过程中，需要对文稿页面的页边距、纸张大小、文字方向等页面属性进行设置，对段落进行合理分栏，对页面进行美观设计。页面设置完成的效果如图 6.79 所示。

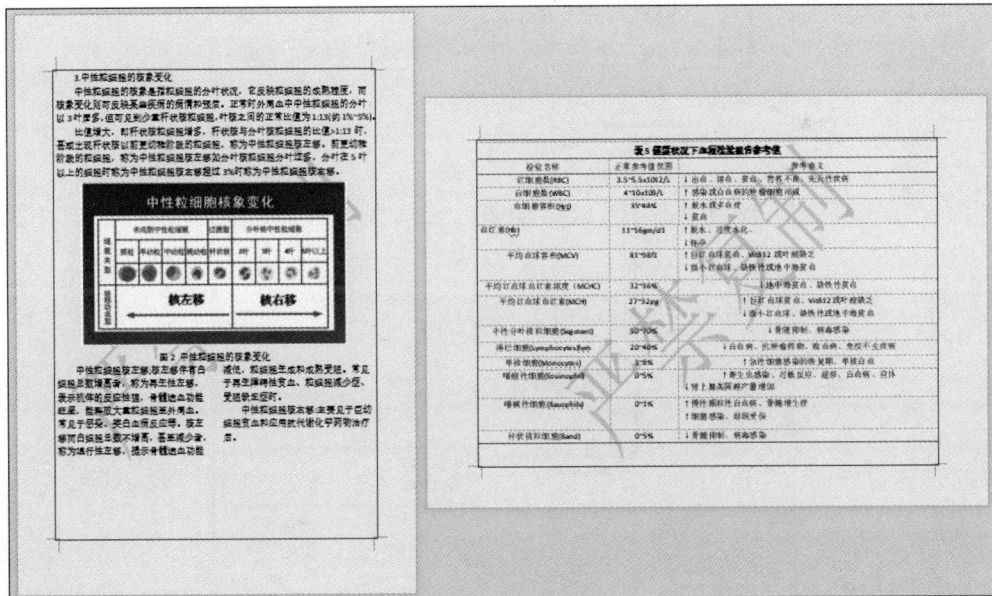

图 6.79 完成效果

具体的任务要求如下：

（1）打开"中性粒细胞的核象变化.wps"文档，设置页边距为"适中"（上下为 2.54 厘米，左右为 1.91 厘米）。设置文字方向为"水平方向"。

（2）设置纸张大小为"16 开"，在文档最后空白处插入一张"横向"的空白页，将纸张方向设置为"横向"，将文档中的表格移动至横向空白页处。

（3）将图片下面的段落设置为分栏，共分为两栏。为页面添加"严禁复制"的预设水印。

（4）设置页面边框线型为"实线"，颜色为标准颜色"蓝色"，宽度为 1.5 磅，应用于整篇文档。

（5）设置页面背景为主题颜色"橙色，着色 3，浅色 80％"。完成后保存并关闭文档。

根据以上任务要求，任务实施具体操作过程如下：

步骤 1：单击"页面"选项卡下的"页边距"按钮，选择"适中"页边距。接下来单击"页面"选项卡下的"文字方向"按钮，选择"水平方向"。

步骤 2：单击"页面"选项卡下的"纸张大小"按钮，选择"16 开"。接下来定位在文档最后空白处，单击"页面"选项卡下的"空白页"按钮，选择"横向"。选定整个表格，使用快捷键【Ctrl＋X】剪切，将光标放置在新的横向空白页，使用快捷键【Ctrl＋V】粘贴。

步骤 3：选定图片下方的段落，单击"页面"选项卡下的"分栏"按钮，选择"两栏"。接下来单击"页面"选项卡下的"水印"按钮，选择"严禁复制"。

步骤 4：单击"页面"选项卡下的"页面边框"按钮，打开"边框和底纹"对话框。接下来在"页面边框"选项卡下选择"线型"为"实线"，"颜色"为"标准颜色"中的"蓝色"，"宽度"选择"1.5 磅"，"应用于"下拉菜单中选择"整篇文档"，如图 6.80 所示。

图 6.80　设置页面边框

步骤 5：单击"页面"选项卡下的"背景"按钮，在弹出的下拉菜单中选择"主题颜色"为"橙色，着色 3，浅色 80％"。

2. 进阶提高

通过实践任务，基本掌握了页边距、纸张大小、文字方向等页面属性的设置方法，能够设置分栏以及对页面进行美观设计。如遇到以下进阶任务，请思考如何进行操作。

进阶任务要求：

（1）打开"血液标本的采集与处理.wps"文档文件，设置上、下页边距为"2.64 厘米"，左右页边距为"2.88 厘米"。装订线位置在左，装订线宽"0.2 厘米"。

（2）将表格上方的文字段落设置为分栏，分为两栏，添加分隔线，栏宽度为"17.76 厘米"，栏间距为"4.03 厘米"。

（3）在表格上方空白处添加一个"下一页分节符"，并将表格所在页面的纸张方向设置为"横向"。

（4）为页面添加一个文字水印，内容为"学院图书馆留存"，字体为"楷体"，颜色为标准颜色"红色"，版式为"倾斜"，透明度为"60％"。

（5）设置页面背景为填充图案"小棋盘"，前景为"白色，背景 1"，背景为"白色，背景 1，深色 15％"。设置页面边框的艺术型如图 6.81 所示，应用于整篇文档。完成后保存并关闭文档。

根据以上任务要求，参考操作提示如下：

步骤 1：打开名为"中性粒细胞的核象变化.wps"的文档，单击"页面"选项卡下的"页边距"按钮，在下拉菜单中选择"自定义页边距"命令，打开"页面设置"对话框。在"页边距"选项卡下的"页边距"栏中输入上、下、左、右页边距的值，在"装订线位置"的下拉菜单中选择"左"，"装订线宽"输入"0.2 厘米"，如图 6.82 所示。

图 6.81　艺术型样式　　　　　　图 6.82　自定义页面设置

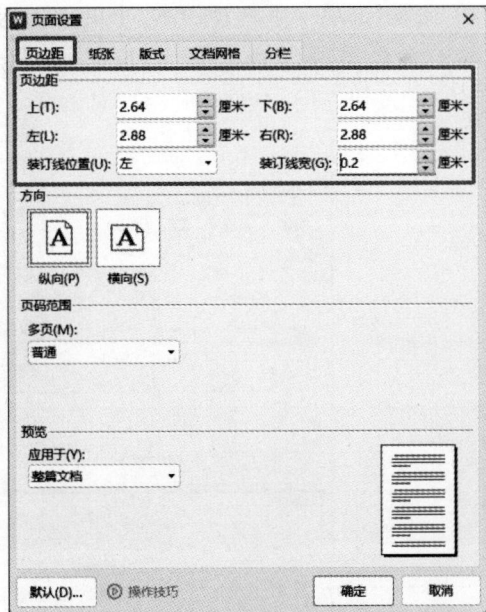

步骤 2：选定表格上方的段落，单击"页面"选项卡下的"分栏"按钮，选择"更多分栏"，打开"分栏"对话框，在"预设"栏选择"两栏"，勾选"分隔线"，在"宽度和间距"栏输入栏宽度值以及间距值，如图 6.83 所示。

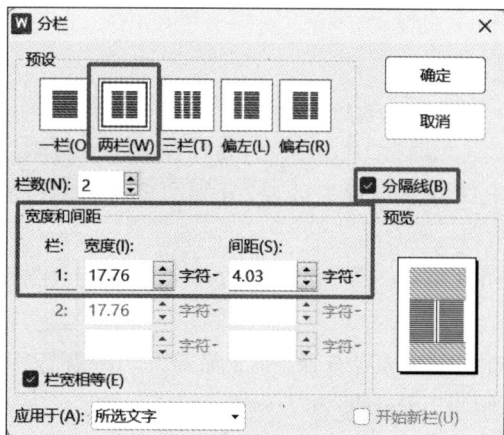

图 6.83　更多分栏设置

步骤 3：选定表格上方的空白处，单击"页面"选项卡下的"分隔符"按钮，选择"下一页分节符"。选定表格所在页，单击"页面"选项卡下的"纸张方向"按钮，选择"横向"。

步骤 4：单击"页面"选项卡下的"水印"按钮，选择"插入水印"，打开"水印"对话框，勾选"文字水印"，输入内容，选择字体为"楷体"，选择"颜色"为"标准颜色"中的"红色"，"版式"选择"倾斜"，"透明度"输入"60％"。

步骤 5：单击"页面"选项卡下的"背景"按钮，选择"其他背景"→"图案"，打开"填充效果"对话框，在"图案"选项卡下选择图案"小棋盘"，"前景"选择"白色，背景 1"，"背景"选择"白色，背景 1，深色 15％"，单击"确定"按钮，如图 6.84 所示。接下来单击"页面"选项卡下的"页面边框"按钮，打开"边框和底纹"对话框，选择要求样式的艺术型，单击"确定"按钮，如图 6.85 所示。

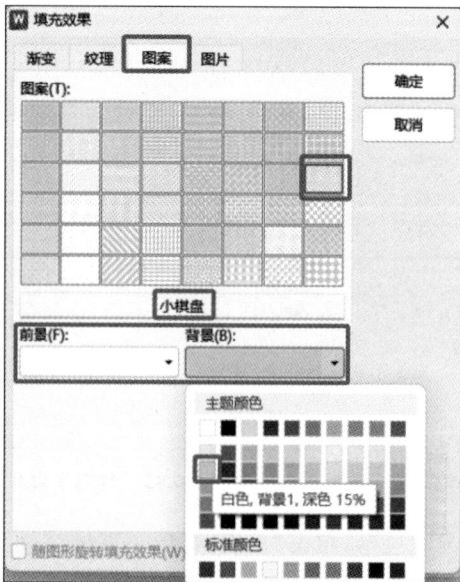

图 6.84　设置背景图案

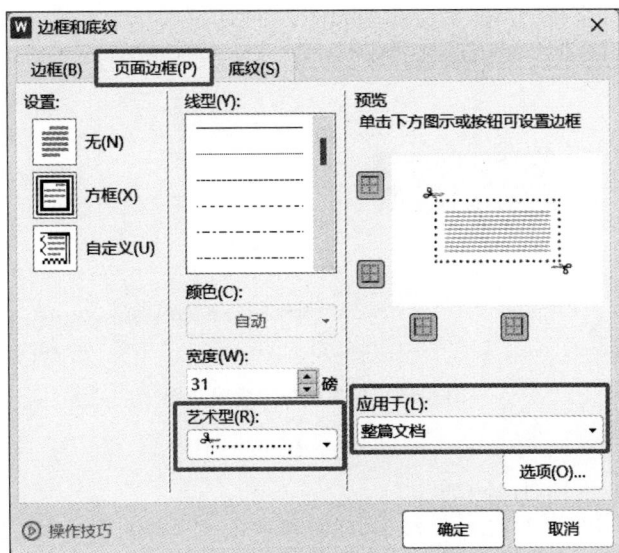

图 6.85　设置页面边框艺术型

6.6　长文档编排

知识目标：

- 掌握页眉、页脚及页码的设置。
- 掌握脚注、尾注和题注的插入方法。
- 掌握样式的插入、修改和新建。
- 掌握目录的插入、更新和删除。

能力目标：

- 能够根据要求设置页眉、页脚及页码。
- 能够合理插入脚注、尾注和题注。
- 能够快速编辑并应用字符和段落的样式。
- 能够正确插入、更新目录。

素养目标：

- 提高学生积极的岗位就业意识。
- 培养学生的信息素养和严谨的工作态度。
- 培养学生的设计、审美能力。

本节思维导图如图 6.86 所示。

【思考】

问题 1：WPS 文字如何添加页码？

问题 2：在平时阅读浏览中，有哪些脚注和尾注的应用案例？

问题 3：如何快速为长文档添加目录？

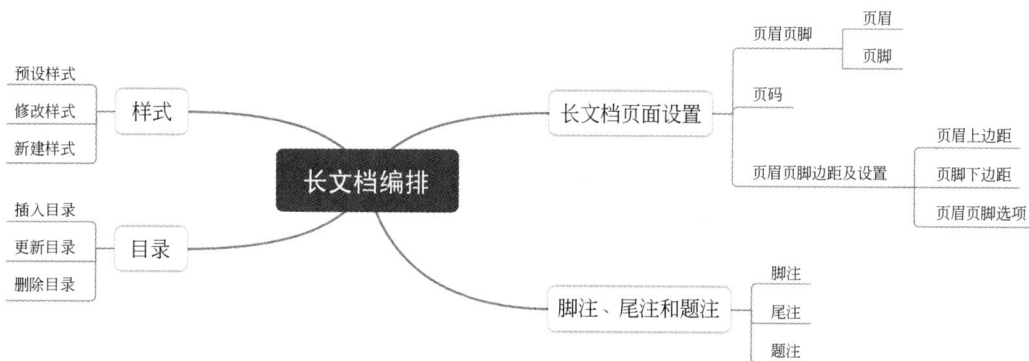

图 6.86　长文档编排思维导图

6.6.1　长文档编排基础知识

通常对篇幅较长的文档,需要标注页眉、页脚及页码,文档部分内容需要通过脚注、尾注或者题注等进行引用,对各级标题以及正文进行统一样式的设置,并对应生成目录,方便长文档的定位及阅读。

1. 长文档页面设置

(1)页眉和页脚。页眉和页脚可以在每页顶部或底部重复内容,常用于展示标题、作者信息等。可以通过单击"插入"选项卡下的"页眉页脚"按钮,或者"页面"选项卡下的"页眉页脚"按钮,进入"页眉页脚"选项卡进行设置,如图 6.87 所示。单击"关闭"按钮可以结束"页眉页脚"选项卡的设置。

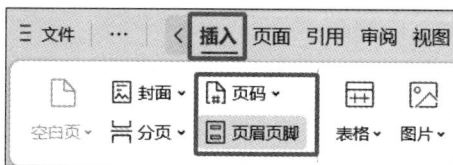

图 6.87　进入"页眉页脚"选项卡方法

插入页眉页脚:在"页眉页脚"选项卡中单击"页眉"的下拉菜单按钮,可以选择并插入一种页眉内置样式,例如"空白页眉""奥斯汀页眉"等,可以通过"编辑页眉"进行页眉内容的编辑。选择"删除页眉"命令可以删除插入的页眉。页脚的插入、编辑以及删除方法与页眉操作相同。

(2)页码。页码用于明确当前所在的页数,可以通过单击"插入"选项卡或者"页面"选项卡下的"页码"按钮,进入"页眉页脚"选项卡,进行页码设置。或者直接单击"页码"下拉菜单按钮,可以选择一种页码的"预设样式",如图 6.88 所示。选择"页码"命令打开"页码"对话框,可以设置页码的样式、位置、页码编号等,如图 6.89 所示。选择"删除页码"命令可以删除插入的页码。

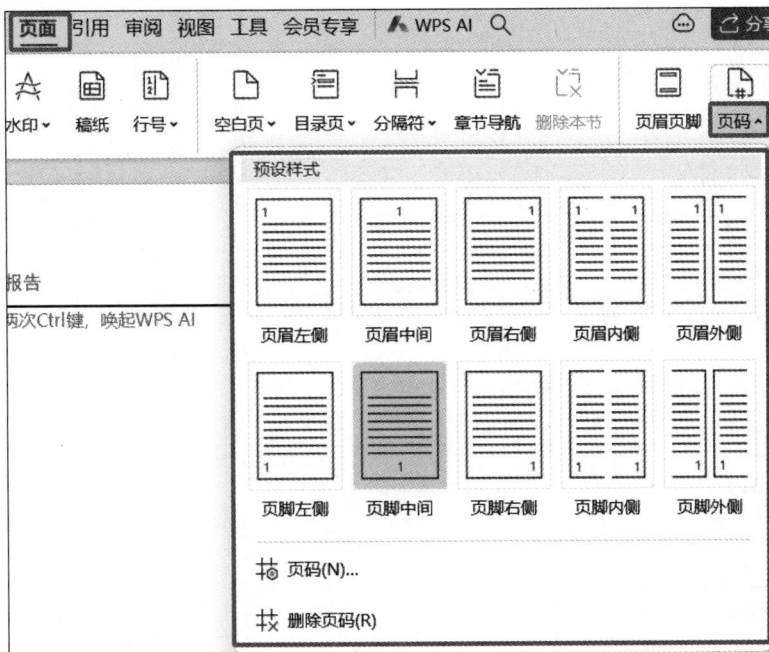

图 6.88　插入页码

（3）页眉页脚边距及设置。

- 页眉上边距和页脚下边距：指定页眉或页脚区域的高度。在"页眉页脚"选项卡中的"页眉上边距""页脚下边距"中输入相应的值进行设置。
- 页眉页脚选项：在"页眉页脚"选项卡中单击"页眉页脚选项"，打开"页眉/页脚设置"对话框，可以选择"首页不同""奇偶页不同"等页面不同设置，设置显示页眉横线，或设置页眉/页脚同前节等。

2. 样式

样式是一系列字符格式和段落格式的集合，便于快捷编排文档。WPS 文字中包含多种可应用于文档的预设样式，可供用户直接使用。此外还

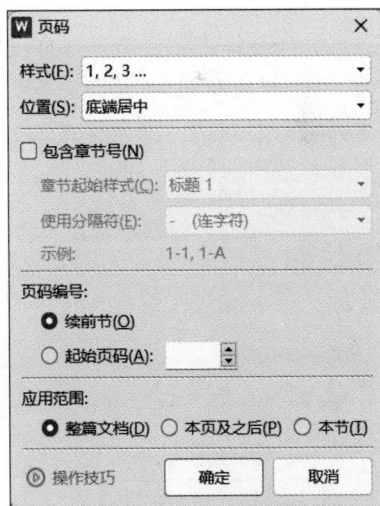

图 6.89　页码设置

可以在预设样式的基础上进行修改并保存为所需样式，用户还可以根据需求创建自定义样式。

（1）预设样式。选定需设置样式的文本或段落，选择"开始"选项卡，单击"样式"的下拉菜单按钮，选择一种预设样式，如图 6.90 所示。或者单击"样式和格式"组右下角的对话框启动按钮，打开"样式和格式"任务窗格，选择应用预设样式，如图 6.91 所示。

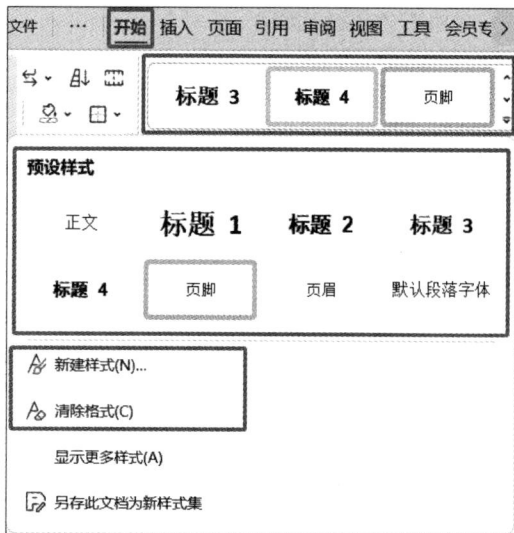

图 6.90 应用预设样式

图 6.91 "样式和格式"任务窗格

（2）修改样式。使用预设样式时，如果对某些格式有其他要求，可以进行预设样式的修改。在"样式和格式"任务窗格中选择需要修改的预设样式并右击，在弹出的快捷菜单中选择"修改"，打开"修改样式"对话框，修改其中的属性，分别如图 6.92 和图 6.93 所示。

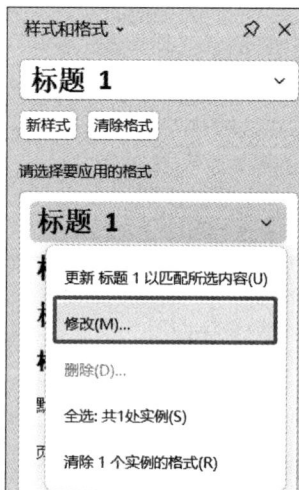

图 6.92 修改样式

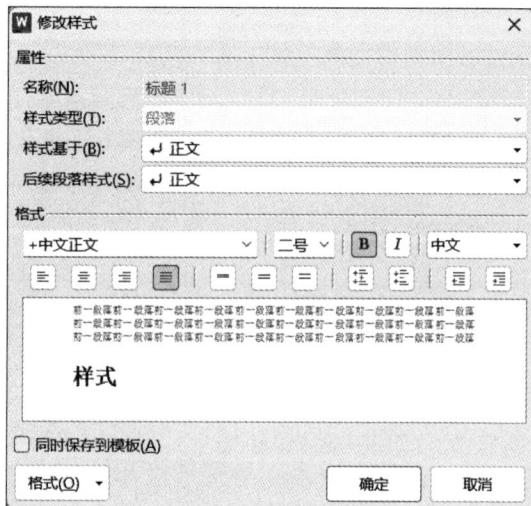

图 6.93 修改样式设置

（3）新建样式。在"样式和格式"任务窗格中单击"新样式"按钮，或者在"样式"下拉菜单中选择"新建样式"，打开"新建样式"对话框，设置新建样式的属性和格式，分别如

图 6.94 和图 6.95 所示。

图 6.94　新建样式

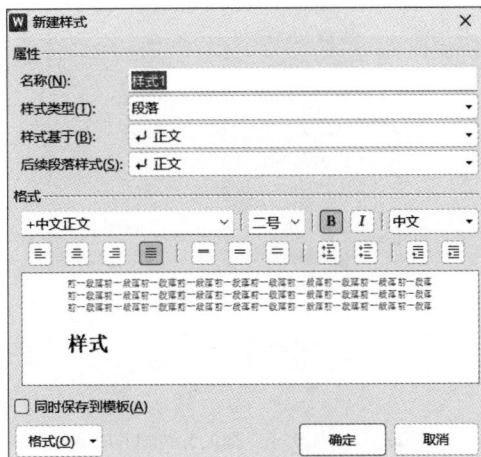

图 6.95　新建样式设置

- "名称"：新建样式的名称。
- "样式类型"：选择字符样式或者段落样式。
- "样式基于"：新建样式的格式参照来源。
- "后续段落样式"：应用新建样式的段落换行后，下一段落是否延续该新建样式，或应用其他样式。

3. 脚注、尾注和题注

（1）脚注。脚注在页面底部添加注释，以提供文档中某些内容的更多信息。可以通过单击"引用"选项卡下的"插入脚注"按钮实现。同一页面上可以插入多个脚注，WPS 文字根据脚注在文档中的位置，会自动调整顺序和编号。

（2）尾注。尾注出现在文档的末尾，用于添加注释，如备注或引用文献，提供有关文档内容的更多信息。指向尾注的上标数字将添加到文本中。可以通过单击"引用"选项卡下的"插入尾注"按钮实现。插入脚注、尾注如图 6.96 所示。如需设置脚注、尾注所在位置，脚注布局，编号格式等信息，可以通过单击"引用"选项卡"脚注和尾注"组右下角的对话框启动按钮，打开"脚注和尾注"对话框进行设置，如图 6.97 所示。

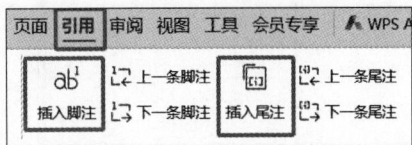

图 6.96　插入脚注、尾注

（3）题注。题注为图片或表格对象添加名称和编号，用于描述该对象。通常这些对象是顺序的，并且带有相应的编号标识说明文字。使用 WPS 文字的题注功能可以实现编号的自动调整，当中间插入或删除对象时，其编号顺序会相应发生变化，避免手动编号易出错的问题。选中需要添加题注的对象，单击"引用"选项卡下的"题注"按钮，打开"题注"对话框完成设置，如图 6.98 所示。

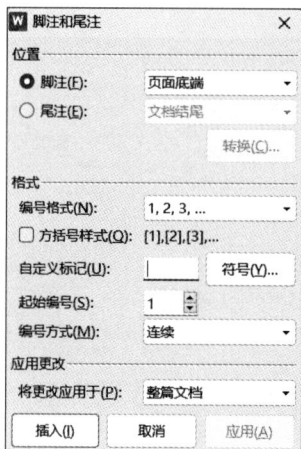

图 6.97 "脚注和尾注"对话框

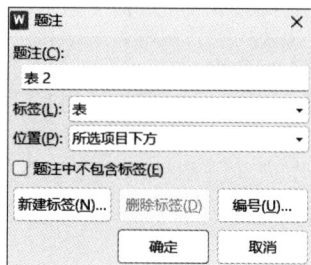

图 6.98 "题注"对话框

4. 目录

目录就是文档中各级标题的列表,通常放在文档前面。通过目录可以浏览文档中所有的主题信息,方便了解整个文档结构,便于快速定位到指定内容位置。

(1)插入目录。为所选段落设置目录级别后可添加自动目录,无须设置目录级别即可添加智能目录。单击"引用"选项卡下的"目录"按钮,在下拉菜单中选择一种"智能目录"或者"自动目录",插入目录;或者选择"自定义目录",打开"目录"对话框,对插入目录的级别、制表符前导符等进行自定义设置,如图 6.99 所示。

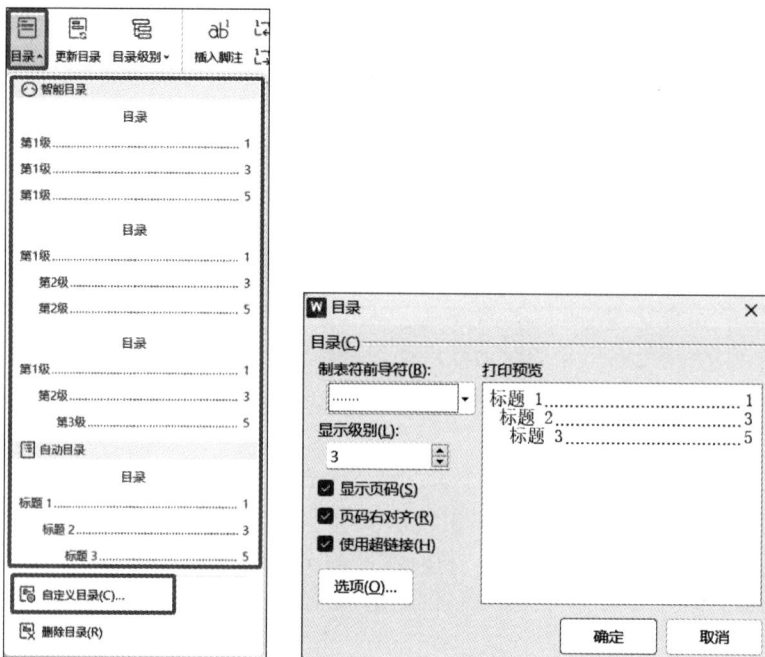

图 6.99 插入目录

(2) 更新目录。当文档内容或者标题发生变化时,需更新已插入的目录。选定目录任意处,右击选择“更新目录”。或者单击“引用”选项卡下的“更新目录”按钮实现。

(3) 删除目录。单击“引用”选项卡下的“目录”按钮,在下拉菜单中选择“删除目录”,即可删除当前光标所在目录。

6.6.2 实践任务

1. 基础任务

某高职院校学生已经着手撰写题目为“血液一般检验与疾病诊断意义”的毕业论文文稿,在文稿的编写过程中,需要为文档添加页眉、页脚和页码,为文档部分内容插入尾注,修改并应用样式,插入目录。长文档编排完成的效果如图 6.100 所示。

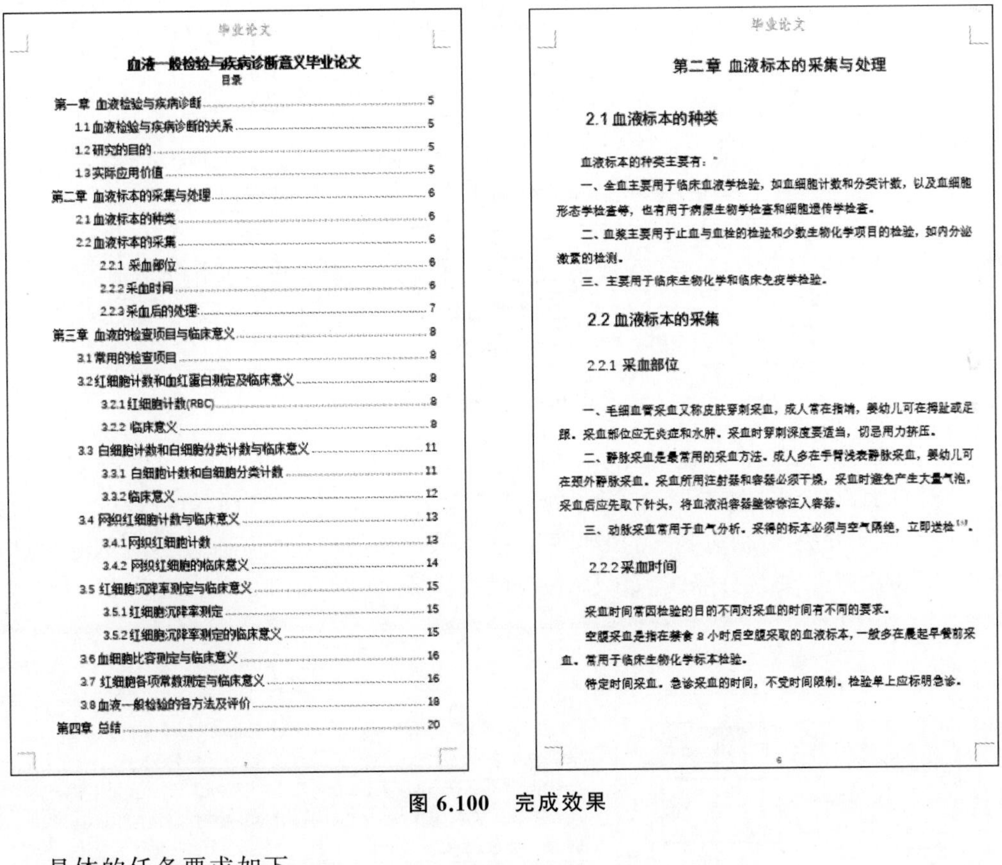

毕业论文

血液一般检验与疾病诊断意义毕业论文

目录

第一章 血液检验与疾病诊断 …… 5
1.1 血液检验与疾病诊断的关系 …… 5
1.2 研究的目的 …… 5
1.3 实际应用价值 …… 5
第二章 血液标本的采集与处理 …… 6
2.1 血液标本的种类 …… 6
2.2 血液标本的采集 …… 6
2.2.1 采血部位 …… 6
2.2.2 采血时间 …… 6
2.2.3 采血后的处理 …… 7
第三章 血液的检查项目与临床意义 …… 8
3.1 常用的检查项目 …… 8
3.2 红细胞计数和血红蛋白测定及临床意义 …… 8
3.2.1 红细胞计数(RBC) …… 8
3.2.2 临床意义 …… 8
3.3 白细胞计数和白细胞分类计数与临床意义 …… 11
3.3.1 白细胞计数和白细胞分类计数 …… 11
3.3.2 临床意义 …… 12
3.4 网织红细胞计数与临床意义 …… 13
3.4.1 网织红细胞计数 …… 13
3.4.2 网织红细胞的临床意义 …… 14
3.5 红细胞沉降率测定与临床意义 …… 15
3.5.1 红细胞沉降率测定 …… 15
3.5.2 红细胞沉降率测定的临床意义 …… 15
3.6 血细胞比容测定与临床意义 …… 16
3.7 红细胞各项常数测定与临床意义 …… 16
3.8 血液一般检验的各方法及评价 …… 18
第四章 总结 …… 20

7

毕业论文

第二章 血液标本的采集与处理

2.1 血液标本的种类

血液标本的种类主要有:

一、全血主要用于临床血液学检验,如血细胞计数和分类计数,以及血细胞形态学检查等,也有用于病原生物学检查和细胞遗传学检查。

二、血浆主要用于止血与血栓的检验和少数生物化学项目的检验,如内分泌激素的检测。

三、主要用于临床生物化学和临床免疫学检验。

2.2 血液标本的采集

2.2.1 采血部位

一、毛细血管采血又称皮肤穿刺采血,成人常在指端,婴幼儿可在拇趾或足跟。采血部位应无炎症和水肿。采血时穿刺深度要适当,切忌用力挤压。

二、静脉采血是最常用的采血方法。成人多在手臂浅表静脉采血,婴幼儿可在颈外静脉采血。采血所用注射器和容器必须干燥,采血时避免产生大量气泡,采血后应先取下针头,将血液沿容器壁徐徐注入容器。

三、动脉采血常用于血气分析。采得的标本必须与空气隔绝,立即送检[3]。

2.2.2 采血时间

采血时间常因检验的目的不同对采血的时间有不同的要求。

空腹采血是指在禁食 8 小时后空腹采取的血液标本,一般多在晨起早餐前采血。常用于临床生物化学标本检验。

特定时间采血。急诊采血的时间,不受时间限制。检验单上应标明急诊。

6

图 6.100 完成效果

具体的任务要求如下:

(1) 打开“血液一般检验与疾病诊断意义毕业论文.wps”文档,为文档页面添加一个“空白页眉”,编辑页眉内容为“毕业论文”,页眉字体为“仿宋”,四号字,居中对齐。在页脚中间插入页码。

(2) 为文档中黄色突出显示的内容分别添加尾注,尾注内容为“参考文献.wps”文档内容,按照顺序依次将每条文献插入尾注,取消尾注分隔线。

（3）将文档中的"正文"样式修改为"宋体，小四号字"并让文档中的正文应用此样式。修改"标题1"的样式为"黑体，三号字，居中"，让文档中所有的章节标题（例如"第一章 血液检验与疾病诊断"）应用修改后的"标题1"样式。修改"标题2"的样式为"黑体，小三号字，居左"，让文档中所有的二级标题（例如"1.2 研究的目的"）应用修改后的"标题2"样式。修改"标题3"的样式为"黑体，四号字，居左"，让文档中所有的三级标题（例如"2.2.1 采血部位"）应用修改后的"标题3"样式。

（4）在文档首页，论文标题下面空白处插入自动目录。完成后保存并关闭文档。

根据以上任务要求，任务实施具体操作过程如下：

步骤1：单击"插入"选项卡下的"页眉页脚"按钮或者"页面"选项卡下的"页眉页脚"按钮，进入"页眉页脚"选项卡，单击"页眉"按钮，在下拉菜单中选择"空白页眉"的内置样式，单击插入该页眉，然后在页面的页眉编辑框中输入"毕业论文"。选中页眉文字，在浮动面板中将"字体"设置为"仿宋"，"字号"选择"四号"，单击"居中对齐"按钮，如图6.101所示。接下来单击"页码"按钮，在下拉菜单中选择"页脚中间"，插入页码。

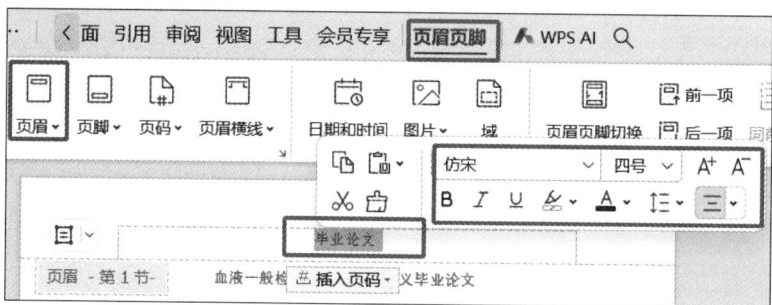

图6.101　编辑页眉

步骤2：选定文档中黄色突出显示的文本内容，单击"引用"选项卡下的"插入尾注"按钮，此时页面跳转到文档末尾，在光标处将"参考文献.wps"文档中的第一段内容粘贴到此处。参照此方法，分别为剩下的突出显示文本依次添加对应的尾注。然后单击"引用"选项卡下的"脚注/尾注分隔线"隐藏尾注分隔线。插入尾注如图6.102所示。

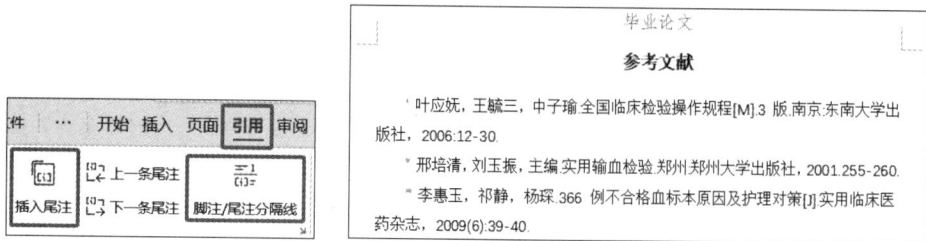

图6.102　插入尾注

步骤3：单击"开始"选项卡下"样式"的下拉菜单按钮，右击"正文"样式，选择"修改样式"，打开"修改样式"对话框，在"格式"栏中选择"宋体""小四"，取消字形加粗，单击"确定"按钮，如图6.103所示。然后右击"正文"样式，选择"更新正文以匹配所选内容"。接下来单击"开始"选项卡下"样式"的下拉菜单按钮，右击"标题1"样式，选择"修改样式"，打开"修改样式"对话框,在"格式"栏中选择"黑体""三号字",对齐方式选择"居中",单击"确定"按钮。然后依次选定文档中所有的章节标题,单击应用"标题1"样式。参照此方法,分别设置"标题2"以及"标题3"的样式并将对应的文档标题应用于对应的样式。

步骤4:单击"引用"选项卡下的"目录"按钮,在下拉菜单中选择"自动目录",如图6.104所示。

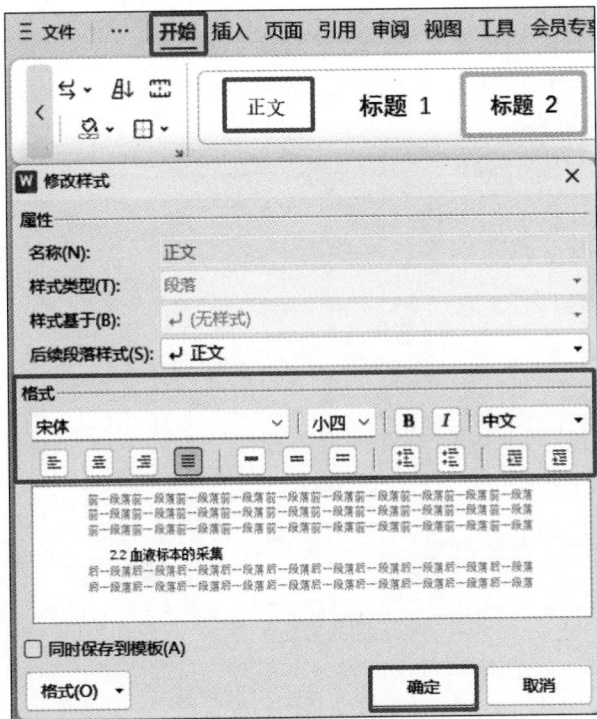

图 6.103　修改样式

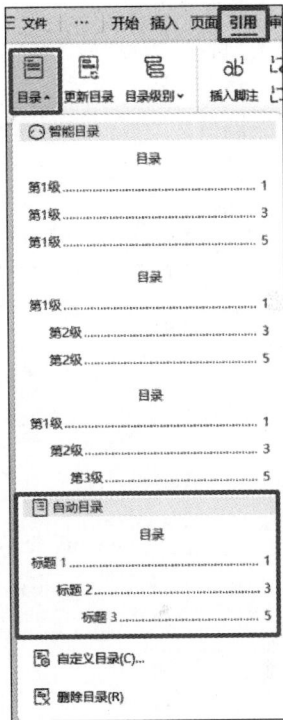

图 6.104　插入目录

2. 进阶提高

通过实践任务,基本掌握了页眉、页脚及页码的插入方法,能够对文档内容插入尾注,修改样式,插入目录等。如遇到以下进阶任务,请思考如何进行操作。

进阶任务要求:

(1) 打开"毕业论文模板.wps"文档,为文档添加页码。在页脚中间插入样式为"Ⅰ,Ⅱ,Ⅲ…"的页码,位置为"双面打印2",应用范围为"本页",删除首页页码。页面第4页开始设置页码样式为"1,2,3…",并从1开始标号,位置为"双面打印2",应用范围为"本页及之后"。设置页脚下边距为"2厘米"。

(2) 新建一个样式,名称为"参考文献",样式类型为"段落",样式基于"正文",设置其格式为"黑体""三号""居中""单倍行距",段前"24磅",段后"18磅"。将该样式应用于文章中的"参考文献"标题。

(3) 目录页设置中文字体为"宋体",西文字体为"Times New Roman",字号为"小四",更新文档目录。

（4）为文档中的图片添加题注，第 1 张图片添加题注"图 1 外周血中常见的红细胞形态异常情况"，标签为"图"，位置为"所选项目下方"；第 2 张图片添加题注"图 2 中性粒细胞的核象变化"，标签为"图"，位置为"所选项目下方"。完成后保存并关闭文档。

根据以上任务要求，参考操作提示如下：

步骤 1：打开名为"毕业论文模板.wps"的文档，单击"插入"选项卡下的"页码"按钮，在下拉菜单中选择"页码"，打开"页码"对话框，在"样式"下拉菜单中选择"Ⅰ，Ⅱ，Ⅲ…"，单击"确定"按钮，如图 6.105 所示。选中首页的页码，单击"删除页码"按钮，在下拉列表中选择"本页"。接下来选中页面 2 的页码，单击"页码设置"按钮，"位置"选择"双面打印2"，"应用范围"选中"本节"，如图 6.106 所示。

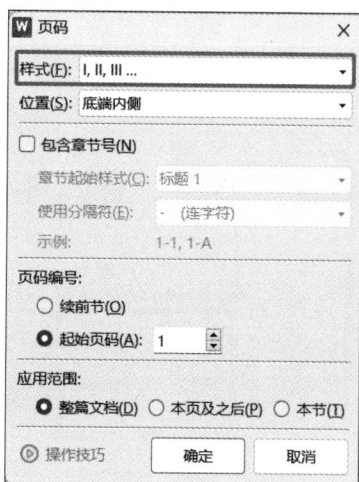

图 6.105 "页码"对话框

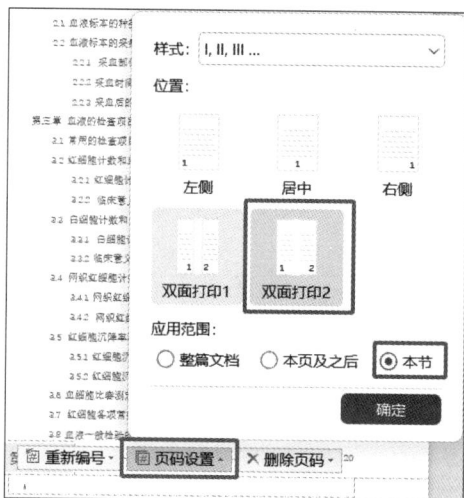

图 6.106 页码设置

选中页面 4 的页码，单击"重新编号"按钮，"页码编号"设为"1"。单击"页码设置"按钮，在"样式"下拉菜单中选择"1，2，3…"，"位置"选择"双面打印 2"，"应用范围"选中"本页及之后"。在"页眉页脚"选项卡下的"页脚下边距"输入框中输入"2 厘米"，最后单击"关闭"按钮。

步骤 2：单击"开始"选项卡下"样式"的下拉菜单按钮，选择"新建样式"命令，打开"新建样式"对话框。按照要求填写样式属性，在"格式"栏中选择"黑体""三号""居中"。然后单击左下角的"格式"按钮，打开"段落"对话框，输入段前和段后间距，"行距"选择"单倍行距"，依次单击"确定"按钮，如图 6.107 所示。选定文档中参考文献标题，单击"开始"选项卡下"样式"的下拉菜单按钮，选择"参考文献"，应用样式。

步骤 3：选定目录，右击"字体"，打开"字体对话框"，分别选择中文字体和西文字体，"字号"选择"小四"，单击"确定"按钮。然后在"引用"选项卡下单击"更新目录"，或者直接在目录上方单击"更新目录"按钮，打开"更新目录"对话框，选择"更新整个目录"。

步骤 4：选定文档中的第 1 张图片，单击"引用"选项卡下的"题注"按钮，打开"题注"对话框，接着在"题注"输入框中的"图 1"后面输入"外周血中常见的红细胞形态异常情况"，在"标签"下拉列表中选择"图"，在"位置"下拉列表中选择"所选项目下方"，单击"确

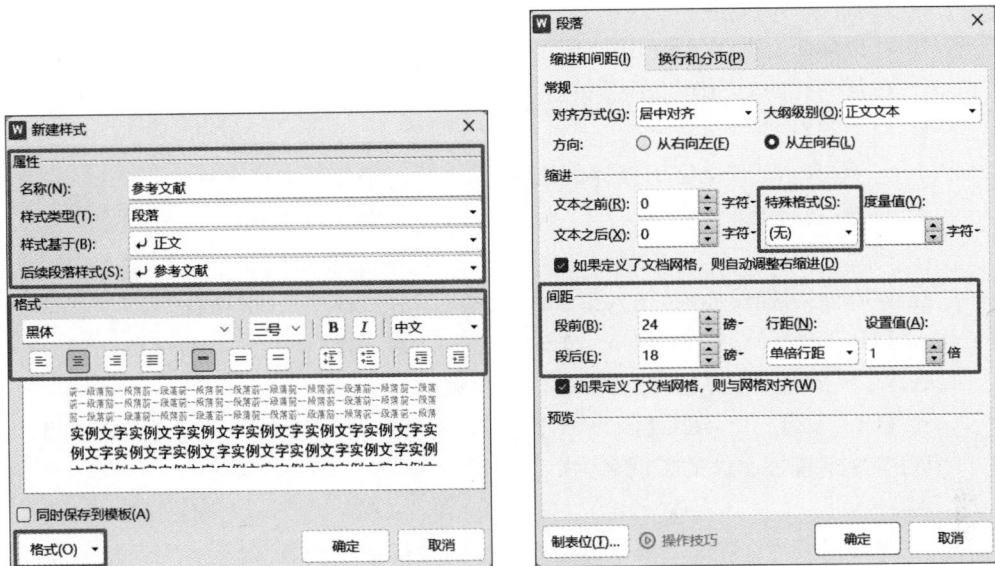

图 6.107 新建样式

定"按钮，如图 6.108 所示。然后选定文档中第 2 张图片，单击"引用"选项卡下的"题注"按钮，打开"题注"对话框，接着在"题注"输入框中的"图 2"后面输入"中性粒细胞的核象变化"，在"标签"下拉列表中选择"图"，在"位置"下拉列表中选择"所选项目下方"，单击"确定"按钮。

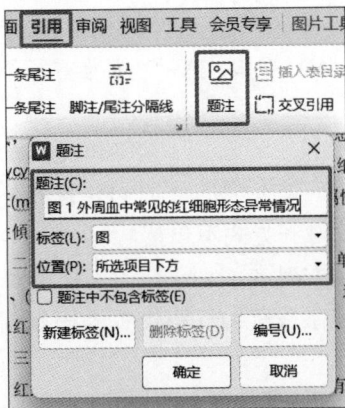

图 6.108 插入题注

练 习 题

一、单选题

1. WPS 文字的启动方法包括（　　）。

A. 通过"开始"菜单

B. 双击桌面上的 WPS Office

C. 在任务栏的"快速启动区"单击 WPS Office 图标

D. 以上都对

2. ( )位于 WPS 文字工作界面的顶端,主要用于显示文档名称。

A. 标题栏 B. 快速访问工具栏

C. 状态栏 D. 功能选项卡

3. 在 WPS 文字操作界面,输入第一段正文文本后,按( )键换行。

A.【Home】 B.【Enter】 C.【End】 D.【Insert】

4. 在 WPS 文字操作界面,撤销操作的快捷键是( )。

A.【Ctrl+Z】 B.【Ctrl+C】 C.【Ctrl+X】 D.【Ctrl+Y】

5. WPS 文字模板文件的扩展名为( )。

A. .txt B. .pdf C. .wps D. .pptx

6. 在 WPS 文字中,将选中的字体变成粗体的操作是( )。

A. 单击"字体"按钮,然后选择"粗体"

B. 单击"段落"按钮,然后选择"加粗"

C. 单击"样式"按钮,然后选择"粗体"

D. 单击"编辑"按钮,然后选"字体"

7. 在 WPS 文字中,进行字体设置操作后,按新设置的字体显示的文字是( )。

A. 文档的全部文字 B. 文档中被选中的文字

C. 插入点所在段落中的文字 D. 插入点所在行中的文字

8. 在 WPS 文字中,想要将第 1 段文字设置为首行缩进 2 字符,下列操作正确的是( )。

A. 右击→边框和底纹 B. 页面布局→页面设置

C. 右击→字体 D. 右击→段落

9. 在 WPS 文字中,段落的对齐方式不包括( )。

A. 左对齐 B. 右对齐 C. 居中对齐 D. 顶端对齐

10. 在 WPS 文字中,若要将某段落的行距设置为固定值 20 磅,应选择"行距"列表框中的( )。

A. 单倍行距 B. 1.5 倍行距 C. 固定值 D. 多倍行距

11. 在 WPS 文字中,插入一个 3 行 4 列表格的操作是( )。

A. 单击"插入"选项卡下的"表格"按钮,选择"插入表格",在弹出的对话框中输入 3 行 4 列

B. 单击"插入"选项卡下的"图片"按钮

C. 直接在文档中绘制

D. 以上都不是

12. 关于 WPS 文字中表格的边框,以下说法正确的是( )。

A. 表格边框默认不可见

B. 可以通过"表格样式"选项卡设置边框样式

C. 边框颜色只能设置为黑色

D. 无法单独为某个单元格设置边框

13. 在 WPS 文字的表格中,计算某一列的总和的快速操作是(　　　)。

    A. 手动将每个单元格的值相加

    B. 使用"公式"功能,输入求和公式

    C. 将整列选中后,单击"求和"按钮

    D. 以上都不是

14. 以下关于 WPS 文字中表格制作与计算的描述,正确的是(　　　)。

    A. 插入表格后,行高和列宽默认不可调整

    B. 表格中的公式必须以等号"="开头

    C. 表格边框只能统一设置,无法单独修改某个单元格的边框

    D. WPS 文字不支持在表格中进行计算

15. 在 WPS 文字中编辑图片时,以下操作不能实现的是(　　　)。

    A. 插入静态图片

    B. 调整图片的大小和位置

    C. 将图片裁剪为任意形状

    D. 直接在图片上编辑文字(如添加水印或注释)

16. 在 WPS 文字中进行页面设置时,包含纸张方向、纸张大小等设置的选项卡是(　　　)。

    A. 页边距   B. 页面   C. 版式   D. 文档网格

17. 在 WPS 文字中,以下可以插入页码的是(　　　)。

    A. "文件"选项卡   B. "插入"选项卡

    C. "页面布局"选项卡   D. "视图"选项卡

18. 在 WPS 文字中,以下关于插入脚注、尾注和题注的描述,正确的是(　　　)。

    A. 脚注和尾注都用于对文档中的内容进行注释,但脚注位于当前页面的底端,尾注位于文档的末尾

    B. 题注只能用于图片,不能用于表格或其他对象

    C. 插入脚注和尾注的操作步骤完全相同,只是位置不同

    D. 题注的编号格式无法自定义

19. 在 WPS 文字中,可以实现插入目录的是(　　　)。

    A. "插入"选项卡   B. "页面布局"选项卡

    C. "视图"选项卡   D. "引用"选项卡中的"目录"功能

20. 在 WPS 文字中,关于修改和新建样式,以下说法正确的是(　　　)。

    A. 新建样式只能通过"开始"选项卡中的"样式"进行

    B. 修改样式时,对样式的任何修改都会自动保存到模板中,影响所有新建文档

    C. 可以为文档中的特定段落或文本创建自定义样式,并保存以供将来使用

    D. 样式一旦创建,其格式就不能被修改

二、填空题

1. 保存 WPS 文字文档，可以使用_____快捷键。

2. 在 WPS 文字中，想用新名字保存文件时，应选择"文件"菜单中的_____命令。

3. 在 WPS 的编辑状态中，"粘贴"操作的快捷键是_____。

4. 在 WPS 文字中，插入表格的常用方法是通过单击菜单栏上的_____选项卡，然后选择（表格）功能。

5. 要合并表格中的多个单元格，可以选中这些单元格，然后右击选择_____选项，或者通过"表格工具"选项卡下的"合并单元格"按钮来实现。

6. 除了基本的计算功能外，WPS 文字还提供了对表格数据进行_____和筛选的功能，以帮助用户更方便地管理和分析数据。

7. 在 WPS 文字的表格中，要进行计算（如求和、平均值等），通常需要使用_____功能。用户可以在需要显示计算结果的单元格中输入公式，公式必须以_____开头。

8. 用户可以通过单击菜单栏中的_____选项卡，然后选择相应的插入对象类型来进行操作。

第 **7** 章　数据信息统计与分析

数据信息的统计与分析是指对数据信息进行收集、加工、处理,然后得到新信息的过程。数据经过分析能够产生高价值,这无疑已在大数据火爆的今天成为共识,从而使得大数据分析在"大数据+"涉及的领域(如工业、医疗、农业、教育等)有了广泛的应用。信息统计分析的相关知识不仅是大数据行业的从业人员应该必备的,也是和其相关的各行各业的从业者需要了解的。计算机对数据信息的处理是计算机的一项重要应用,本章我们就来学习应用 WPS 表格软件对数据进行统计与分析的方法。

7.1　数据信息的建立与调整

知识目标:
- 熟悉 WPS 表格界面的组成。
- 掌握对工作表的基本设置。

能力目标:
- 能够快速创建、保存、关闭表格文件。
- 能够准确输入、编辑和修改工作表中数据。
- 能够合理设置单元格格式,合理美化单元格。
- 能够选择合适的填充方式对数据进行填充。

素养目标:
- 培养学生对待数据细致严谨的态度。
- 培养学生的信息思维能力。

本节内容思维导图如图 7.1 所示。

【思考】

问题 1:WPS 表格相对于 WPS 文字处理中的表格,更突出哪一类功能?

问题 2:结合专业,思考 WPS 表格软件能完成哪些工作?

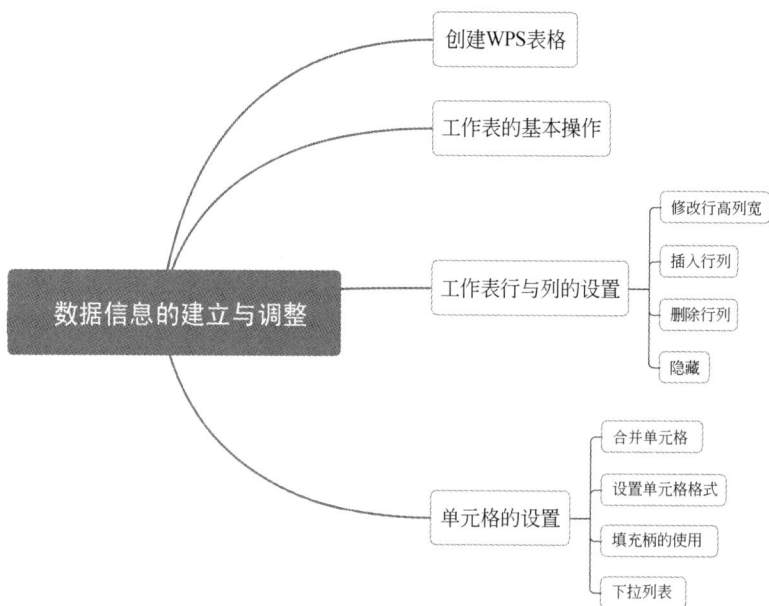

图 7.1　数据信息的建立与调整思维导图

7.1.1　数据信息的建立与调整概述

WPS 表格是一种数据信息统计与分析的软件工具。其具备基本的数据收集整理、计算与汇总、分析与表达等功能。在日常生活和工作岗位中,经常需要用表格进行信息收集和统计,同时可以通过分析、图表等工具表达数据。计算数据、制作数据分析表、建立论文图表等技能是作为当代大学生学习和工作必备的岗位技能之一。

1. 创建 WPS 表格

建立空表:打开 WPS Office 后,选择"新建"→"表格",如图 7.2 所示。

建立模板表格:选择"文件"→"新建"→"本机上的模板",如图 7.3 所示。

插入工作表:在工作表标签上右击后选择"插入工作表",在弹出的"插入工作表"对话框中可以选择插入数目和插入位置,如图 7.4 所示。

2. 工作表的基本操作

(1) 插入:在工作表区域单击"＋"按钮可以在当前工作表后插入一个新的工作表。

(2) 删除:在工作表标签上右击后选择"删除",可以删除当前工作表。

(3) 移动:用鼠标拖动工作表标签即可进行前后移动。

(4) 复制:按住【Ctrl】键拖动工作表即可进行复制,并将工作表副本移动至新的位置。在工作表标签上右击后选择"创建副本"。

(5) 隐藏:在工作表标签上右击后选择"隐藏",可以隐藏当前工作表。如需将隐藏的工作表重新显示,则需在工作表区域右击后选择"取消隐藏",然后选择对应的工作表即可。

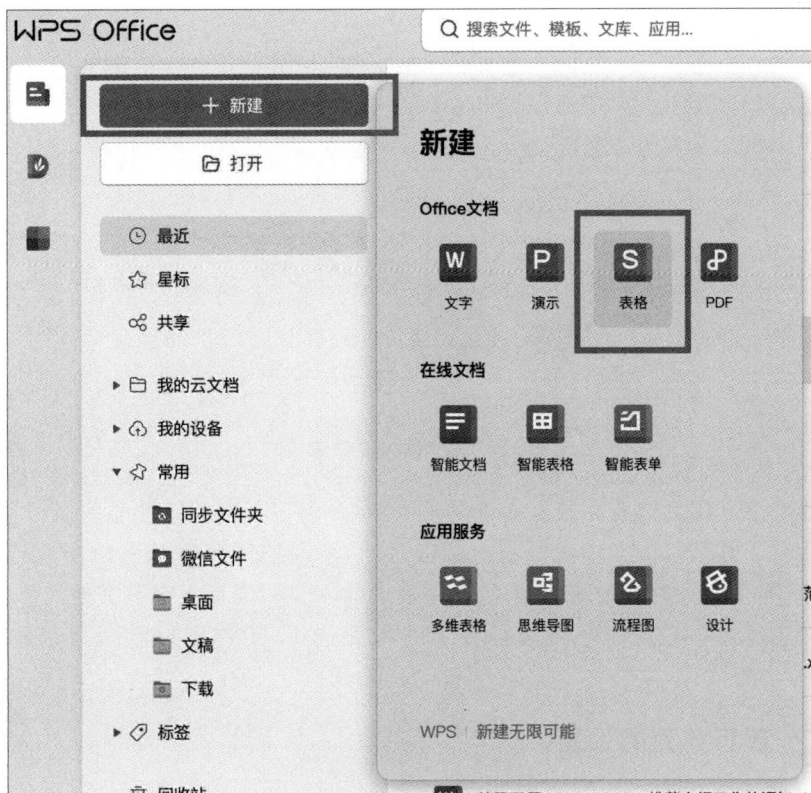

图 7.2　建立空表

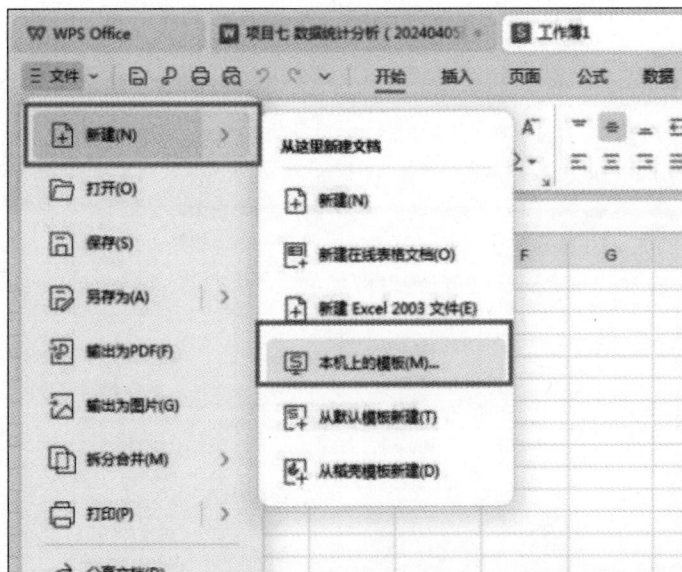

图 7.3　建设模板表格

图 7.4　插入工作表

（6）重命名：在工作表标签上右击后选择"重命名"，可以将工作表改名。

（7）保护工作表：在工作表标签上右击后选择"保护工作表"，然后可以选择对该工作表的保护项目并设置密码，被保护的工作表中的内容和设置不会被其他人修改。

（8）修改标签颜色：在工作表标签上右击后选择"工作表标签"，可以选择想要的颜色。

3. 工作表行与列的设置

（1）修改行高列宽：在"开始"选项卡中找到"行和列"按钮，单击下拉箭头即可对行高与列宽进行设置，同时也可设置标准列宽。

（2）插入行列：如图 7.5 所示，可在"行和列"的下拉箭头中选择"插入单元格"，而后根据情况选择在适当位置插入相应行数或列数。也可以直接在单元格中右击，选择"插入"后根据情况选择在适当位置插入相应行数或列数，如图 7.6 所示。

图 7.5　插入行列方法 1

　　　　　信息技术基础

图 7.6 插入行列方法 2

　　（3）删除行列：可在"行和列"的下拉箭头中选择删除单元格，而后根据情况选择在适当位置删除相应行数或列数。也可以直接在单元格中右击，选择"删除"后根据情况选择在适当位置删除相应行数或列数，如图 7.7 所示。

　　（4）隐藏：选中想要隐藏的行列中的一个单元格，在"行和列"的下拉箭头中选择"隐藏行"或"隐藏列"。被隐藏的行列会有一个展开的箭头（图 7.8），单击该箭头即可展开被隐藏的内容。同时也可以右击选择"取消隐藏"。

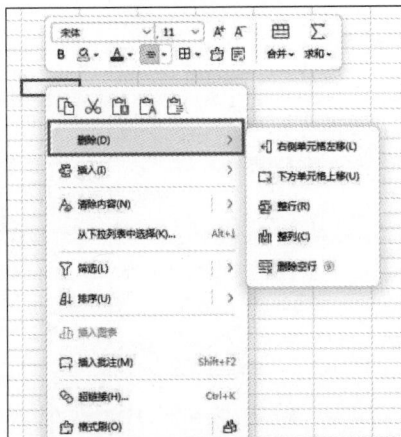

图 7.7 删除行列

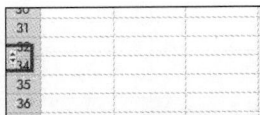

图 7.8 隐藏行列

4. 单元格的设置

　　（1）合并单元格。选中想要合并的多个连续单元格，单击"开始"选项卡中的"合并"按钮，可在列表中选择合并方式，如图 7.9 所示。

　　（2）设置单元格格式。录入数据时需要根据表格数据类型进行格式设置，常见的格

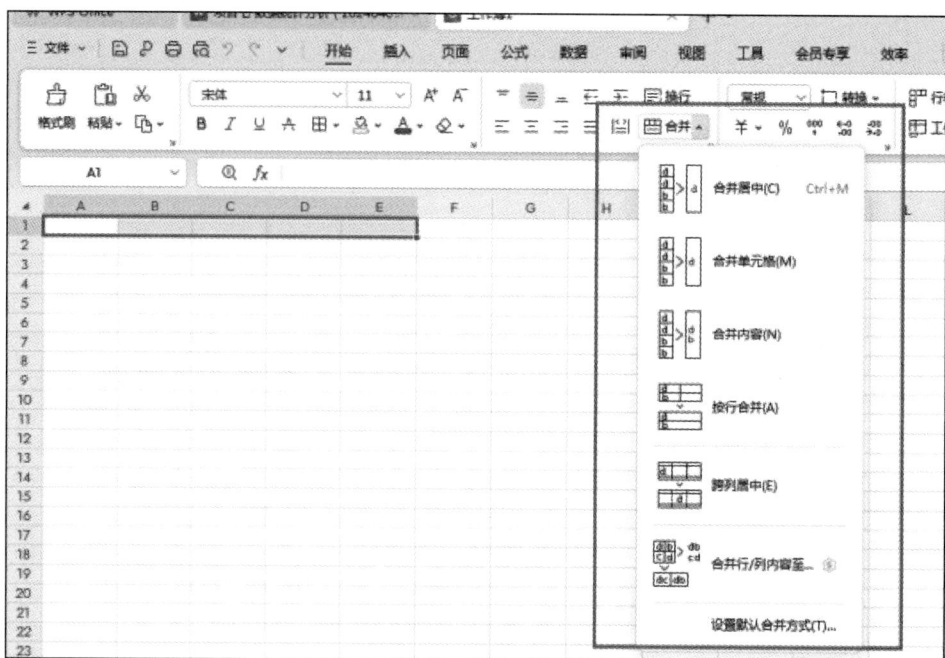

图 7.9　合并单元格

式类型包括数值、货币、日期、时间、分数等。右击单元格后选择"设置单元格格式",弹出"单元格格式"对话框,在"数字"选项卡中选择相应格式,如图 7.10 所示。

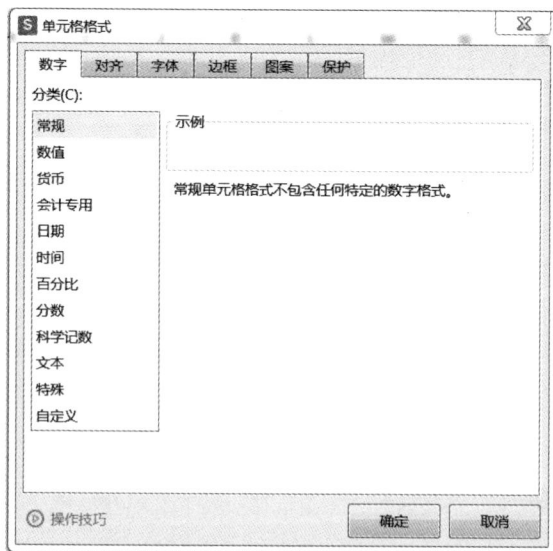

图 7.10　设置单元格格式

（3）填充柄的使用。WPS 表格可以对数据进行快速填充以提高数据录入效率。在输入第一个单元格数据后,通过填充柄将后续行或列的数据进行规律性填充。常见的填充方式有复制单元格、以序列方式填充、仅填充格式、不带格式填充及智能填充。

将光标移至单元格右下角时，指针会变成一个黑色十字，按住左键拖动即可进行单元格填充。填充方式可以在数据单元格下方进行选择，也可以在"开始"选项卡中找到"填充"选项进行选择。填充效果如图 7.11 所示。

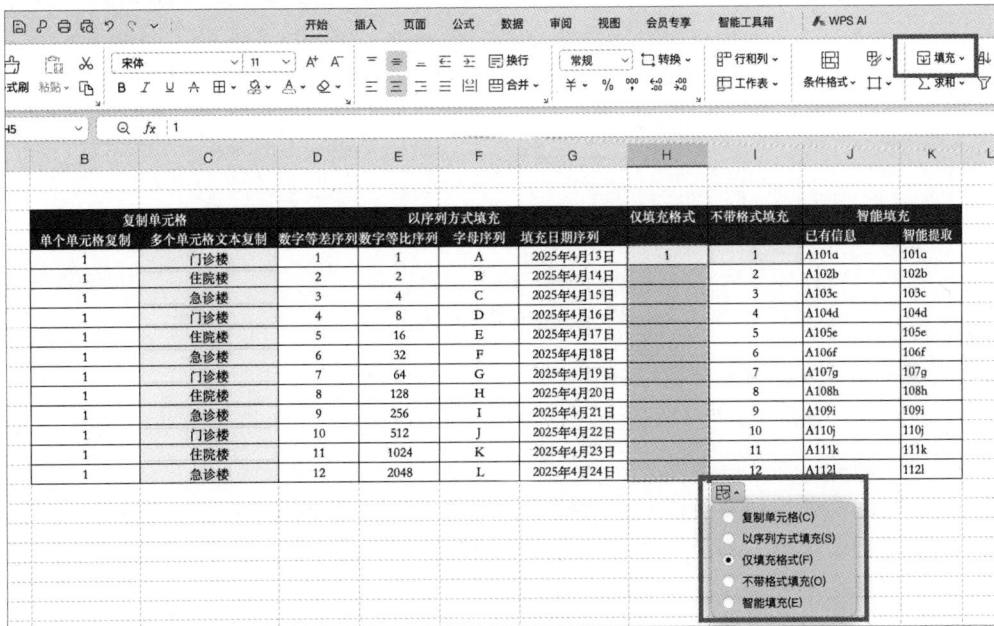

图 7.11　填充效果

复制单元格可将第一个单元格直接复制到后续单元格中。以序列方式填充可针对数字进行等差序列、等比序列填充，也可针对字母和日期进行顺序填充。仅填充格式可将第一个单元格的格式复制到后续单元格。不带格式填充可将单元格数据复制到后续单元格。智能填充可以根据已有的数据、公式、条件等自动填充到后续单元格，减少重复性操作。

（4）下拉列表。WPS 表格可以对单元格数据进行下拉选项的设置，单击"数据"选项卡中的"下拉列表"按钮，在弹出的"插入下拉列表"对话框中手动添加下拉选项。

7.1.2　实践任务

1. 基础任务

学习了上述知识后，我们已经具备初步录入和修改数据的能力，这时再来看本节任务。打开文件"人员健康体检表.xlsx"，在表中整理现有的健康体检中心的数据信息，如图 7.12 所示。

请补充体检人员的信息并录入表格中，调整数据的格式，形成完整和规范的数据表。具体的要求如下：

（1）打开文件"人员健康体检表.xlsx"，将工作表标签名称修改为"人员健康体检表"，

图 7.12　人员健康体检表

添加工作表标签颜色为标准色"红色"。

（2）表中部分信息已提供，请继续补充一些人员信息。利用填充柄功能为 B 列人员档案填充序列。

（3）观察表中 E 列身份证号，部分单元格的格式需要修改为"常规"格式。

（4）为 D 列体检类型设置下拉列表，手动添加下拉选项"单位入职体检""驾驶员体检""教师资格体检""常规体检""职工健康体检"，并根据任务情景引入中的范图录入本列内容。

（5）根据 D 列身份证号信息补充录入出生日期、性别、年龄（提示：身份证号倒数第 2 位为奇数的是男性，为偶数的是女性）。

（6）录入体检机构、预约体检日期、预约时间段和备注。

根据所学知识，完成以上任务要求，任务实施具体操作过程如下：

步骤 1：打开文件"人员健康体检表.xlsx"，在左下角工作表处右击，选择"重命名"将该工作表命名为"人员健康体检表"，再次在工作表处右击选择"工作表标签颜色"，找到标准色"红色"并设置。

步骤 2：在现有的表格基础上对 B 列信息进行补充，首先在 B 列人员档案处，选中 B5 单元格后，将光标挪至单元格右下角直至出现填充柄标识，运用填充柄功能为 B6:B24 填充序列。

步骤 3：在现有的表格基础上对 C 列信息进行补充，C 列目前有 10 名人的姓名，按照图 7.13 将剩余的 10 人姓名依次录入 C15:C24 单元格。

步骤 4：D 列体检类型需要设置下拉列表，先选中 D5:D24 单元格，在"数据"选项卡中单击"下拉列表"，选择"手动添加"，依次添加"单位入职体检""驾驶员体检""教师资格体检""常规体检""职工健康体检"后确认。对 D5:D24 进行下拉选择和录入。

步骤 5：选中单元格 E5:E14，右击选择设置单元格格式为"常规"，对照图 7.13 上的信息将 E5、E6、E9 的信息重新录入，然后补充 E 列其他单元格的信息，确保 E 列其他单元格格式也设置为"常规"。

登记日期：2020年10月31日　　　　　　　　　　　　　　　　　　　　　　体检总人数：20

人员档案	姓名	体检类型	身份证号	出生日期	性别	年龄	体检机构	预约体检日期	预约时间段	备注
DAN5244	李明宇	单位入职体检	450981199203141738	1992/3/14	男	28	蓝天体检中心	2020/10/15	8:00-9:00	既往有高血压
DAN5245	张晓燕	单位入职体检	450122199201012515	1992/1/1	男	28	绿城诊所	2020/10/15	9:00-10:00	既往有脂肪肝
DAN5246	王思远	单位入职体检	450603199112310019	1991/12/31	男	29	市中心医院	2020/10/15	8:00-9:00	
DAN5247	刘天宇	职工健康体检	450981198912075433	1989/12/7	男	31	市中心医院	2020/10/15	13:00-14:00	
DAN5248	陈欣	驾驶员体检	452123199108308080	1991/8/30	女	29	市中心医院	2020/10/19	8:00-9:00	
DAN5249	杨子涵	常规体检	46000419910127525X	1991/1/27	男	29	市中心医院	2020/10/20	10:00-11:00	
DAN5250	黄梓嫣	教师资格体检	34242519880304672X	1988/3/4	女	32	绿城诊所	2020/10/21	13:00-14:00	有手术史
DAN5251	赵若曦	常规体检	46000419640327526X	1964/3/27	女	56	绿城诊所	2020/10/21	10:00-11:00	
DAN5252	周婉儿	职工健康体检	46000419710124524X	1971/1/24	女	49	市中心医院	2020/10/23	9:00-10:00	
DAN5253	吴昊天	教师资格体检	34242519880304672X	1988/3/4	男	32	市中心医院	2020/10/24	10:00-11:00	
DAN5254	凌雅琪	常规体检	11343219670804242	1967/8/4	男	53	绿城诊所	2020/10/24	9:00-10:00	
DAN5255	咸雨欣	驾驶员体检	243433198706031283	1987/6/3	女	33	蓝天体检中心	2020/10/24	10:00-11:00	
DAN5256	岑思睿	教师资格体检	523112199801121922	1998/1/12	女	22	蓝天体检中心	2020/10/24	13:00-14:00	
DAN5257	简子轩	职工健康体检	118129198709062912	1987/9/6	男	33	市中心医院	2020/10/24	13:00-14:00	
DAN5258	瞿志豪	职工健康体检	234342197910100212	1979/10/10	男	41	市中心医院	2020/10/24	14:00-15:00	
DAN5259	蔺婳静	常规体检	130102195409140122	1954/9/14	男	66	蓝天体检中心	2020/10/25	9:00-10:00	
DAN5260	蒲思远	驾驶员体检	140432200004031453	2000/4/3	男	20	蓝天体检中心	2020/10/25	10:00-11:00	
DAN5261	甘欣怡	驾驶员体检	140245200209051465	2002/9/5	女	18	蓝天体检中心	2020/10/25	10:00-11:00	
DAN5262	龚梓萱	单位入职体检	241923199410303498	1994/10/30	女	26	市中心医院	2020/10/25	9:00-10:00	
DAN5263	黎文昊	单位入职体检	142103199303303492	1993/3/30	男	27	市中心医院	2020/10/25	10:00-11:00	

填表人：王肖　　　　　　　　　　　　　　　　　　　　　　　　　　共（1）页第（1）页

人员健康体检表　Sheet1　Sheet2　Sheet3　+

图 7.13　"人员健康体检表"完成效果

步骤 6：根据 E 列身份证号的信息，录入 F、G、H 三列的信息。F 列出生日期需要注意在单元格格式中选择合适的时间格式，H 列年龄只需计算在制表年份（2020）时，人员的年龄即可。

步骤 7：在现有的表格基础上补充 I、J、K、L 列信息，录入 I15:L24 的所有单元格，注意时间格式。

步骤 8：填写体检总人数、填表人信息和页数信息后，保存并退出。完成后效果如图 7.13 所示。

2．进阶提高

打开"药品出货单.xlsx"文件，按照下列要求进行调整，完成效果可参考图 7.14，具体要求如下：

（1）在最上方插入一行，合并第一行单元格，并输入表格标题。

（2）在"单价（元）"列设置单元格格式使其显示人民币符号，数字保留 2 位小数。

（3）为表格设置预设样式使其更加美观。

根据所学知识，完成以上任务要求，任务实施具体操作过程如下：

步骤一：打开"药品出货单.xlsx"文件，在第一行右击，选择在上方插入 1 行，选中 A1:G1 单元格后在"开始"选项卡中选择"合并"，输入"×××药房药品出货单"。

步骤二：在"单价（元）"列（E 列）选中 E3:E29 单元格，右击，选择"设置单元格格式"后，在"分类"列表框中选择"货币"，并选择"货币符号"为人民币符号，设置保留小数位数 2 位，单击"确定"按钮。

步骤三：选中 A1:G29 单元格，在"开始"选项卡中选择"表格样式"→"表样式 10"（此

▲	A	B	C	D	E	F	G
1				xxx药房药品出货单			
2	商品编号	批准文号	药品分类	药品名称	单价(元)	现库存量	推荐库存量
3	20101	国药准字H44021351	化学药品	阿莫西林胶囊	￥28.50	80	150
4	20102	HC20080020	化学药品	阿莫西林胶囊	￥16.40	220	200
5	20103	HC20090030	化学药品	阿莫西林颗粒	￥12.00	170	200
6	20104	国药准字H44021152	化学药品	头孢拉定胶囊	￥4.80	300	200
7	20105	国药准字H20041469	化学药品	注射用盐酸头孢替安	￥20.80	120	100
8	20106	国药准字Z20063034	中药	蒲地蓝消炎片	￥4.00	276	200
9	20107	国药准字Z20054338	中药	蒲地蓝消炎片	￥3.30	150	200
10	20108	国药准字Z13021496	中药	肿痛安胶囊	￥29.00	158	100
11	20109	国药准字Z10920053	中药	双黄连口服液	￥32.50	113	200
12	20110	HC20090009	化学药品	奥泰灵盐酸氨基葡萄糖胶囊	￥45.00	68	50
13	20111	HC20150020	化学药品	卡泊三醇软膏	￥39.50	57	50
14	20112	国药准字Z42020870	中药	风寒感冒颗粒	￥52.00	196	150
15	20113	ZC20100004	中药	京都念慈菴蜜炼川贝枇杷膏	￥22.00	52	50
16	20114	Z20140002	中药	迈之灵片	￥32.00	62	50
17	20115	Z20160009	中药	路优泰圣·约翰草提取物片	￥60.00	71	50
18	20116	Z20160008	中药	肚痛健胃整肠丸	￥22.00	115	100
19	20117	Z20130002	中药	马栗种子提取物片	￥50.00	63	50
20	20118	国食健字G20140593	保健品	鱼油软胶囊	￥120.00	137	100
21	20119	国食健字G20110003	保健品	钙铁锌咀嚼片	￥122.00	120	100
22	20120	S20150016	生物制品	人血白蛋白	￥250.00	14	10
23	20121	S20120068	生物制品	贝伐珠单抗注射液	￥5,398.00	12	10
24	20122	S20150049	生物制品	注射用阿糖苷酶α	￥175.00	13	10
25	20123	SC20150001	生物制品	流感病毒裂解疫苗	￥120.00	21	30
26	20124	S20150002	生物制品	Sabin株脊髓灰质炎灭活疫苗	￥230.00	11	10
27	20125	国药准字S20150003	生物制品	狂犬病人免疫球蛋白	￥84.00	8	10
28	20126	国药准字S20150007	生物制品	注射用重组人促卵泡激素	￥72.00	52	50
29	20127	S20080030	生物制品	注射用重组人促卵泡激素	￥150.00	22	20

图 7.14　"药品出货单.xlsx"文件完成效果

处也可以选择其他样式）。

打开"智能填充.xlsx"文件，按照下列要求进行调整，完成效果可参考图 7.15，具体要求如下：

（1）利用智能填充功能将身份证号中的中间 13 位数字进行隐藏，以保护个人隐私。例：

原身份证号：340112196702133322
修改为：340*************22

（2）利用智能填充功能将手机号中的中间 4 位数字进行隐藏，以保护个人隐私。例：

原手机号：13214657564
修改为：132****7564

根据所学知识，完成以上任务要求，任务实施具体操作过程如下：

步骤一：打开"智能填充.xlsx"文件，对照 D2 单元格的身份证号，在 E2 单元格输入对应的隐藏身份证号，即 450*************38。

步骤二：选中 E2 单元格，按快捷键【Ctrl＋E】进行智能填充，即可生成 E3：E21 单元格的隐藏身份证号。

步骤三：对照 B2 单元格的手机号，在 C2 单元格输入对应的隐藏手机号，即 138****5678。

步骤四：选中 C2 单元格，按快捷键【Ctrl＋E】进行智能填充，即可生成 C3：C21 单元格的隐藏手机号。

完成后效果如图 7.15 所示。

	A	B	C	D	E
1	姓名	联系方式	隐藏手机号	身份证号	隐藏身份证号
2	李明宇	13812345678	138****5678	450981199203141738	450***********38
3	张晓晨	15928764321	159****4321	450122199201012515	450***********15
4	王思远	18634567890	186****7890	450603199112310019	450***********19
5	刘天宇	13545678901	135****8901	450981199912075433	450***********33
6	陈欣	17654321098	176****1098	452123199108308080	452***********80
7	杨子涵	14785236987	147****6987	46000419910127525X	460***********5X
8	黄梓涵	13498765432	134****5432	34242519880304672X	342***********2X
9	赵若曦	15102468795	151****8795	46000419640327526X	460***********6X
10	周婉儿	18934567891	189****7891	46000419710124524X	460***********4X
11	吴昊天	13765432198	137****2198	34242519880304672X	342***********2X
12	凌雅琪	15245678902	152****8902	11343219670804242	113***********92
13	戚雨欣	17798765431	177****5431	243433198706031283	243***********83
14	岑思睿	13323456789	133****6789	523112199801121922	523***********22
15	简子轩	15034567892	150****7892	118129198709062912	118***********12
16	翟志豪	18765432109	187****2109	234342197910100212	234***********12
17	蔺婉静	13245678903	132****8903	130102195409140122	130***********22
18	蒲思远	15898765430	158****5430	140432200004031453	140***********53
19	甘欣怡	13987654321	139****4321	140245200209051465	140***********65
20	龚梓萱	18054321987	180****1987	241923199410303498	241***********98
21	黎文昊	17365432109	173****2109	142103199303303492	142***********92

图 7.15　"智能填充.XLSX"文件完成效果

7.2　数据的公式计算及基本函数运算

知识目标：

- 掌握插入自定义公式的方法步骤。
- 掌握绝对引用和相对引用的用法和区别。
- 掌握常用基本函数运算。

能力目标：

- 能够使用公式完成计算。
- 能够熟练区分绝对引用和相对引用。
- 能够使用简单函数完成计算。

素养目标：

- 培养学生对待数据细致严谨的态度。
- 提高学生积极的岗位就业意识。

本节内容思维导图如图 7.16 所示。

【思考】

问题 1：常用的运算符有哪些？

问题 2：结合自己专业，哪些场景需要数据的计算？

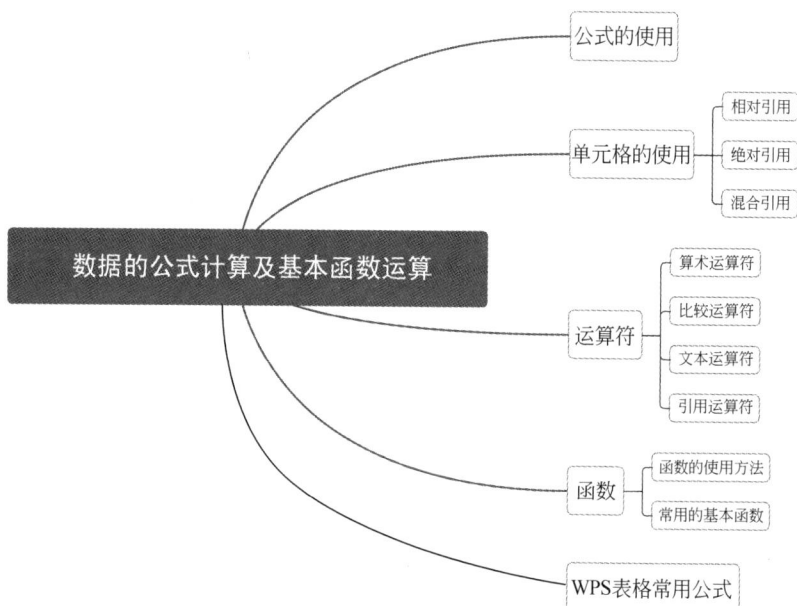

图 7.16　数据计算及基本函数运算思维导图

7.2.1　公式与基本函数的使用

1. 公式的使用

公式的插入步骤如图 7.17 所示。

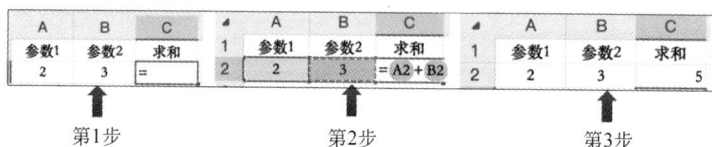

图 7.17　公式的插入步骤

第 1 步：选中被输入公式的单元格，输入"＝"（在输入公式时，要以"＝"开头）。

第 2 步：输入数据及运算符编辑公式。

第 3 步：按【Enter】(回车键)完成公式编辑，计算出结果。

2. 单元格的引用

在同一张工作表上，引用其他单元格的方法有绝对引用、相对引用和混合引用 3 种。

（1）相对引用。如 A2、B5，其行号和列号都是相对的，这样的单元格地址也称为相对地址。

（2）绝对引用。如 ＄E＄3、＄F＄7，其行号和列号都是绝对的，这样的单元格地址也称为绝对地址，符号"＄"表示引用是否为绝对引用。即在公式运算中，如果需要引用某个特定单元格中的数值，且需要锁定地址，不能随之变化，就必须使用绝对引用。绝对引用中要用绝对地址，所谓绝对地址引用，是指对于已定义为绝对引用的公式，无论把公式复制到什么位置,总是引用起始单元格内的"固定"地址。

（3）混合引用。如 $E3,其行号是相对的,列号是绝对的;E$3 的行号是绝对的,列号是相对的。这样的单元格地址也称为混合地址。

3. 运算符

运算符对公式中的元素进行特定类型的运算。WPS 表格包含 4 种类型的运算符:算术运算符、比较运算符、文本运算符和引用运算符,常用运算符如表 7.1 所示。

表 7.1 常用运算符

类 型	符号	含 义	举 例	返 回 值
算术运算符	＋	加	＝2＋3	5
	－	减	＝3－2	1
	＊	乘	＝2＊3	6
	/	除	＝2/3	0.6666667
	％	百分比	＝2％	0.02
	＾	幂的运算	＝2^3	8
比较运算符	＝	等于	＝3＝4	FALSE
	＞	大于	＝3＞4	FALSE
	＜	小于	＝3＜4	TRUE
	＞＝	大于或等于	＝3＞＝4	FALSE
	＜＝	小于或等于	3＜＝4	TRUE
	＜＞	不等于	＝3＜＞4	TRUE
文本运算符	＆	将两个值连接在一起形成一个连续的文本	＝信息 ＆ 技术	信息技术
引用运算符	：	区域运算符,用于连续的单元格引用	A1：A4	A1,A2,A3,A4
	，	联合运算符,将多个引用合并为一个引用	A1：A5,A11,A13：A15	A1,A2,A3,A4,A5,A11,A13,A15
	空格	交集运算符,用于几个引用之间的交集引用	A1：A10 A5：A15	A5：A10

4. 函数

函数是 WPS 表格内部预先定义的特殊公式,它可以对一个或多个数据进行数据操作,并返回一个或多个数据。函数的作用是简化公式操作,把固定用途的公式表达式用"函数"的格式固定下来,实现方便的调用。函数包含函数名、参数和括号 3 部分。

1）函数的使用方法

WPS 表格函数的语法结构通常包括函数名、括号以及括号内的参数。函数名指明了要执行的操作类型,而参数则提供了执行该操作所需的数据或条件,参数可以是数值、单元格引用、常量或表达式等。例如,SUM 函数用于求和,其语法结构为"＝SUM(number1,[number2],…)",其中 number1、number2 等为需要求和的数值或单元格引用。

常用的插入函数的方法有 2 种,一种是直接通过输入公式的方式在单元格中输入函数的语法结构。另一种则是在"公式"选项卡中插入函数,选择相应的函数及设置参数。前者需要留意一些注意事项,例如正确拼写函数名称,输入的括号、逗号、引号等都需要用西文符号;后者相对更方便使用。

2)常用的基本函数

（1）SUM 函数:用于计算某一单元格区域中所有数字的和,其语法为"＝SUM(number1,[number2],…)",number1 是必需参数,表示要相加的第一个数字或单元格引用,number2 及之后是可选参数,表示其他要相加的数字或单元格引用。例如,"＝SUM(A1:A10)"将计算 A1～A10 单元格区域中所有数值的总和。

（2）AVERAGE 函数:用于计算某一单元格区域中所有数字的平均值,与 SUM 函数类似,其语法为"＝AVERAGE(number1,[number2],…)",number1 是必需参数,表示要计算平均值的第一个数字或单元格引用。例如,"＝AVERAGE(A1:A10)"将计算 A1～A10 单元格区域中所有数值的平均值。

（3）MAX 函数:用于查找某一单元格区域中的最大值,其语法为"＝MAX(number1,[number2],…)",number1 是必需参数,表示要查找的第一个数字或单元格引用。例如,"＝MAX(A1:A10)"将返回 A1～A10 单元格区域中的最大值。

（4）MIN 函数:用于查找某一单元格区域中的最小值,其语法为"＝MIN(number1,[number2],…)",与 MAX 函数类似,MIN 函数忽略非数字值,但返回的是最小值。例如,"＝MIN(A1:A10)"将返回 A1～A10 单元格区域中的最小值。

（5）COUNT 函数:用于计算某一单元格区域中数字的个数,其语法为"＝COUNT(value1,[value2],…)",只计算数字,忽略日期、逻辑值、文本和错误值。如果参数是数组或单元格引用,则只计算其中的数字。例如,"＝COUNT(A1:A10)"将返回 A1～A10 单元格区域中数字的个数。

（6）ABS 函数:ABS 函数用于返回数字的绝对值,其语法为"＝ABS(number)",number 参数表示要计算绝对值的数字。无论数字是正数还是负数,ABS 函数都返回其正值。如果 number 参数是文本或逻辑值,则 ABS 函数将返回错误值。例如,"＝ABS(－5)"将返回 5。

5. WPS 表格常用公式

除了提供函数计算功能,WPS 表格还提供常用公式功能,帮助解决生活常见问题,如提取身份证年龄、计算个人所得税等。在 WPS 表格"插入函数"对话框中,选择"常用公式"选项卡,然后可以选择相应的公式进行计算。

7.2.2 实践任务

1. 基础任务

打开文件"公式计算与简单函数.xlsx",对工作表"体检健康数据表"和"医疗物资物料采购单"中的数据进行计算和补全。工作表"体检健康数据表"如图 7.18 所示。具体的要求如下：

序号	姓名	班级	性别	出生年月日	身高cm	身高m	体重(斤)	体重kg	血红蛋白浓度(g/L)	红细胞比容HCT(%)	BMI = 体重(kg)/身高(m)^2	平均血红蛋白浓度MCHC(g/L)				
		基本信息					常规检查									
1	王俊杰	检验1班	男	2002年12月10日	178		140		130	46						
2	李硕	检验1班	男	2003年3月26日	170		110		120	44					平均身高（男生）	
3	杨森	检验1班	男	2002年3月28日	182		160		123	42					平均身高（女生）	
4	赵广立	检验1班	男	2月15日	175		134		112	41					平均体重（男生）	
10	刘晓峰	检验1班	男	2003年4月9日	179		130		119	43					平均体重（女生）	
11	王炳南	检验1班	男	2002年12月20日	172		120		129	48					男生最高	
13	黄明昊	检验1班	男	2003年3月27日	178		170		143	43					女生最高	
16	董平	检验2班	男	2003年4月19日	180		150		147	49					最小BMI值	
17	蔡瑞	检验2班	男	2003年4月10日	190		156		124	41					平均BMI值	
21	潘乐	检验2班	男	2003年1月19日	177		130		119	46						
22	王子俊	检验3班	男	2003年1月10日	178		120		140	50						
23	蒋晓宇	检验3班	男	2002年11月6日	184		134		139	53						
25	高晓东	检验3班	男	2002年11月9日	173		124		154	56						
25	冯力	检验3班	男	2003年8月17日	175		130		142	47						
29	刘思雨	检验3班	男	2003年6月5日	172		118		134	42						
30	刘杰	检验3班	男	2003年4月18日	181		164		140	41						
4	胡晓佳	检验1班	女	2003年2月24日	158		94		144	49						
6	鲁蓉	检验1班	女	2003年3月23日	164		100		123	40						
7	李晓萌	检验2班	女	2002年9月18日	165		96		136	50						
8	唐鑫	检验1班	女	2005年7月25日	163		110		122	32						
9	欧阳颖	检验1班	女	2003年3月17日	160		100		128	38						
12	任夕	检验1班	女	2002年11月11日	161		116		120	42						

图 7.18 体检健康数据表

（1）根据现有的 F 列身高(cm)和 H 列体重(斤)，将 G 列身高(m)和 I 列体重(kg)通过定义公式的方式进行单位换算。

（2）根据要求(1)中计算出的 G 列身高(m)和 I 列体重(kg)，计算出 L 列 BMI 值(提示：BMI＝体重(kg)/身高(m)^2)。

（3）根据 J 列血红蛋白浓度(g/L)和 K 列红细胞比容 HCT(%)，计算出 M 列平均血红蛋白浓度 MCHC(g/L)(提示：先将红细胞比容转换为小数；平均血红蛋白浓度 MCHC＝血红蛋白浓度/红细胞比容)。

（4）运用常用基本函数，计算 Q5：Q12 中的结果。

根据以上任务要求，在工作表"体检健康数据表"中进行下列操作：

步骤 1：在 G3 单元格定义公式"＝F3/100"后按回车键计算数据，运用填充柄计算 G4：G32 的结果；在 I3 单元格定义公式"＝H3/2"后按回车键计算数据，运用填充柄计算 I4：I32 的结果。

步骤 2：在 L3 单元格定义公式"＝I3/G3^2"后按回车键计算数据，运用填充柄计算 L4：L32 的结果。

步骤 3：在 M3 单元格定义公式"＝J3/(K3/100)"后按回车键计算数据，运用填充柄计算 M4：M32 的结果。

步骤 4：在 Q5 处选择插入 AVERAGE 函数，选择参数为 G3：G18；在 Q6 处插入 AVERAGE 函数，选择参数为 G19：G32，在 Q7 处插入 AVERAGE 函数，选择参数为 I3：I18；在 Q8 处插入 AVERAGE 函数，选择参数为 I19：I32；在 Q9 处插入 MAX 函数，选择参数为 G3：G18；在 Q10 处插入 MAX 函数，选择参数为 G19：G32；在 Q11 处插入 MIN

函数,选择参数为 L3:L32;在 Q12 处插入 AVERAGE 函数,选择参数为 L3:L32。

完成以上操作后保存文件,完成后效果如图 7.19 所示。

	A	B	C	D	E	F	G	H	I	J	K	L	M	N	O	P	Q
1		基本信息				常规检查											
2	序号	姓名	班级	性别	出生年月日	身高cm	身高m	体重(斤)	体重kg	血红蛋白浓度(g/L)	红细胞比容HCT(%)	BMI=体重(kg)/身高(m)^2	平均血红蛋白浓度MCHC(g/L)				
3	1	王俊杰	检验1班	男	2002年12月10日	178	1.78	140	70	130	46	22.09	282.61				
4	2	李硕	检验1班	男	2003年3月26日	170	1.7	110	55	120	44	19.03	272.73			平均身高（男生）	1.78
5	3	杨森	检验1班	男	2002年3月28日	182	1.82	160	80	123	42	24.15	292.86			平均身高（女生）	1.63
6	5	赵广立	检验1班	男	2003年2月5日	175	1.75	134	67	112	41	21.88	273.17			平均体重（男生）	68.44
7	10	刘晓峰	检验1班	男	2003年4月9日	179	1.79	130	65	119	43	20.29	276.74			平均体重（女生）	51.14
8	11	王炳南	检验1班	男	2002年12月20日	172	1.72	120	60	129	48	20.28	268.75			男生最高	1.90
9	13	黄明昊	检验2班	男	2003年3月27日	178	1.78	170	85	143	43	26.83	332.56			女生最高	1.72
10	16	董昊	检验2班	男	2003年4月18日	180	1.8	150	75	147	49	23.15	300.00			最小BMI值	17.63
11	17	蔡瑞	检验2班	男	2003年4月10日	190	1.9	156	78	124	41	21.61	302.44			平均BMI值	20.51
12	18	潘乐	检验2班	男	2003年1月19日	177	1.77	130	65	119	46	20.75	258.70				
13	22	王子俊	检验3班	男	2003年1月10日	178	1.78	120	60	140	50	18.94	280.00				
14	23	蒋晓宇	检验3班	男	2002年11月6日	184	1.84	134	67	139	53	19.79	262.26				
15	24	高晓东	检验3班	男	2003年11月9日	173	1.73	124	62	154	56	20.72	275.00				
16	25	冯力	检验3班	男	2003年8月17日	175	1.75	130	65	142	47	21.22	302.13				
17	29	刘思雨	检验3班	男	2003年6月5日	172	1.72	118	59	134	42	19.94	319.05				
18	30	刘杰	检验3班	男	2003年4月18日	181	1.81	164	82	140	41	25.03	341.46				
19	4	胡晓佳	检验1班	女	2003年2月24日	158	1.58	94	47	144	49	18.83	293.88				
20	6	鲁蕊	检验1班	女	2003年5月23日	164	1.64	100	50	123	40	18.59	307.50				
21	7	李晓萌	检验1班	女	2003年9月18日	165	1.65	96	48	136	50	17.63	272.00				
22	8	唐鑫	检验1班	女	2005年7月25日	163	1.63	110	55	122	32	20.70	381.25				
23	9	欧阳颖	检验1班	女	2003年3月17日	160	1.6	100	50	128	38	19.53	336.84				
24	12	任夕	检验2班	女	2002年11月11日	161	1.61	116	58	120	42	22.38	285.71				
25	14	刘娜娜	检验2班	女	2003年3月16日	164	1.64	98	49	132	43	18.22	306.98				
26	15	路薇薇	检验2班	女	2002年10月29日	172	1.72	106	53	112	34	17.92	329.41				
27	19	吴恩宇	检验2班	女	2002年9月19日	163	1.63	110	55	128	39	20.70	328.21				
28	20	刘蓓蓓	检验2班	女	2003年6月18日	161	1.61	96	48	124	47	18.52	263.83				
29	21	杨雨欣	检验2班	女	2003年7月12日	168	1.68	104	52	132	46	18.42	286.96				
30	28	王娜	检验3班	女	2002年9月1日	158	1.58	98	49	120	37	19.63	324.32				
31	26	谢婷	检验3班	女	2002年5月18日	165	1.65	100	50	130	42	18.37	309.52				
32	27	张丽丽	检验3班	女	2003年2月12日	160	1.6	104	52	124	39	20.31	317.95				

图 7.19 "体检健康数据表"完成效果

打开工作表"医疗物资物料采购单",如图 7.20 所示。具体的要求如下:

	A	B	C	D	E	F	G
1	检测耗材使用情况（相对引用练习）						
2	名称	诊室1用量	诊室2用量	诊室3用量	诊室4用量	总用量	平均用量
3	采血针	600	680	440	560		
4	真空采血管	1200	250	230	600		
5	血液标签	359	85	30	54		
6	检测试剂	378	220	400	504		
7	棉签	489	356	403	540		
8	最大量						
9	最小量						
10	检验耗材使用情况（绝对引用练习）						
11	产品	诊室1用量	所占总计百分比	诊室2用量	所占总计百分比		
12	采血针	600		680			
13	真空采血管	1200		250			
14	血液标签	359		85			
15	检测试剂	378		220			
16	棉签	489		356			
17	总计						

图 7.20 医疗物资物料采购单

(1) 运用常用基本函数,计算总用量、平均用量、最大量、最小量所占总计百分比。

(2) 通过公式计算 C12:C17,E12:E17 的值,注意使用绝对引用。

在工作表"医疗物资物料采购单"中进行下列操作:

步骤1:在B8处插入MAX函数,选择参数为B3:B7;在B9处插入MIN函数,选择参数为B3:B7;在C8处插入MAX函数,选择参数为C3:C7;在C9处插入MIN函数,选择参数为C3:C7;在D8处插入MAX函数,选择参数为D3:D7;在D9处插入MIN函数,选择参数为D3:D7;在E8处插入MAX函数,选择参数为E3:E7;在E9处插入MIN函数,选择参数为E3:E7;在F3处插入SUM函数,选择参数为B3:E3,运用填充柄将F4:F7的结果算出;在G3处插入AVERAGE函数,选择参数为B3:E3,运用填充柄计算G4:G7的结果。

步骤2:在B17处插入SUM函数,选择参数为B12:B16;在C12处定义公式"=B12/＄B＄17"计算出结果,并运用填充柄计算C13:C16的结果。设置C12:C16单元格格式为"百分比"型;在E12单元格输入公式"=D12/＄D＄17",计算出结果,并运用填充柄计算E13:E16的结果。设置E12:E16单元格格式为"百分比"型。

完成以上操作后保存文件,完成后效果如图7.21所示。

	A	B	C	D	E	F	G
1	检测耗材使用情况（相对引用练习）						
2	名称	诊室1用量	诊室2用量	诊室3用量	诊室4用量	总用量	平均用量
3	采血针	600	680	440	560	2280	570
4	真空采血管	1200	250	230	600	2280	570
5	血液标签	359	85	30	54	528	132
6	检测试剂	378	220	400	504	1502	375.5
7	棉签	489	356	403	540	1788	447
8	最大量	1200	680	440	600		
9	最小量	359	85	30	54		
10	检验耗材使用情况（绝对引用练习）						
11	产品	诊室1用量	所占总计百分比	诊室2用量	所占总计百分比		
12	采血针	600	19.83%	680	42.74%		
13	真空采血管	1200	39.66%	250	15.71%		
14	血液标签	359	11.86%	85	5.34%		
15	检测试剂	378	12.49%	220	13.83%		
16	棉签	489	16.16%	356	22.38%		
17	总计	3026		1591			

图7.21 "医疗物资物料采购单"完成效果

2. 进阶提高

打开"混合引用任务.xlsx"文件,观察数据表,如图7.22所示,其中A列和B列为参数。

	A	B	C	D	E	F	G	H
1			A2*B列	A3*B列	A4*B列	A列*B2	A列*B3	A列*B4
2	10	15						
3	20	25						
4	30	35						

图7.22 "混合引用任务.xlsx"文件

具体要求:分别根据提示信息将C2:H4的结果以混合引用进行计算。
步骤如下:
步骤一:在C2单元格输入公式"=A＄2*＄B2",用填充柄对C3、C4进行填充。
步骤二:在D2单元格输入公式"=A＄3*＄B2",用填充柄对D3、D4进行填充。
步骤三:在E2单元格输入公式"=A＄4*＄B2",用填充柄对E3、E4进行填充。

步骤四：在 F2 单元格输入公式"＝＄A2＊B＄2"，用填充柄对 F3、F4 进行填充。

步骤五：在 G2 单元格输入公式"＝＄A2＊B＄3"，用填充柄对 G3、G4 进行填充。

步骤六：在 H2 单元格输入公式"＝＄A2＊B＄4"，用填充柄对 H3、H4 进行填充。

7.3　数据的进阶计算 1

知识目标：

- 掌握 RANK、VLOOKUP、MID 等函数的用法。
- 掌握 WPS 函数常用公式的用法。
- 掌握 DATE、TIME、TODAY、YEAR、MONTH、DATEDIF 等与时间相关的函数。

能力目标：

- 能够使用函数完成数据信息的计算。
- 能够在引用参数时正确使用相对引用或绝对引用。
- 能够判断和选择在不同情景下使用哪些函数。
- 能够使用函数的嵌套完成复杂计算。

素养目标：

- 提高学生信息化能力和培养学生使用信息化工具的思维意识。

本节内容思维导图如图 7.23 所示。

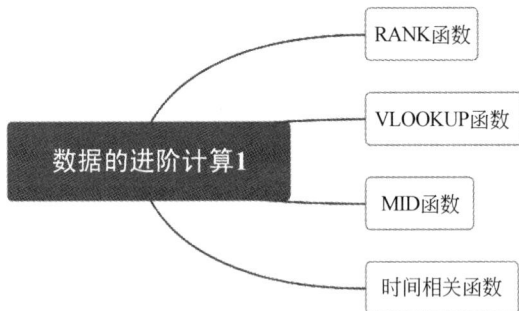

图 7.23　数据的进阶计算 1 思维导图

【思考】

问题 1：RANK、MID 函数有什么功能？

问题 2：身份证号码中包含哪些信息？

7.3.1　进阶计算函数 1

1. RANK 函数

函数功能：返回某数值在一列数中相对其他数值的大小排名。语法格式如下：

```
=RANK(number, ref, order)
```

number：需要找到其排位的数字。

ref：包含一组数字的数组或单元格区域的引用。

order(可选)：排序顺序，如果为 0 或省略，则将按降序排序(最大的数值排名第一)，如果非 0，则将按升序排序(最小的数值排名第一)。

需要注意的是，ref 参数绝大多数时候需要绝对引用，函数应用范例如图 7.24 所示。

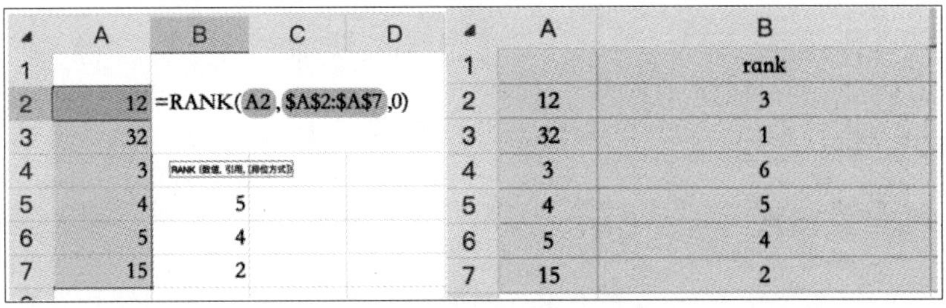

图 7.24　RANK 函数应用范例

2. VLOOKUP 函数

函数功能：在表格或数值数组的首列查找指定的数值，并由此返回表格或数组当前行中制定列的数值(默认情况下，表是升序的)。语法格式如下：

```
=VLOOKUP(lookup_value, table_array, col_index_num, range_lookup)
```

lookup_value：要在表格的第一列中查找的值。

table_array：包含数据的单元格区域或表格的引用。

col_index_num：要返回的结果在查找区域的哪一列(从 1 开始计数)。

range_lookup(可选)：一个逻辑值，指定函数查找时是精确匹配(FALSE)还是近似匹配(TRUE 或省略)。

函数应用范例如图 7.25 所示。

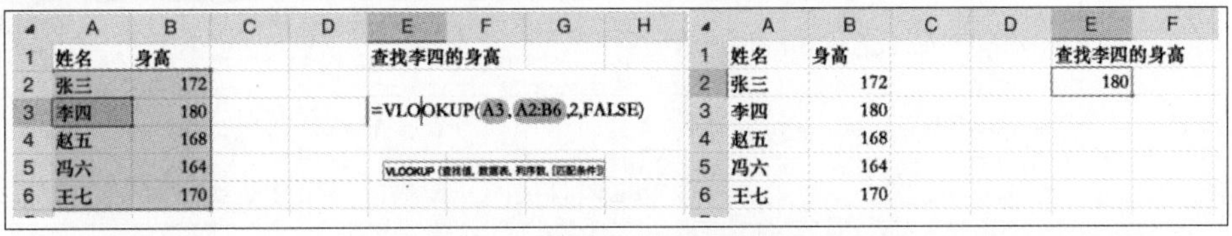

图 7.25　VLOOKUP 函数应用范例

3. MID 函数

函数功能：从字符串中指定的位置开始，返回字符串本身指定长度的字符串。语法格式如下：

```
= MID(text, start_num, num_chars)
```

text：字符串，准备从中提取字符串的文本字符串。

start_num：准备提取的第一个字符的位置。

num_chars：指定所要提取的字符串长度。

函数应用范例如图 7.26 所示。

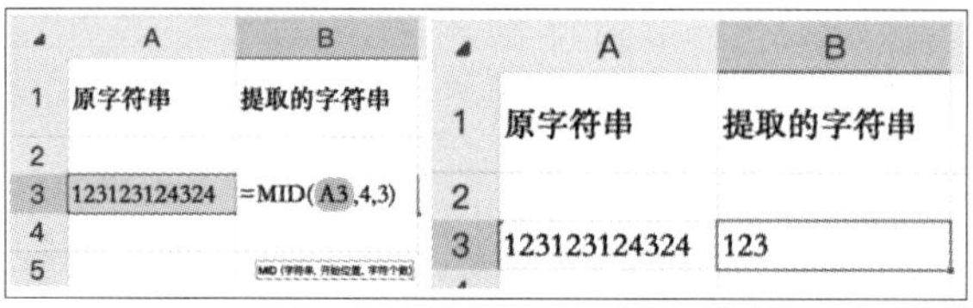

图 7.26　MID 函数应用范例

4. 时间相关函数

在处理 WPS 表格数据时，经常需要面对各种日期和时间的数据格式。WPS 表格与时间相关的函数有很多，常用时间函数如表 7.2 所示。

表 7.2　时间相关函数表

函　　数	语　　法	返　回　值
DATE	=DATE(year,month,day)	返回代表特定日期的序列号
DATEDIF	=DATEDIF(start_date_end_date,unit)	计算 2 个日期之间的天数、月数或年数
DATEVALUE	=DATEVALUE(date_text)	返回以字符串表示的日期值对应的序列号
DAY	=DAY(serial_number)	返回以序列号表示的某日期的天数，是 1～31 的整数
DAYS	=DAYS(start_date,end_date)	返回 2 个日期之间的天数
DAYS360	=DAYS360(start_date,end_date,method)	按每年 360 天返回 2 个日期间的天数（每月 30 天）
HOUR	=HOUR(serial_number)	返回以序列号表示的某时间的小时数值，是 0～23 的整数
MINUTE	=MINUTE(serial_number)	返回以序列号表示的某时间的分钟数值，是 0～59 的整数
MONTH	=MONTH(serial_number)	返回以序列号表示的某日期的月份，是 1～12 的整数
NOW	=NOW()	返回日期时间格式的当前日期和时间
TODAY	=TODAY()	返回日期格式的当前日期
YEAR	=YEAR(serial_number)	返回以序列号表示的某日期的年份，是 1900～9999 的整数
WORKDAY	=WORKDAY(start_date,days,holidays)	返回某日期（起始日期）之前或之后相隔指定工作日的某一日期。工作日不包括周末和专门指定的假日。在计算发票到期日、预计交货时间或工作天数时，可以使用函数 WORKDAY 来扣除周末或假日

函　　数	语　　法	返　回　值
WEEKNUM	＝WEEKNUM(serial_num, return_type)	返回一个数字,该数字代表一年中的第几周
YEARFRAC	＝YEARFRAC(start_date, end_date,basis)	返回开始日期和终止日期之间的天数占全年天数的百分比。使用 YEARFRAC 函数可判别某一特定条件下全年收益或债务的比例

7.3.2　实践任务

1. 基础任务

学习了上述知识后,我们已经具备利用函数对数据进行计算和整理的能力。请打开文件"医院信息表.xlsx",如图 7.27 所示。

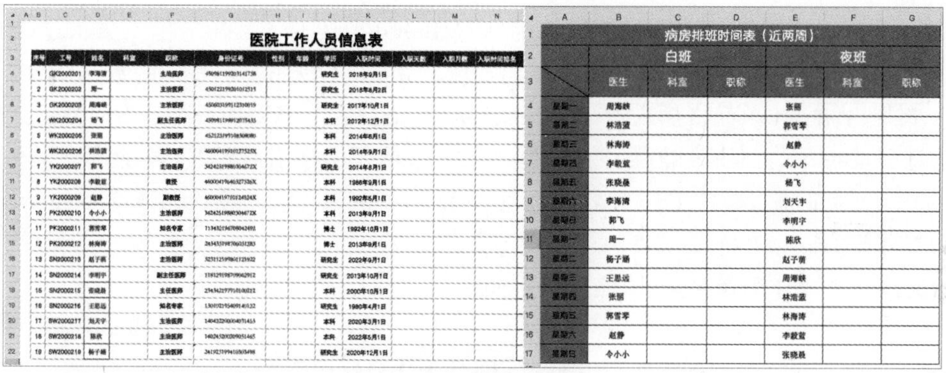

图 7.27　医院信息表

具体的要求如下:

(1) 打开文件"医院信息表.xlsx",在工作表"医院工作人员信息表"中,部分信息已提供。

(2) 根据 C 列工号的前两位字母代码,判断 E 列医生所在科室,对应的科室代码在工作表"补充信息"中。

(3) 根据 G 列身份证号信息补充 H 列性别、I 列年龄(提示:利用 WPS 常用公式)。

(4) 运用时间函数计算入职天数和入职月数。

(5) 在 N 列对入职时间进行排名。

(6) 参考工作表"医院工作人员信息表",在工作表"病房排班时间表(近两周)"中对值班医生的信息进行补充。

根据以上任务要求,任务实施具体操作过程如下:

步骤 1:在工作表"医院工作人员信息表"中,在 E4 单元格插入 VLOOKUP 函数并套用 MID 函数,语法为"＝VLOOKUP(MID(C4,1,2),补充信息!＄C＄3:＄D＄9,2,FALSE)",然后利用填充柄功能计算 E5:E22 的数据的结果。VLOOKUP 函数通过寻找

"补充信息"工作表的代码确定科室信息,而工号中的代码通过 MID 函数进行提取,并进行精确匹配。此处需注意,VLOOKUP 的数据表参数需要用绝对引用。

步骤 2:在 H4 单元格选择插入函数,找到常用函数选项卡中的"提取身份证性别",并选择 G4 单元格作为参数,然后利用填充柄功能计算 H5:H22 的数据结果。

步骤 3:在 I4 单元格选择插入函数,找到常用函数选项卡中的"提取身份证年龄",并选择 G4 单元格作为参数,然后利用填充柄功能计算 I5:I22 的数据结果。

步骤 4:在 L4 单元格插入 DATEDIF 函数,并套用 TODAY 函数,语法为"=DATEDIF(K4,TODAY(),"D")",然后利用填充柄功能计算 L5:L22 的数据结果。

步骤 5:在 M4 单元格插入 DATEDIF 函数,并套用 TODAY 函数,语法为"=DATEDIF(K4,TODAY(),"M")",然后利用填充柄功能计算 M5:M22 的数据结果。

步骤 6:在 N4 单元格插入 RANK 函数,语法为"=RANK(L4,$L$4:$L$22,0)",然后利用填充柄功能计算 N5:N22 的数据结果。此处需注意,数据列表参数需要绝对引用。

步骤 7:在工作表"病房排班时间表(近两周)"中,在 C4 单元格插入 VLOOKUP 函数,语法为"=VLOOKUP(B4,医院工作人员信息表!$D$4:$E$22,2,FALSE)";在 F4 单元格插入 VLOOKUP 函数,语法为"=VLOOKUP(E4,医院工作人员信息表!$D$4:$E$22,2,FALSE)",并运用填充柄功能计算 C5:C17 和 F5:F17 的数据结果。

步骤 8:在 D4 单元格插入 VLOOKUP 函数,语法为"=VLOOKUP(B4,医院工作人员信息表!$D$4:$F$22,3,FALSE)";在 G4 单元格插入 VLOOKUP 函数,语法为"=VLOOKUP(E4,医院工作人员信息表!$D$4:$F$22,3,FALSE)"。并运用填充柄功能计算 D5:D17 和 G5:G17 的数据结果。

完成以上操作后保存文件,完成效果如图 7.28、图 7.29 所示。

医院工作人员信息表

序号	工号	姓名	科室	职称	身份证号	性别	年龄	学历	入职时间	入职天数	入职月数	入职时间排名
1	GK2000201	李海清	骨科	主治医师	450981199203141738	男	33	研究生	2018年9月1日	2416	79	15
2	GK2000202	周一	骨科	主治医师	450122199201012515	男	33	研究生	2018年8月2日	2446	80	14
3	GK2000203	周海峡	骨科	主治医师	450603199112310019	男	33	研究生	2017年10月1日	2751	90	13
4	WK2000204	杨飞	外科	副主任医师	450981198912075433	男	35	本科	2012年12月1日	4516	148	6
5	WK2000205	张丽	外科	主治医师	452123199108308080	女	33	本科	2014年6月1日	3969	130	10
6	WK2000206	林浩蓝	外科	主治医师	46000419910127525X	男	34	本科	2014年9月1日	3877	127	12
7	YK2000207	郭飞	眼科	主治医师	342425198803046672	女	37	研究生	2014年8月1日	3908	128	11
8	YK2000208	李毅蓝	眼科	教授	46000419640327526X	女	60	本科	1986年9月1日	14104	463	2
9	YK2000209	赵静	眼科	副教授	46000419710124524X	女	54	本科	1992年5月1日	12035	395	3
10	PK2000210	令小小	皮肤科	主治医师	342425198803046672X	女	37	本科	2018年9月1日	4242	139	7
11	PK2000211	郭雪芽	皮肤科	知名专家	113432196708042492	男	57	博士	1992年10月1日	11882	390	4
12	PK2000212	林海涛	皮肤科	主治医师	243433198706031283	女	37	博士	2013年9月1日	4242	139	7
13	SN2000213	赵子萌	神经内科	主治医师	523112199801121922	男	27	研究生	2022年9月1日	955	31	19
14	SN2000214	李明宇	神经内科	副主任医师	118129198709062912	男	37	研究生	2013年10月1日	4212	138	9
15	SN2000215	张晓晨	神经内科	主任医师	234342197910100212	男	45	本科	2000年10月1日	8960	294	5
16	SN2000216	王思远	神经内科	知名专家	130102195409140122	女	70	研究生	1980年4月1日	16448	540	1
17	SW2000217	刘天宇	神经外科	主治医师	140432200004031453	男	25	本科	2020年3月1日	1869	61	16
18	SW2000218	陈欣	神经外科	主治医师	140245200209051465	女	22	本科	2022年5月1日	1078	35	18
19	SW2000219	杨子涵	神经外科	主治医师	241923199410303498	男	30	研究生	2020年12月1日	1594	52	17

图 7.28 "医院工作人员信息表"完成效果

图7.29 "病房排班时间表（近两周）"完成效果

2. 进阶提高

在文件"医院信息表.xlsx"的工作表"医院工作人员信息表"中，如图7.30所示，还需要将邮箱信息补充完整。邮箱的地址为"大写姓名首字母＋出生年月日@work.com"。此处需要借助一个字母和汉字对应的数据列表来进行模糊匹配，运用MIDB函数提取姓名中的字符，再通过VLOOKUP函数模糊匹配相同音的汉字找到对应的字母，最后通过CONCAT函数将其连接起来。

图7.30 邮箱地址

根据以上任务要求，任务实施具体操作过程如下：

步骤1：在"姓名缩写"工作表中另起一列，在E3单元格输入：

```
=CONCAT(VLOOKUP(MIDB(C3,1,2),$H$2:$I$25,2),VLOOKUP(MIDB(C3,3,2),$H$2:$I$25,
2),VLOOKUP(MIDB(C3,5,2),$H$2:$I$25,2))
```

注意：在本任务中的姓名录入时，已对所有2个字的名字后加了空格字符，所以在WPS系统中所有名字都被认为是3字节，2字的名字第3字节为空字节。而在VLOOKUP函数对字母汉字表进行引用时，额外引用了一行空字符，即可避免出现2个字的名字搜索不到第3个字符而报错的现象。

步骤2：在F3单元格输入"=TRIM(E3)"，目的是清除单元格后的空格，这样在后续邮箱引用名字首字母时不会出现空格的情况。

步骤3：返回"医院工作人员信息表"工作表中，在O4单元格输入公式"=VLOOKUP(D4,姓名缩写!$C$3:$F$21,4,FALSE)&MID(G4,7,8)&"@work.com""，利用填充柄计算O5:O22的单元格的数据结果，即可准确生成所有邮箱地址。

完成以上操作后保存文件，最终的效果如图7.31所示。

序号	工号	姓名	科室	职称	身份证号	性别	年龄	学历	入职时间	入职天数	入职月数	入职时间排名	邮箱
1	GK2000201	李海清	骨科	主治医师	450981199203141738	男	32	研究生	2018年8月1日	2130	70	15	LHQ19920314@work.com
2	GK2000202	周一	骨科	主治医师	450122199201012515	男	32	研究生	2018年8月2日	2160	70	14	ZY19920101@work.com
3	GK2000203	周海峡	骨科	主治医师	450603199112310019	男	32	研究生	2017年10月1日	2465	81	13	ZHX19911231@work.com
4	WK2000204	杨飞	外科	副主任医师	450981198912075433	男	34	本科	2012年12月1日	4230	139	6	YF19891207@work.com
5	WK2000205	张丽	外科	主治医师	452123199108308080	女	32	本科	2014年6月1日	3683	121	10	ZL19910830@work.com
6	WK2000206	林浩蓝	外科	主治医师	460041991012752*X	男	33	本科	2014年9月1日	3591	118	12	LHL19910127@work.com
7	YK2000207	郭飞	眼科	主治医师	342425198803046*72X	女	36	研究生	2014年8月1日	3622	119	11	GF19880304@work.com
8	YK2000208	李毅蓝	眼科	教授	460004196403275*26X	女	60	本科	1986年9月1日	13818	454	2	LYL19640327@work.com
9	YK2000209	赵静	眼科	副教授	460041971012452*4X	女	53	本科	1992年5月1日	11749	386	5	ZJ19710124@work.com
10	PK2000210	令小小	皮肤科	主治医师	342425198803046*72X	女	36	本科	2014年9月1日	3956	130	7	LXX19880304@work.com
11	PK2000211	郭雪琴	皮肤科	知名专家	113432196708042*92	男	56	博士	1992年10月1日	11596	381	3	GXQ19670804@work.com
12	PK2000212	林海涛	皮肤科	博士	243433198706031*83	女	37	博士	2014年9月1日	3956	130	7	LHS19870603@work.com
13	SN2000213	赵子萌	神经内科	主治医师	523112199801121*22	女	26	研究生	2022年9月1日	669	22	19	ZZM19980112@work.com
14	SN2000214	李明宇	神经内科	副主任医师	118129198709062*12	男	36	研究生	2013年10月1日	3926	129	9	LMY19870906@work.com
15	SN2000215	张晓晨	神经内科	主任医师	234342197910100*12	女	44	本科	2000年10月1日	8674	285	5	ZXB19791010@work.com
16	SN2000216	王思远	神经内科	知名专家	130102195409140*22	女	69	研究生	1980年4月1日	16162	531	1	WSY19540914@work.com
17	SW2000217	刘天宇	神经外科	主治医师	140432200004031*53	男	24	本科	2020年3月1日	1583	52	16	LTY20000403@work.com
18	SW2000218	薛欣	神经外科	主治医师	140245200209051*65	女	21	本科	2022年5月1日	792	26	18	BX20020905@work.com
19	SW2000219	杨子涵	神经外科	主治医师	241923199410303*98	男	29	研究生	2020年12月1日	1308	43	17	YZH19941030@work.com

图7.31 邮箱地址完成效果

7.4 数据的进阶计算2

知识目标：

- 掌握IF、IFS、COUNTIF、COUNTIFS、SUMIF、SUMIFS、MATCH、INDEX函数的用法。

能力目标：

- 能够使用函数完成数据信息的计算。
- 能够在引用参数时正确使用相对引用或绝对引用。

素养目标：

- 提高学生信息化能力和培养学生使用信息化工具的思维意识。

本节思维导图如 7.32 所示。

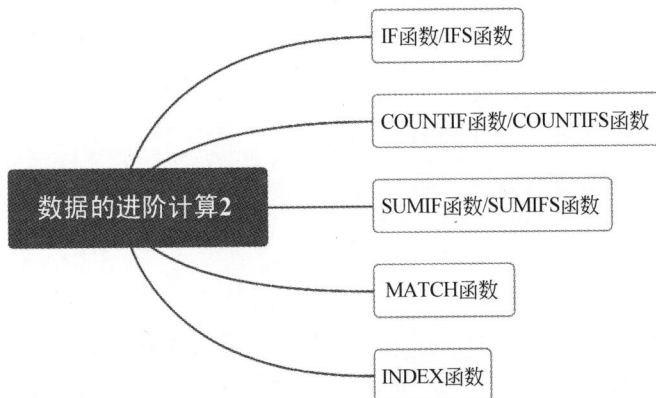

图 7.32　数据的进阶计算 2 思维导图

【思考】

问题 1：IF、COUNT、SUM、MATCH 英文意思都是什么？

问题 2：当我们遇见不会使用的函数时，可以从哪些渠道获得函数的使用方法呢？

7.4.1　进阶计算函数 2

1. IF 函数/IFS 函数

（1）IF（条件函数）。函数功能：判断一个条件是否满足，满足则返回一个值，否则返回另一个值。语法格式如下：

`=IF(logical_test, value_if_true, value_if_false)`

logical_test：要测试的条件。

value_if_true：如果条件为真，则返回此值。

value_if_false：如果条件为假，则返回此值。

函数应用范例如图 7.33 所示。

图 7.33　IF 函数

（2）IFS（多重条件函数）。函数功能：检查是否满足一个或多个条件，且返回符合第一个 TRUE 条件的值。IFS 可以取代多个嵌套 IF 的语句使用。语法格式如下：

= IFS(logical_test1, value_if_true1, logical_test2, value_if_true2 …)

logical_test1：第一个要测试的条件。

value_if_true1：如果第一个条件为真，则返回此值。

logical_test2：第二个要测试的条件。

value_if_true2：如果第二个条件为真，则返回此值。

以此类推。

2. COUNTIF 函数/COUNTIFS 函数

（1）COUNTIF（计数函数）。函数功能：计算区域中满足给定条件的单元格的个数。语法格式如下：

=COUNTIF(range, criteria)

range：要计算其中满足条件的单元格数目的单元格区域。

criteria：确定哪些单元格将被计算在内的条件，其形式可以为数字、表达式或文本。

函数应用范例如图 7.34 所示。

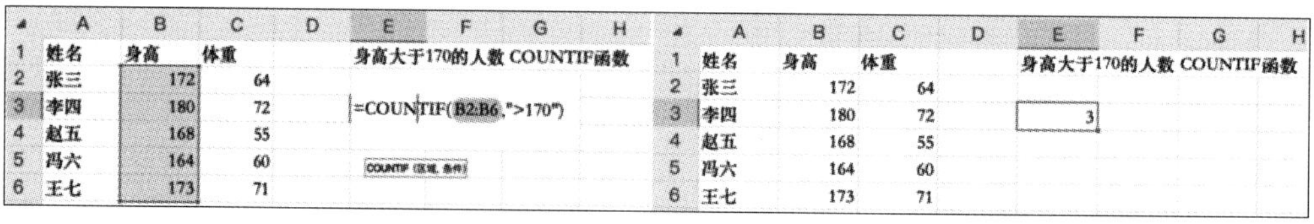

图 7.34 COUNTIF 函数

（2）COUNTIFS（多重条件计数函数）。函数功能：计算多个区域中满足给定条件的单元格的个数。语法格式如下：

=COUNTIFS(criteria_range1, criteria1,[criteria_range2, criteria2],…)

criteria_range1：第一个要应用条件的范围或单元格引用。

criteria1：第一个条件。

后续的参数依次为更多的范围和条件。函数应用范例如图 7.35 所示。

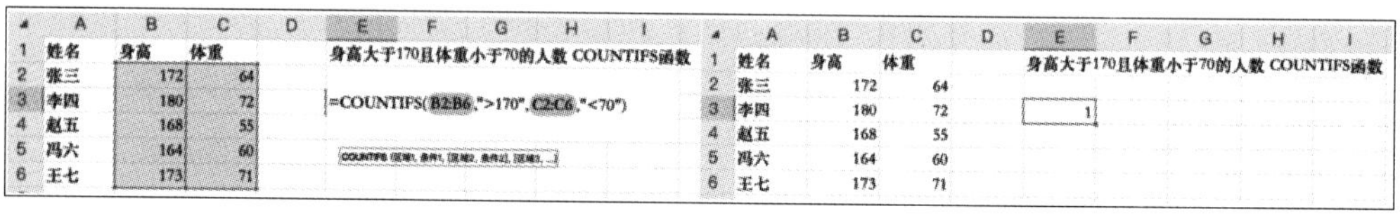

图 7.35 COUNTIFS 函数

3. SUMIF 函数/SUMIFS 函数

（1）SUMIF（条件求和）。函数功能：对满足条件的单元格求和。语法格式如下：

```
=SUMIF(range, criteria, sum_range)
```

range：要应用条件的范围或单元格引用。

criteria：定义哪些单元格将包括求和中的条件。

sum_range：要求和的单元格范围。

（2）SUMIFS（多重条件求和）。函数功能：对区域中满足多个条件的单元格求和。语法格式如下：

```
=SUMIFS(sum_range, criteria_range1, criteria1,[criteria_range2, criteria2],…)
```

sum_range：要求和的单元格范围。

criteria_range1：第一个要应用条件的范围或单元格引用。

criteria1：第一个条件。

后续的参数依次为更多的范围和条件。

4. MATCH 函数

函数功能：返回在指定方式下与指定匹配的数组中元素的相应位置。语法格式如下：

```
=MATCH(lookup_value, lookup_array, match_type)
```

lookup_value：查找值，在数组中所要查找匹配的值，可以是数值、文本或逻辑值，或者对上述类型的引用。

lookup_array：查找区域，含有要查找的值的连续单元格区域，可以是一个数组，或是对某数组的引用。

match_type：匹配类型，为数字-1、0或1，指明WPS表格如何在查找区域中查找指定值（0为精确匹配，1为模糊匹配，查找区域须升序；-1为模糊匹配，查找区域须降序）。

5. INDEX 函数

函数功能：返回数据清单或数组中的元素值，此元素由行序号和列序号的索引值给定。语法格式如下：

```
=INDEX(reference, row_num, column_num, area_num)
```

reference：单元格区域或数组常量。

row_num：数组或引用中要返回值的行序号。如果省略，则列序数不为空。

column_num：数组或引用中要返回值的列序号。如果省略，则行序数不为空。

area_num：对一个或多个单元格区域的引用，默认值为1。

7.4.2　实践任务

1. 基础任务

学习了上述知识后，我们已经具备利用函数对数据进行计算和整理的能力，这时再来看本节任务。首先需要打开文件"医生手术情况统计.xlsx",如图 7.36 所示。

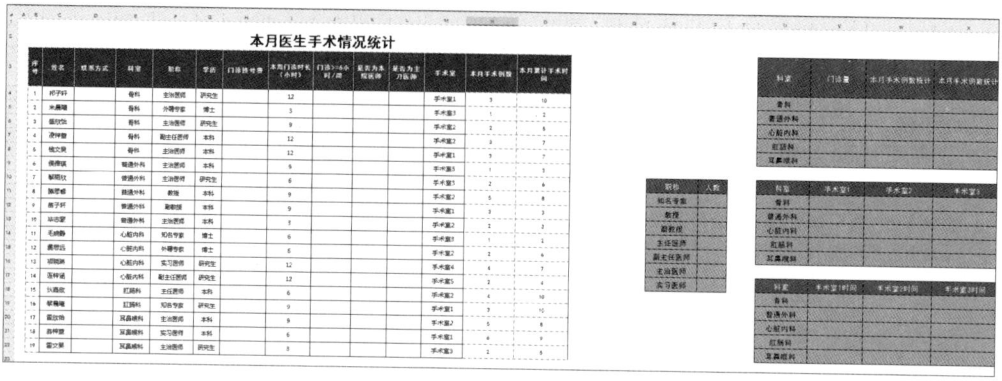

图 7.36 医生手术情况统计

请对表中医院人员的信息进行整理和计算,具体的要求如下:

(1) 打开文件"医生手术情况统计.xlsx"的工作表"本月医生手术情况统计",表中部分信息已提供,根据范图,对剩余信息进行补充。

(2) 根据医生的职称,利用 IFS 函数区分挂号费 I 列(知名专家 100 元,教授 80 元,副教授 70 元,主任医师 50 元,副主任医师 30 元,主治医师 20 元,实习医师 10 元)。

(3) 利用 IF 函数完成 K、L、M 列内容。K 列内容根据 J 列直接判断;L 列根据职称判断,职称为"外聘专家"的则不是本院医生,其他均为本院医生;M 列根据职称判断,职称为"实习医生"的不能为主刀医生,其他均为主刀医生。

(4) 利用 COUNTIF 函数计算 T4:T8 和 T11:T17 人数。

(5) 利用 SUMIF 函数对 W4:Y8 计算求和。

(6) 利用 COUNTIFS 函数判断各科室有多少医生占用各手术室,完成 W11:AA15。

(7) 利用 SUMIFS 函数判断各科室使用手术室时间的总和,完成 W18:AA22。

根据以上任务要求,任务实施具体操作过程如下:

步骤 1:在 I4 插入函数 IFS,语法为"=IFS(G4="实习医师",10,G4="主治医师",20,G4="副主任医师",30,G4="主任医师",50,G4="副教授",70,G4="教授",80,G4="知名专家",100,G4="外聘专家",100)",并使用填充柄计算 I5:I22 的结果。

步骤 2:在 K4 插入函数 IF,语法为"=IF(J4>=6,"是","否")",并使用填充柄计算 K5:K22 的结果。

步骤 3:在 L4 插入函数 IF,语法为"=IF(G4="外聘专家","否","是")",并使用填充柄计算 L5:L22 的结果。

步骤 4:在 M4 插入函数 IF,语法为"=IF(G4="实习医师","否","是")",并使用填充柄计算 M5:M22 的结果。

步骤 5:在 T11 插入函数 COUNTIF,语法为"=COUNTIF($G$4:$G$22,S11)",并使用填充柄计算 T12:T17 的结果,注意绝对引用。

步骤 6:在 W4 插入函数 SUMIF,语法为"=SUMIF($F$4:$F$22,V4,$J$4:$J$22)",并使用填充柄计算 W5:W8 的结果,注意绝对引用。

　　　　　　　　信息技术基础

步骤 7：在 X4 插入函数 SUMIF，语法为"=SUMIF（＄F＄4：＄F＄22，V4，＄O＄4：＄O＄22）"，并使用填充柄计算 X5：X8 的结果，注意绝对引用。

步骤 8：在 Y4 插入函数 SUMIF，语法为"=SUMIF（＄F＄4：＄F＄22，V4，＄P＄4：＄P＄22）"，并使用填充柄计算 Y5：Y8 的结果，注意绝对引用。

步骤 9：在 W11 插入函数 SUMIFS，语法为"=SUMIFS（＄O＄4：＄O＄22，＄F＄4：＄F＄22，＄V11，＄N＄4：＄N＄22，W＄10）"，并使用填充柄计算 W11：AA15 的结果，注意绝对引用和混合引用。

步骤 10：在 W18 插入函数 SUMIFS，语法为"=SUMIFS（＄P＄4：＄P＄22，＄F＄4：＄F＄22，＄V18，＄N＄4：＄N＄22，W＄10）"，并使用填充柄计算 W18：AA22 的结果，注意绝对引用和混合引用。

完成以上操作后保存文件，完成后效果如图 7.37 所示。

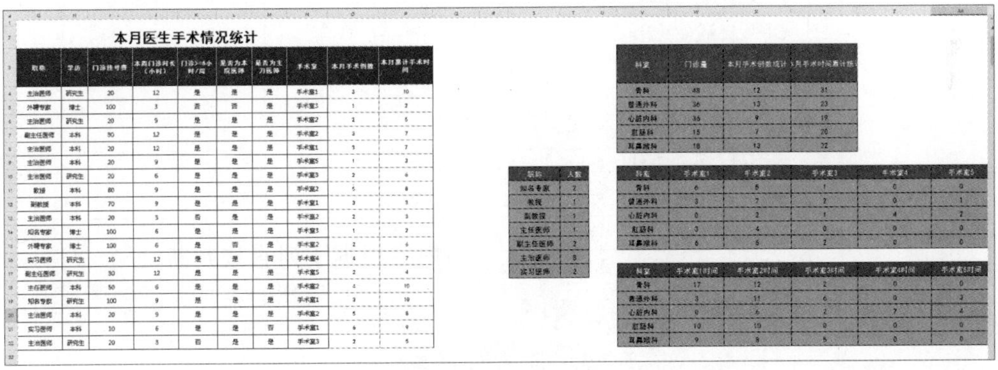

图 7.37 "本月医生手术情况统计"完成效果

2. 进阶提高

在工作表"联系方式"中有医生的联系方式作为额外需要补充的信息，而此工作表中医生的姓名排列方式和工作表"本月医生手术情况统计"中的姓名排列方式不同且无规律，此处需要用 MATCH 函数和 INDEX 函数，将联系方式录入至"本月医生手术情况统计"中。此处 INDEX 函数主要是返回查找列表中行列号所匹配的单元格的值，而 MATCH 函数是为了通过医生姓名找到行列号，两者结合即可准确返回医生的联系方式信息。在生活中，通过 INDEX＋MATCH 函数作为反向查询的方法非常实用，相对于 VLOOKUP 的正向查询，INDEX＋MATCH 函数的方法具备可以查找多行列信息的功能，比 VLOOKUP 更加方便。

根据以上任务要求，任务实施具体操作过程如下：

在"本月医生手术情况统计"的 E4 单元格中插入 INDEX 函数，语法为"=INDEX（联系方式！＄C＄3：＄D＄21，MATCH（＄D4，联系方式！＄C＄3：＄C＄21，0），MATCH（E＄3，联系方式！＄C＄2：＄D＄2，0））"。然后通过填充柄计算 E5：E22 的结果。

最终效果如图 7.38 所示。

序号	姓名	联系方式	科室	职称	学历	门诊挂号费	本周门诊时长（小时）	门诊>=6小时/周	是否
1	祁子轩	193****9281	骨科	主治医师	研究生	20	12	是	
2	米晨曦	136****3428	骨科	外聘专家	博士	100	3	否	
3	盛欣怡	187****3821	骨科	主治医师	研究生	20	9	是	
4	凌梓萱	189****1432	骨科	副主任医师	本科	30	12	是	
5	钱文昊	133****9382	骨科	主治医师	本科	20	12	是	
6	侯雅琪	130****9483	普通外科	主治医师	本科	20	9	是	
7	黎雨欣	182****1231	普通外科	主治医师	研究生	20	6	是	
8	滕思睿	134****4325	普通外科	教授	本科	80	9	是	
9	苗子轩	137****9382	普通外科	副教授	本科	70	9	是	
10	毕志豪	135****5452	普通外科	主治医师	本科	20	3	否	
11	毛婉静	139****1321	心脏内科	知名专家	博士	100	6	是	
12	费思远	184****9657	心脏内科	外聘专家	博士	100	6	是	
13	项晓琳	139****9472	心脏内科	实习医师	研究生	10	12	是	
14	连梓涵	139****4921	心脏内科	副主任医师	研究生	30	12	是	
15	狄嘉欣	139****1329	肛肠科	主任医师	本科	50	6	是	
16	黎晨曦	182****3322	肛肠科	知名专家	研究生	100	9	是	

图 7.38 联系方式完成效果

7.5 数据排序、筛选与分类汇总

知识目标：

- 掌握对数据列表的条件格式设置。
- 掌握对数据列表的排序。
- 掌握对数据列表的筛选及高级筛选。
- 掌握对数据列表的分类汇总。

能力目标：

- 能够使用条件格式设置不同规则。
- 能够对数据进行升降序排序及自定义排序。
- 能够对数据进行筛选或高级筛选。
- 能够对数据进行分类汇总。

素养目标：

- 培养学生对待数据细致严谨的态度。

本节内容思维导图如图 7.39 所示。

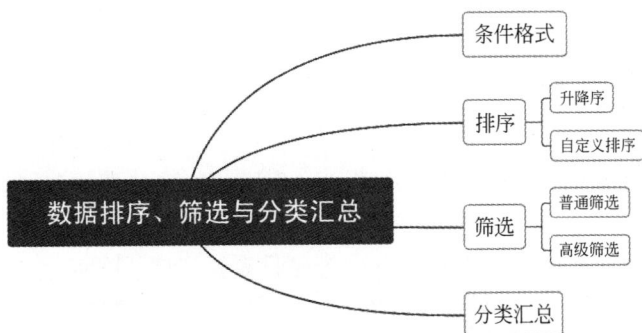

图 7.39 数据排序、筛选与分类汇总思维导图

【思考】

问题1：对数据的排序可以按照哪些规则？

问题2：当对数据进行统计分析的时候，对数据本身有没有要求呢？

7.5.1 数据的操作

1. 条件格式

条件格式可以突出显示符合条件的单元格或单元格区域，可以直观地查看和分析数据，发现关键问题，并识别模式和趋势。条件格式设置如图7.40所示。

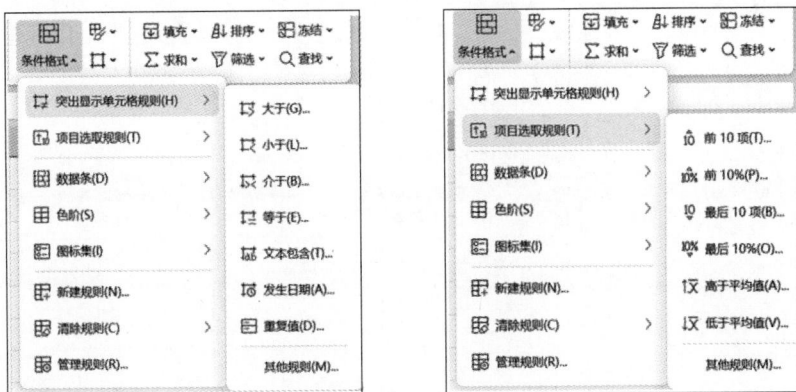

图 7.40 条件格式设置

可以通过选中想要应用条件格式的数据区域设置条件格式。数据区域可以是一个单元格、一行、一列或者一个数据范围。条件规则可以是"突出显示单元格规则"（包括"大于""小于""等于""文本包含"等）、"数据条"、"色阶"和"图标集"等。

"突出显示单元格规则"会根据单元格值的大小或内容来设置单元格的样式。例如，可以选择"大于"并输入一个值，然后设置满足条件的单元格的填充颜色。"数据条"则用于在单元格内显示数据条，数据条的长度表示数值的大小，有助于快速比较同一行或列中的数值。"色阶"根据单元格值的大小，为单元格填充不同的颜色。颜色的深浅表示数值的大小或变化方向。"图标集"用于在单元格中显示一组图标,以表示数值的特定状态或范围。

2. 排序

在数据表中对数据列进行排序,通常分为三种规则:升序排序、降序排序、自定义排序。

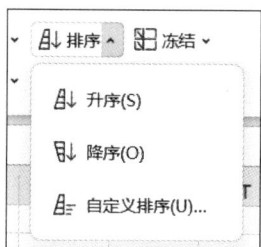

图 7.41 排序

升序和降序排序只需要选中排序参考列中的任意一个单元格,单击"排序"按钮,选择"升序""降序"即可,如图 7.41 所示。升降序排序只针对单列关键字进行排序。

自定义排序可以通过针对多列数据关键字进行排序,当选择"自定义排序"后将弹出"排序"对话框,在对话框中添加排序条件:当第一行有标题时,可选择"数据包含标题",然后设置"主要关键字","排序依据"可以是数值,也可以是格式等,"次序"可以是升降序或自定义序列。通过添加条件可以增加若干次要关键字,当两个被排序的对象中主要关键字的指标相同时,可以通过次要关键字进行排序。自定义排序如图 7.42 所示。

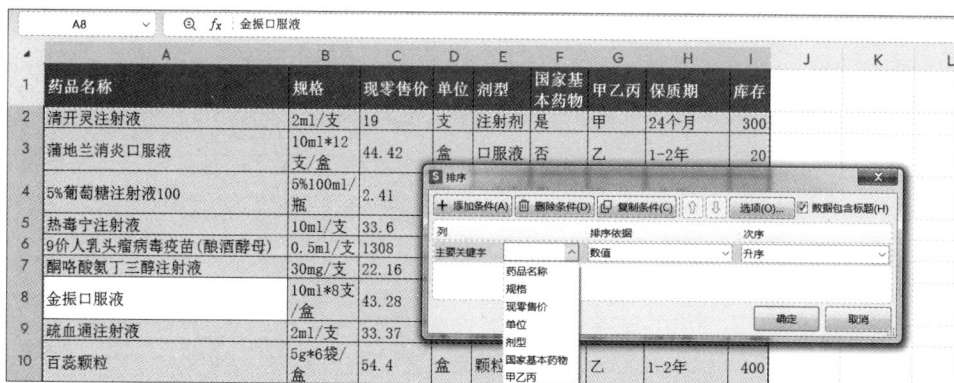

图 7.42 自定义排序

3. 筛选

在 WPS 表格中,筛选功能分为普通筛选和高级筛选。

1)普通筛选

普通筛选是 WPS 表格中最基本的筛选功能,它允许用户根据单个或多个条件筛选数据。在 WPS 表格工具栏中选择"数据"选项卡,找到"排序与筛选"分组,单击"筛选"按钮。单击后,会在数据列表每个列的表头上出现下拉箭头,如图 7.43 所示。

图 7.43 普通筛选

单击需要筛选的列的下拉箭头,可以设置筛选条件,在下拉菜单中选择需要的筛选条件,如"包含""不包含""等于""大于""小于"等。在筛选条件中填写所需的数值或文本,以进一步缩小筛选结果的范围。设置筛选条件如图7.44所示。

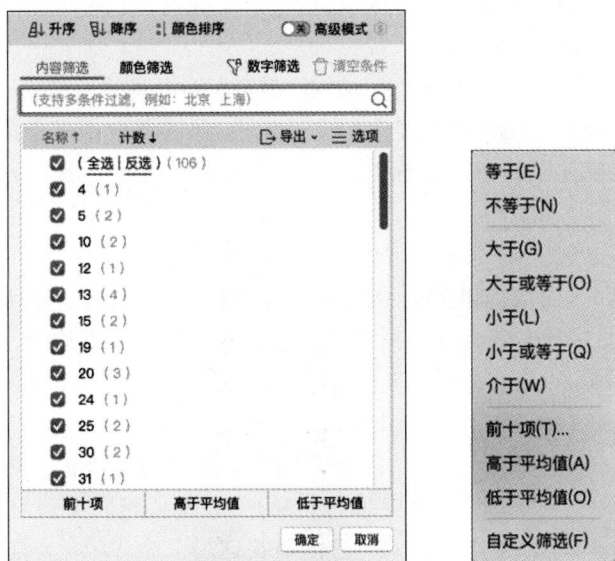

图7.44　设置筛选条件

普通筛选功能适用于简单的数据筛选需求,能够快速定位到满足特定条件的数据行。

2)高级筛选

如果数据筛选条件很复杂,则可以选用高级筛选。高级筛选功能相比普通筛选更为强大和灵活,它允许用户根据多个条件(包括"与"和"或"逻辑)进行筛选,并可以选择将筛选结果输出到原区域或指定位置,如图7.45所示。

图7.45　高级筛选

高级筛选的基本步骤如下:

(1)准备筛选条件。在列表区域外的空白单元格中键入筛选条件。条件区域中的每一行代表一个条件组合,如图 7.45 中,条件区域在 J4:L7 单元格。筛选时,同一行内的不同条件需要同时满足,不同行的条件满足任意一行条件即可被筛选。

（2）设置筛选。在"数据"选项卡中单击"筛选"按钮后选择"高级筛选",在弹出的对话框中选择要筛选的列表区域和条件区域,然后可以选择"在原有区域显示筛选结果"或"将筛选结果复制到其他位置"两种方式。

（3）完成筛选。设置完筛选条件后,单击"确定"按钮,即可完成高级筛选操作。

高级筛选功能特别适用于处理复杂的筛选需求,如需要根据多个条件组合筛选数据,或者需要将筛选结果输出到指定位置以便进一步分析。

4. 分类汇总

分类汇总是 WPS 表格提供的一个数据处理功能,它允许用户按照一个或多个字段对数据进行分类,并对每个分类的数据进行统计汇总,如求和、平均值、最大值、最小值等。如图 7.46 所示。

图 7.46　分类汇总

分类汇总操作步骤如下:

（1）排序数据。在进行分类汇总之前,要先对需要分类的字段进行排序,以确保相同类别的数据被放在一起。

（2）选中数据区域。在 WPS 表格中,选中包含需要分类汇总的数据的区域。

（3）打开"分类汇总"对话框。选择菜单栏上的"数据"选项卡,然后在"分级显示"组中找到并单击"分类汇总"按钮,打开"分类汇总"对话框。

（4）设置分类汇总参数。在"分类汇总"对话框中,设置以下参数:

- 分类字段:选择需要按哪个字段进行分类。
- 汇总方式:选择汇总的方式,如"求和""平均值""最大值""最小值"等。
- 选定汇总项:选择需要汇总的字段。

如果有需要,还可以勾选"替换当前分类汇总"复选框来替换之前的分类汇总结果,或者勾选"每组数据分页"复选框来在每组分类汇总数据之后插入分页符。

（5）执行分类汇总。设置好参数后。单击"确定"按钮执行分类汇总。WPS 表格将自动生成分类汇总表,并分级显示数据。如果需要取消分类汇总,则在"分类汇总"对话框中单击"全部删除"按钮即可取消分类汇总。

7.5.2　实践任务

1. 基础任务

学习了上述知识后,我们已经具备了对数据进行排序、筛选和分类汇总的能力,那么接下来我们需要对数据表进行如下操作。如图 7.47 所示，打开“药品目录.xlsx”，具体的要求如下：

	A	B	C	D	E	F	G	H	I
1	药品名称	规格	现零售价	单位	剂型	国家基本药物	甲乙丙	保质期	库存
2	清开灵注射液	2ml/支	19	支	注射剂	是	甲	24个月	300
3	蒲地兰消炎口服液	10ml*12支/盒	44.42	盒	口服液	否	乙	1-2年	20
4	5%葡萄糖注射液100	5%100ml/瓶	2.41	瓶	注射剂	是	乙	3个月	60
5	热毒宁注射液	10ml/支	33.6	支	注射剂	否	乙	一周左右	100
6	9价人乳头瘤病毒疫苗(酿酒酵母)	0.5ml/支	1308	支	注射剂	否	乙	4-5年	500
7	酮咯酸氨丁三醇注射液	30mg/支	22.16	支	注射剂	否	乙	1-2天	82
8	金振口服液	10ml*8支/盒	43.28	盒	口服液	是	甲	36个月	50
9	疏血通注射液	2ml/支	33.37	支	注射剂	否	乙	24个月	90
10	百蕊颗粒	5g*6袋/盒	54.4	盒	颗粒剂	是	乙	1-2年	400
11	香丹注射液	10ml/支	69	支	注射剂	否	甲	36个月	200
12	硝呋太尔片	0.2g*10片/盒	26.5	盒	片剂	否	乙	1-2年	100
13	注射用法莫替丁	20mg/支	26	支	粉针剂	是	甲	6月-1年	200
14	注射用环磷腺苷	20mg/支	12.82	支	粉针剂	否	乙	24个月	600
15	愈美甲麻敏糖浆	100ml/瓶	36	瓶	糖浆剂	是	甲	24个月	100
16	小儿肺热清颗粒	4g*6袋/	46.32	盒	颗粒剂	否	乙	36个月	300

图 7.47　药品目录

(1) 在工作表“排序”中，对药品目录进行排序，排序的依据：药品名称(主要关键字)、甲乙丙(次要关键字)，均设置为升序排序。设置条件格式：将甲类设置为“绿填充色深绿色文本”；将库存设置为数据条形式，颜色为“渐变填充-蓝色”。完成效果如图 7.48 所示。

	A	B	C	D	E	F	G	H	I
1	药品名称	规格	现零售价	单位	剂型	国家基本药物	甲乙丙	保质期	库存
2	5%葡萄糖注射液100	5%100ml/瓶	2.41	瓶	注射剂	是	乙	3个月	60
3	9价人乳头瘤病毒疫苗(酿酒酵母)	0.5ml/支	1308	支	注射剂	否	乙	4-5年	500
4	桉柠蒎肠溶软胶囊	0.3g*18粒/盒	31.37	盒	软胶囊剂	是	乙	1-2年	80
5	百安洗液	100ml/瓶	42.4	瓶	洗剂	否	乙	1-2年	500
6	百蕊颗粒	5g*6袋/盒	54.4	盒	颗粒剂	是	乙	1-2年	400
7	玻璃酸钠滴眼液	0.4ml*15支/盒	28.8	盒	滴眼剂	否	乙	1个月	5
8	布地奈德吸入气雾剂	0.1mg*200揿/瓶	130.5	瓶	气雾剂	是	乙	1-2年	43
9	布洛芬颗粒	0.2g*12袋/盒	14.4	盒	颗粒剂	是	丙	2年	93
10	布洛芬颗粒	0.1g*18包/盒	2.1	盒	颗粒剂	是	乙	2年	40
11	参麦注射液	20ml/支	6.09	支	注射剂	是	甲	36个月	45
12	除湿止痒软膏	20g/支	48.6	支	软膏剂	是	乙	1-2年	134
13	达肝素钠注射液	5000IU/支	34.38	支	注射剂	是	乙	24小时	350
14	丹红注射液	10ml/支	16.92	支	注射剂	否	乙	28个月	520
15	地西泮注射液	10mg*10支/盒	79.8	盒	注射剂	是	甲	36个月	39
16	冻干人用狂犬病疫苗(人二倍体细	1.0ml/支	310	支	冻干粉	否	甲	1年	31

排序　筛选　分类汇总　高级筛选　数据透视表　+

图 7.48　排序完成效果

(2) 在工作表“筛选”中，对药品目录进行筛选操作，筛选条件：药品甲、乙两类，剂型选择“注射剂”“栓剂”“冻干粉针”，库存＞＝50。完成效果如图 7.49 所示。

	药品名称	规格	现零售价	单位	剂型	国家基本药	甲乙丙	保质期	库存
2	清开灵注射液	2ml/支	19	支	注射剂	是	甲	24个月	300
4	5%葡萄糖注射液100	5%100ml/瓶	2.41	瓶	注射剂	是	乙	3个月	600
5	热毒宁注射液	10ml/支	33.6	支	注射剂	否	乙	一周左右	100
6	9价人乳头瘤病毒疫苗(酿酒酵母)	0.5ml/支	1308	支	注射剂	否	乙	4-5年	500
7	酮咯酸氨丁三醇注射液	30mg/支	22.16	支	注射剂	否	乙	1-2天	800
9	疏血通注射液	2ml/支	33.37	支	注射剂	否	乙	24个月	900
11	香丹注射液	10ml/支	69	支	注射剂	否	甲	36个月	200
23	丹红注射液	10ml/支	16.92	支	注射剂	否	乙	28个月	520
25	银杏叶提取物注射液	17.5mg/支	24.19	支	注射剂	否	乙	48个月	500
26	达肝素钠注射液	5000IU/支	34.38	支	注射剂	是	乙	24小时	350
27	肾康注射液	20ml/支	50	支	注射剂	否	乙	24个月	100
30	盐酸莫西沙星氯化钠注射液	0.4g/袋	21.6	袋	注射剂	是	乙	24个月	900
34	注射用烟酸	25mg/支	55	支	注射剂	否	乙	24个月	200
35	注射用血栓通	0.25g/支	19.49	支	冻干粉针	是	乙	3个月	250
37	注射用阿替普酶	20mg/支	1770.24	支	冻干粉针	否	乙	24-72小时	150
41	醒脑静注射液	10ml/支	29.28	支	注射剂	否	乙	24个月	450
66	右旋布洛芬栓	50mg*12粒/盒	39.15	盒	栓剂	否	乙	24个月	50
79	黄体酮注射液	20mg*10	30.5	盒	注射剂	是	甲	2年	60

排序 筛选 分类汇总 高级筛选 数据透视表

图 7.49　筛选完成效果

（3）在工作表“分类汇总”中，对药品目录进行分类汇总，首先在右侧新加一列总价，并用现有数据进行计算，分类字段为剂型，对总价进行汇总。完成效果如图 7.50 所示。

	药品名称	规格	现零售价	单位	剂型	国家基本药物	甲乙丙	保质期	库存	总价
2	复方黄柏液涂剂	100ml/瓶	39.3	瓶	搽剂	是	乙	24小时	30	1179
3					**搽剂汇总**					1179
4	盐酸西替利嗪滴剂	0.1g/支	30	支	滴剂	否	乙	3-6个月	345	10350
5					**滴剂汇总**					10350
6	复方丹参滴丸	27mg*180粒/盒	26.08	盒	滴丸	是	甲	48个月	400	10432
7					**滴丸**					10432
8	芪参益气滴丸	0.5g*15袋/盒	33.3	盒	滴丸剂	是	乙	1-2年	40	1332
9					**滴丸剂**					1332
10	玻璃酸钠滴眼液	0.4ml*15支/盒	28.8	盒	滴眼剂	否	乙	1个月	5	144
11	妥布霉素滴眼液	5ml/支	2.55	支	滴眼剂	否	乙	1-2年	51	130.05
12					**滴眼剂汇总**					274.05
13	注射用血栓通	0.25g/支	19.49	支	冻干粉针	是	乙	3个月	250	4872.5
14	注射用阿替普酶	20mg/支	1770.24	支	冻干粉	否	乙	24-72小时	150	265536

排序 筛选 分类汇总 高级筛选 数据透视表

图 7.50　分类汇总完成效果

根据以上任务要求，任务实施具体操作过程如下：

步骤 1：在工作表“排序”中，选中带有数据的单元格，在“数据”选项卡中单击“排序”，选择“自定义排序”，勾选“数据包含标题”，设置“主要关键字”为“药品名称”，“次要关键字”为“甲乙丙”，“排序依据”均设置为“数值”，“次序”均设置为“升序”。

步骤 2：选中单元格 G2:G107，单击“条件格式”，选择“突出单元格规则”中的“等于”，输入“甲”后选择格式为“绿填充色深绿色文本”。选中单元格 I2:I107，单击“条件格式",选择"数据条"中的"渐变填充-蓝色"。

步骤 3:在工作表"筛选"中,选中带有数据的单元格,单击"筛选",单击标题"甲乙丙"的下拉箭头后,选择"甲""乙";单击标题"剂型"的下拉箭头后,选择"注射剂""栓剂"和"冻干粉剂";单击标题"库存",选择"数字筛选"的"大于或等于",输入"50"。

步骤 4:在工作表"分类汇总"中,在右侧 J1 单元格输入"总价",在 J2 处插入公式"J2=C2 * I2",即总价等于售价×库存,并用填充柄计算 J3:J107 单元格的结果。选择"剂型"列中的任意一个带有数据的单元格,单击"排序"中的"升序"排序,然后选择"数据"选项卡中的"分类汇总",在"分类汇总"对话框中,"分类字段"选择"剂型","汇总方式"选择"求和","选定汇总项"选择"总价",单击"确定"按钮。

2. 进阶提高

1)普通筛选与高级筛选操作

在工作表"高级筛选"中,对药品目录进行筛选操作,筛选条件:甲类中要求为"注射剂"且库存>100、"素片"且库存<100;乙类中要求"片剂"且库存<150。根据以上任务要求,实施操作过程如下:

步骤 1:打开"高级筛选"工作表,复制标题行 A1:I1 至其他单元格(如 L1:T1),在第2 行对应的位置输入条件"甲、注射剂、>100",在第 3 行对应的位置输入条件"甲、素片、<100",在第 4 行对应的位置输入条件"乙、片剂、<150"。

步骤 2:选择"筛选"中的"高级筛选","列表区域"选择"A1:I107","条件区域"选择"L1:T4",单击"确定"按钮。完成后的效果如图 7.51 所示。

	A	B	C	D	E	F	G	H	I
1	药品名称	规格	现零售价	单位	剂型	国家基本药物	甲乙丙	保质期	库存
2					注射剂		甲		>100
3					素片		甲		<100
4					片剂		乙		<150
5									
6	药品名称	规格	现零售价	单位	剂型	国家基本药物	甲乙丙	保质期	库存
7	清开灵注射液	2ml/支	19	支	注射剂	是	甲	24个月	300
16	香丹注射液	10ml/支	69	支	注射剂	否	甲	36个月	200
17	香丹注射液	10ml/支	69	支	注射剂	否	甲	36个月	200
18	硝呋太尔片	0.2g*10片/盒	26.5	盒	片剂	否	乙	1-2年	100
28	恩格列净片	10mg30片/盒	55.64	盒	片剂	否	乙	1-2年	100
54	马来酸左氨氯地平片	2.5mg*14片/盒	30.69	盒	片剂	是	乙	1-2年	73
57	盐酸二甲双胍片	0.5g*20片/盒	19.15	盒	片剂	否	乙	1-2年	42
71	迈之灵片	0.26g*20片/盒	42	盒	片剂	否	乙	1-2年	89
79	替格瑞洛片	90mg*16片/盒	30.88	盒	片剂	是	乙	1-2年	87
82	甲钴胺片	0.5mg*4片/盒	6.22	盒	片剂	否	乙	1-2年	15
87	金水宝片	0.42g*24片/盒	35.98	盒	片剂	是	乙	1-2年	37
94	来曲唑片	2.5mg*30片/瓶	71.4	瓶	片剂	是	乙	1-2年	42
95	克拉霉素片	0.25g*6片/盒	2.85	盒	片剂	是	乙	1-2年	20
00	制霉素片	50万Iu*100片/瓶	32	瓶	素片	否	甲	24个月	80

图 7.51　高级筛选完成效果

2）数据透视表操作

数据透视表是一种多维的数据分析方法，它允许用户以交互方式对数据进行汇总、分析、探索、重组和呈现，从而帮助用户快速地从大量数据中提取有价值的信息。

可以将标准表格重新定义行列标签，形成数据透视表，如图 7.52 所示。

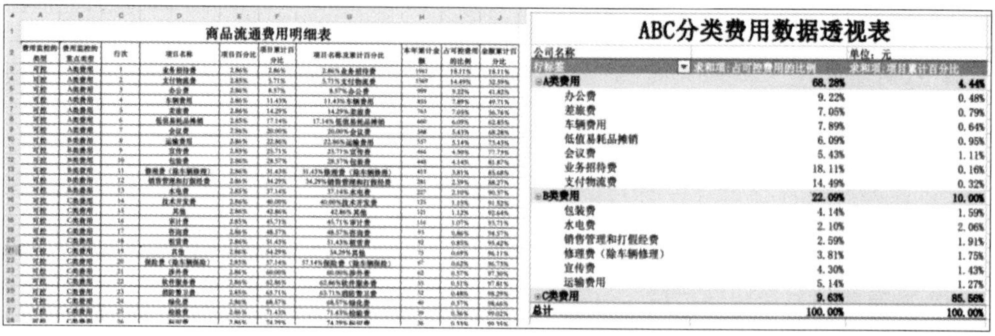

图 7.52　数据透视表——商品流通费用明细表

根据要求，具体操作步骤如下：

在工作表"数据透视表"中，选中带有数据的任意单元格，选择"数据"选项卡中的"数据透视表"，一般来说区域都会自动选择数据区域。在弹出的"创建数据透视表"对话框中，选择数据表的位置为"现有工作表"，区域可以选中本工作表中任意一个空白单元格，单击"确定"按钮。此时我们需要关注右侧的"数据透视表"工具栏，将相应字段按照图 7.53中的方式拖入行、列、值等区域。

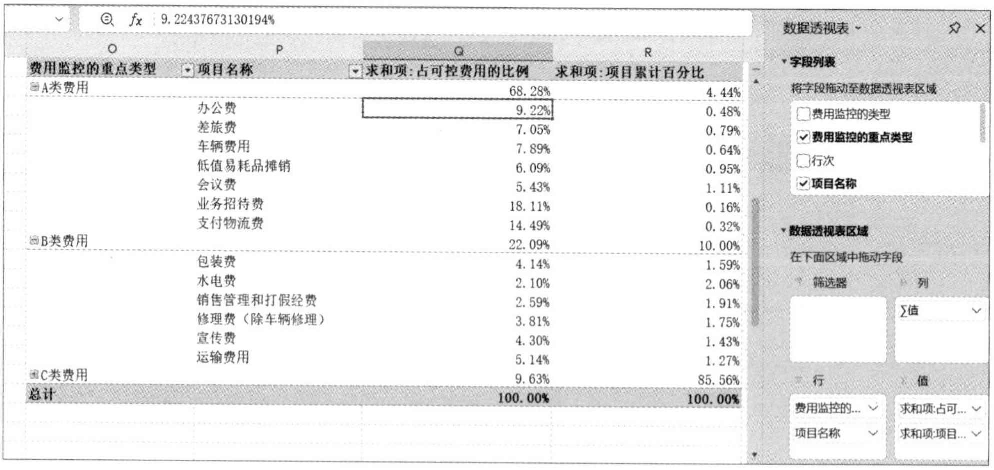

图 7.53　数据透视表完成效果

注意：需要设置值的字段，右击设置值区域的两个字段分别设置"显示方式"为"总计的百分比"。单击 C 类费用左侧的加号隐藏 C 类费用具体明细。完成后的效果如图 7.53所示。

7.6 数据的可视化——图表

知识目标：

- 掌握柱状图、折线图、散点图、饼图、雷达图的制作步骤。
- 掌握数据透视图的制作步骤。
- 掌握质控图的制作步骤。

能力目标：

- 能够根据数据类型选择适当的图表进行表达。
- 能够对图表的元素进行增减和修改。

素养目标：

- 培养学生对待数据细致严谨的态度；提高审美意识。

本节内容思维导图如图 7.54 所示。

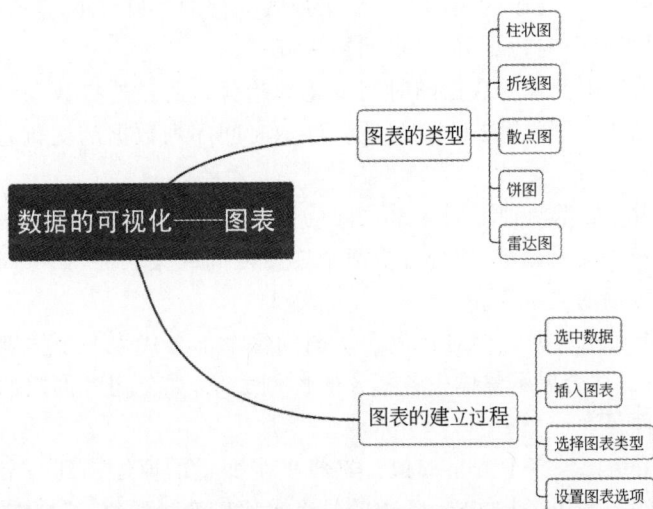

图 7.54　数据的可视化——图表思维导图

【思考】

问题 1：常见的图表有哪些？

问题 2：不同的图分别适用于哪些场景？

7.6.1　图表

图表用图形的方式显示工作表中的数据，即用图形的方式来观察数值的变化趋势和数据间的关系，比直接在工作表中观察数值更直观，更容易理解和比较。图表具有较好的视觉效果，可方便用户查看数据的差异、预测趋势。

1.图表的类型

制作图表时,应针对不同的分析目标,选择合适的图表类型。例如,常用的柱状图用于一段时间内不同项目之间的对比,折线图一般用于分析显示随相等间隔的时间、日期或某种序列变化的趋势线,饼图用于以二维或三维格式显示组成数据系列的项目总和中各项目所占的比例。图表既可以插入到工作表中,生成嵌入图表,也可以生成一张单独的工作表。若源数据发生变化,图表中的对应部分也会自动更新。

对于最初获得的大量原始数据,通过排序、筛选、分类汇总、合并计算等方式获得我们想要的、针对不同目的、展示不同结果的数据,这类工作称为数据简单清洗,这样得到的最终的数据目的性更强,更简洁。接着就可以通过简单美观的图表进一步说明展示数据,实现数据可视化。

常见的图表类型有柱状图、折线图、散点图、饼图、雷达图等,不同类型图表的特点和适用场景也有所不同。

(1)柱状图用于表示不同类别或不同时间段之间的数据的对比和比较。它可以通过水平或垂直的形式,通过柱子的高度或长度来反映数据的数值大小,适合展示分类数据的比较,如不同产品的销量对比、不同月份的销售额等。

(2)折线图主要用于表示数据随时间变化的趋势。通过连接数据点的线条,可以清晰地展示数据的增长、下降或波动情况,适合展示时间序列数据的变化趋势,如股票价格走势、气温变化等。

(3)散点图用于展示两种不同变量之间的关系。通过数据点在平面上的分布,可以揭示变量之间的相关性或趋势,适合分析两个变量之间的关联性,如身高与体重的关系、广告投放量与销售额的关系等。

(4)饼图用于表示数据的相对比例。饼图的每个部分代表一个类别,并显示该类别在总体中的百分比,适合展示整体中各部分的比例关系,如公司各部门的支出占比、产品销售额的市场份额等。

(5)雷达图用于比较多个变量的值。它将多个变量的值绘制到一个多边形中,每个变量对应多边形的一条边,通过比较各边的长度来比较变量的值,适合综合评价多个指标的情况,如比较不同产品在多个维度上的性能表现。

2.图表的建立过程

(1)选中数据。用鼠标拖动以选中想要转换成图表的数据区域,包括数据值以及可能的标签(如类别名称或系列名称)。

(2)插入图表。在 WPS 表格的菜单栏上选择"插入"选项卡,单击"图表"按钮,其中包含了多种图表类型的图标。也可以单击"图表"区域右下角的箭头或"全部图表"按钮,打开"插入图表"对话框。

(3)选择图表类型。在"插入图表"对话框中,浏览并选择适合的图表类型。WPS 表格提供了多种图表类型,如柱状图、折线图、饼图、条形图、散点图、雷达图等。

(4)设置图表选项。在选择图表类型后,可以通过图表的设置选项来进一步配置图表的样式、颜色、标签、图例等。

7.6.2 实践任务

1. 基础任务

学习了上述知识后，我们将利用之前分析过的健康数据制作图表。打开“图表.xlsx”文件，要求如下：

(1) 根据人群血型分布制作饼图。在工作表“健康数据”中，根据血型的分类 A、B、AB、O 制作饼图。注意，此处需要先计算各类血型的人数，然后再进行制图。

(2) 根据总胆固醇和空腹血糖制作折线图。在工作表“健康数据”中，分别选中“总胆固醇”和“空腹血糖”两列数据后，标注系列名称，制图后适当修改元素样式，观察两者之间的变化趋势和相关性。

(3) 制作组合图。分别选中“总胆固醇”和“空腹血糖”两列数据，制图后适当修改元素样式，与折线图进行效果对比。

(4) 制作雷达图。在工作表“个人运动健康指数”中，根据提供的 5 项健康指标完成雷达图。

根据以上任务要求，任务实施具体操作过程如下：

步骤 1：制作血型的饼图需要先统计各种血型的人数，此处需要用到 COUNTIF 函数，在空白处单元格输入血型 A、B、O、AB，如图 7.55 所示，在 K5：K8 处分别插入 COUNTIF 函数，需要注意引入 COUNTIF 函数的时候要运用绝对引用。然后可以在 L 列通过定义公式，计算不同的血型所占百分比。如在 L5 处插入公式“＝K5/SUM($K$5：$K$8)”，运用填充柄算出 L6：L8 百分比，并将单元格格式设置为百分比。

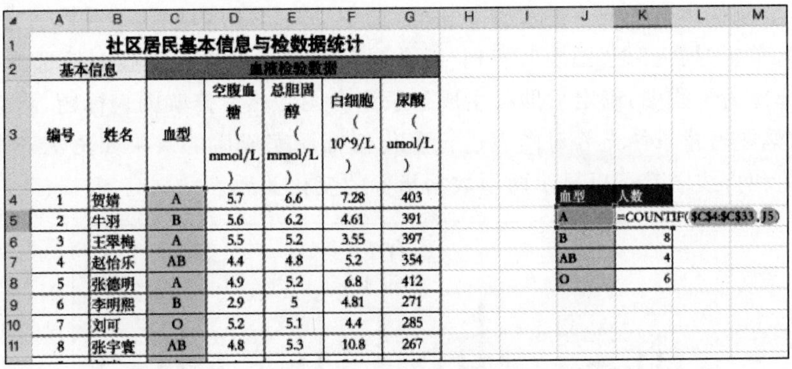

社区居民基本信息与检数据统计

编号	姓名	血型	空腹血糖 (mmol/L)	总胆固醇 (mmol/L)	白细胞 (10^9/L)	尿酸 (umol/L)
1	贺婧	A	5.7	6.6	7.28	403
2	牛羽	B	5.6	6.2	4.61	391
3	王翠梅	A	5.5	5.2	3.55	397
4	赵怡乐	AB	4.4	4.8	5.2	354
5	张德明	A	4.9	5.2	6.8	412
6	李明熙	B	2.9	5	4.81	271
7	刘可	O	5.2	5.1	4.4	285
8	张宇赛	AB	4.8	5.3	10.8	267

血型	人数
A	=COUNTIF($C$4:$C$33,J5)
B	8
AB	4
O	6

图 7.55 制作血型的饼图

步骤 2：计算出不同血型的人数后，选中 J5：J8 区域，按住【Ctrl】键，继续选 L5：L8 区域，单击“插入”→“饼图”，即可生成初步饼图。在此基础上，右击图中不同扇形区域，选择“添加数据标签”，即可显示百分比。然后可以设置图表样式，添加标题、图例等对图形进行美化修饰，完成后效果如图 7.56 所示。

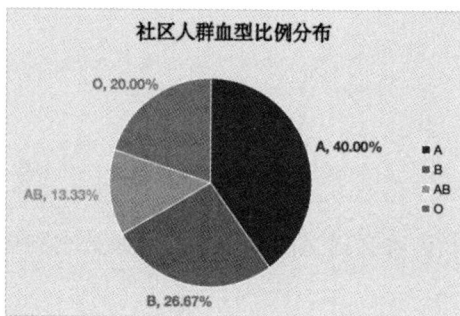

图 7.56 饼图效果

步骤 3：制作总胆固醇和空腹血糖的折线图，选中 D3：D33 区域后，按住【Ctrl】键，然后选中 E3：E33，单击"插入"→"图表"，找到"折线图"，确定样式后即可生成初版折线图。然后修改图表标题，删除横轴的数据标签，调整图表背景填充等对图表进行美化修饰，完成后如图 7.57 所示。

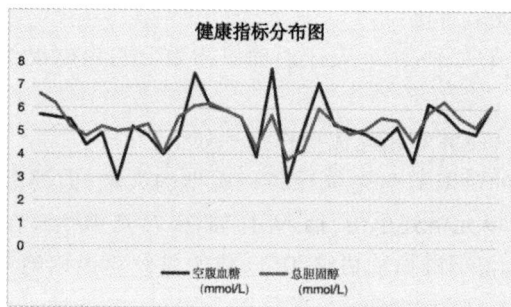

图 7.57 折线图效果

步骤 4：制作组合图与上述步骤 3 相似，选中 D3：D33 区域后，按住【Ctrl】键，然后选中 E3：E33，单击"插入"→"图表"，找到"组合图"，在对话框中将空腹血糖选择为柱状图，总胆固醇选择为折线图，确定后即可生成初版组合图。然后修改图表标题，删除横轴的数据标签，调整图表背景填充等对图表进行美化修饰。完成后的效果如图 7.58 所示，可以看出组合图和折线图都可以显示两项数据指标的变化关系。

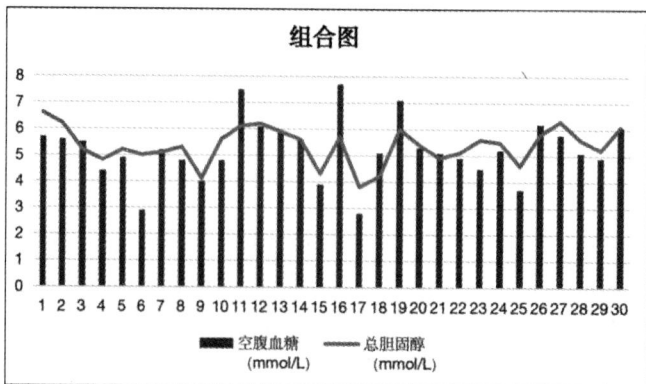

图 7.58 组合图效果

信息技术基础

步骤 5：在工作表"个人运动健康指数"中，选中数据 C4:E9 区域，按上面步骤插入雷达图，即可生成初步雷达图，适当修改图表的填充和标题。完成后效果如图 7.59 所示。

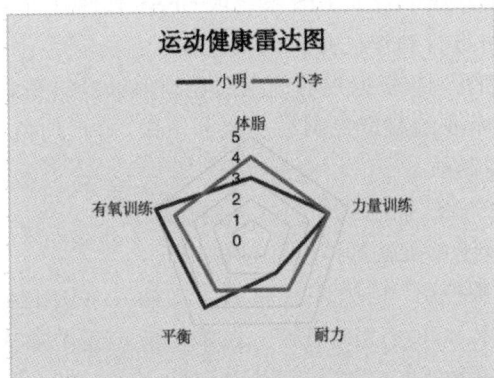

图 7.59　雷达图效果

2. 进阶提高

1）数据透视图

数据透视图类似于数据透视表，是对现有数据的一种全新整理，重新定义行列标签和值计算，生成数据的新维度展示。

操作步骤：在空白单元格处单击"插入"→"数据透视图"，与 7.5.2 小节中"数据透视表"中的操作步骤类似，将字段拖动值轴和值区域中，然后更改值字段显示设置，修改为总计的百分比，即可生成数据透视图，如图 7.60 所示。

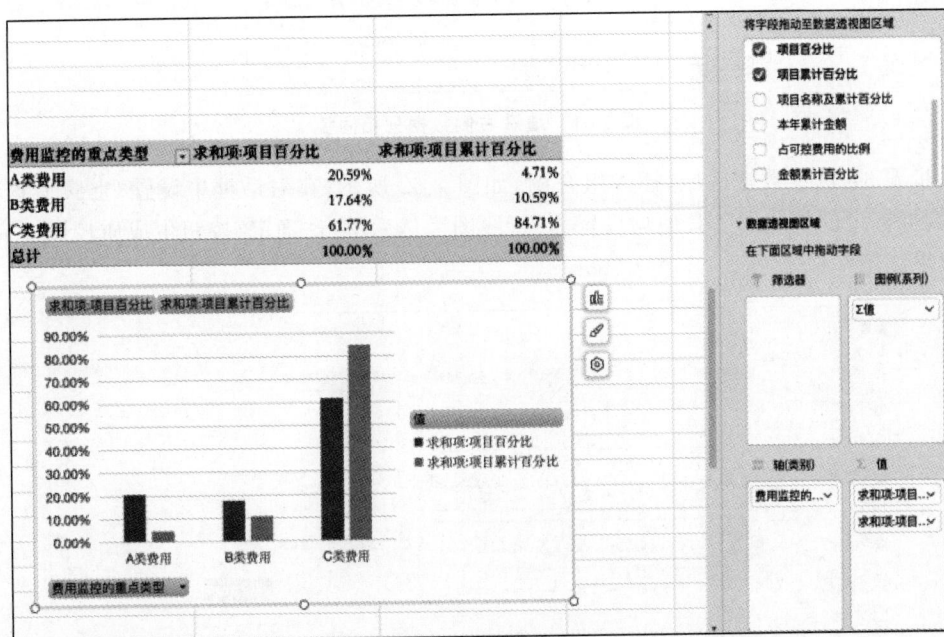

图 7.60　数据透视图

2）质控图

质控图是专业技术岗位常见的图形之一,可以用来监测异常值。一般在医院或实验室,数据研究质控图都用专业平台如 LIS 系统或 SPSS 软件进行制作,而简单的质控图也可以直接利用 WPS 表格进行制作。具体的要求如下:

(1) 在工作表"质控图"中,根据现有的空腹血糖值计算出平均值和标准差。

(2) 根据平均值和标准差制定控制线上限和下限,即平均值±2×标准差为警告线,平均值±3×标准差为控制线。

(3) 用空腹血糖、警告线、控制线作为数据制作质控图。

根据以上任务要求,任务实施具体操作过程如下:

步骤 1:在工作表"质控图"中,在单元格 B34 中插入 AVERAGE 函数,选择 A2:A31 为参数,语法为"=AVERAGE(A2:A31)"。在单元格 C34 中插入 STDEV 函数(计算标准差),选择 A2:A31 为参数,语法为"=STDEV(A2:A31)"。

步骤 2:分别计算平均值,平均值+2×标准差,平均值+3×标准差,平均值-2×标准差,平均值-3×标准差后填入 B、C、D、E、F 列。如图 7.61 所示,填满右侧数据列相同值。

	A	B	C	D	E	F
1	空腹血糖(mmol/L)	平均值	上警告线	上控制线	下警告线	下控制线
2	5.7	5.21	7.483293221	8.619939832	2.936706779	1.800060168
3	5.6	5.21	7.483293221	8.619939832	2.936706779	1.800060168
4	5.5	5.21	7.483293221	8.619939832	2.936706779	1.800060168
5	4.4	5.21	7.483293221	8.619939832	2.936706779	1.800060168
6	4.9	5.21	7.483293221	8.619939832	2.936706779	1.800060168
7	2.9	5.21	7.483293221	8.619939832	2.936706779	1.800060168
8	5.2	5.21	7.483293221	8.619939832	2.936706779	1.800060168
9	4.8	5.21	7.483293221	8.619939832	2.936706779	1.800060168
10	4	5.21	7.483293221	8.619939832	2.936706779	1.800060168
11	4.8	5.21	7.483293221	8.619939832	2.936706779	1.800060168
12	7.5	5.21	7.483293221	8.619939832	2.936706779	1.800060168
13	6.1	5.21	7.483293221	8.619939832	2.936706779	1.800060168
14	5.9	5.21	7.483293221	8.619939832	2.936706779	1.800060168

图 7.61　填满右侧数据列相同值

步骤 3:选中数据区域,插入组合图,如图 7.62 所示,在对话框中设置"空腹血糖"为"带数据标记的折线图",其他均设置为"折线图",然后单击"确定"按钮生成质控图。完成后效果如图 7.63 所示。

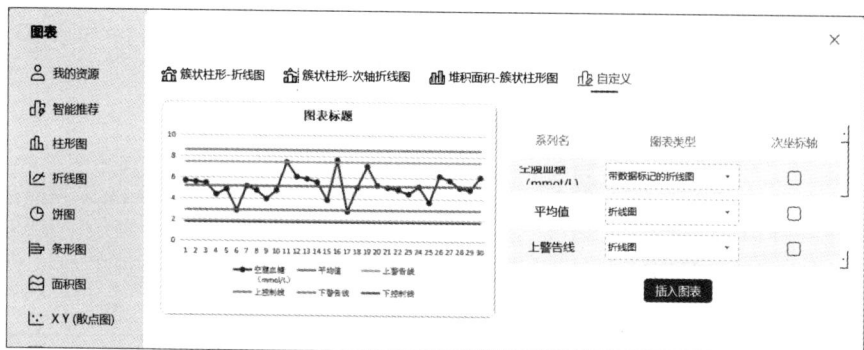

图 7.62　插入组合图

　　信息技术基础

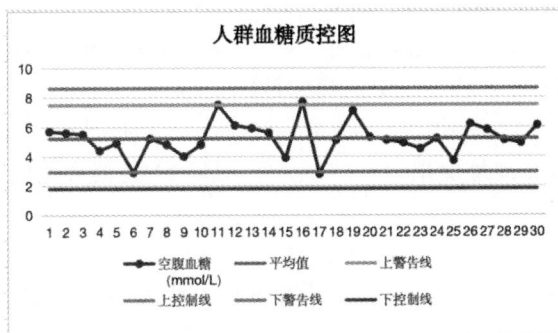

图 7.63　质控图完成效果

练 习 题

一、单选题

1.（　　）不是 WPS 表格中的视图模式。

　　A. 普通视图　　　　B. 阅读模式　　　　C. 页面布局　　　　D. 分页预览

2. 在 WPS 表格中，可以限定单元格的数据输入类型、范围以及设置数据输入提示信息和输入错误警告信息，即可以对单元格的数据进行（　　）的设置。

　　A. 批注　　　　　　B. 有效性　　　　　C. 合法性　　　　　D. 正确性

3.（　　）是单元格选定区域右下角的小绿方块，用鼠标指向它时，光标变为黑十字，单击进行拖曳，可快速填充单元格文本内容。

　　A. 行标识　　　　　B. 列标识　　　　　C. 填充柄　　　　　D. 边框线

4. 默认情况下，WPS 表格为每个新建的工作簿创建（　　）个工作表。

　　A. 1　　　　　　　B. 2　　　　　　　C. 2　　　　　　　D. 256

5. 在 WPS 表格中，数值类型数据的默认对齐方式是（　　）。

　　A. 左对齐　　　　　B. 右对齐　　　　　C. 居中对齐　　　　D. 分散对齐

6. 在 WPS 表格中，用于单元格引用的符号是（　　）。

　　A. #　　　　　　　B. $　　　　　　　C. @　　　　　　　D. &

7. 假设 A1 单元格的内容为 5，B1 单元格的内容为 10，C1 单元格的公式为"＝A1＋B1"，则 C 单元格的值为（　　）。

　　A. 5　　　　　　　B. 10　　　　　　　C. 15　　　　　　　D. 错误

8. 在 WPS 表格中，用于计算两个数的平均值的函数是（　　）。

　　A. SUM　　　　　　B. AVERAGE　　　　C. MAX　　　　　　D. MIN

9. 在 WPS 表格中，对连续的单元格引用的运算符是（　　）。

　　A. #　　　　　　　B. :　　　　　　　C. ˆ　　　　　　　D. &

10. 在 WPS 表格中，下列说法中正确的是（　　）。

A. D4 属于对单元格绝对引用   B. D&4 属于对单元格绝对引用

C. $D4 属于对单元格绝对引用   D. $D$4 属于对单元格绝对引用

11. 在 WPS 表格中,下列说法中正确的是(　　　　)。

A. C7 是混合地址引用   B. $B$3 是混合地址引用

C. $F8 是混合地址引用   D. A1 是混合地址引用

二、填空题

1. 在 WPS 表格中,当我们要在单元格 A1 中输入当前日期时,可以使用快捷键_____来快速完成。

2. 默认情况下,在 WPS 表格中输入的文本会自动 _____对齐,而数字则会自动_____对齐。

3. 如果我们想在 WPS 表格中连续输入相同的数据,可以使用 _____功能来实现。

4. WPS 表格中的下拉列表功能允许我们为某个单元格或一列设置预定义的数据项,用户只能从这些数据项中选择,这个功能通常通过 _____菜单来设置。

5. 在 WPS 表格中,使用填充柄可以快速填充数据。当我们单击单元格的右下角,光标会变成一个小的黑十字,这个就是所谓的 _____。

6. 假设 A1 单元格的值为 10,B1 单元格的值为 20,在 C1 单元格中输入公式,使其显示 A1 和 B1 单元格的和,则 C1 单元格的公式应为:_____。

7. 在 WPS 表格中,使用_____函数可以查找一列中的最大值。

8. 在 WPS 表格中,使用_____符号可以将单元格引用变为绝对引用。

三、判断题

1. WPS 表格中,输入的文本过长时会自动换行到下一个单元格。　　　　(　　　)

2. 在 WPS 表格中,我们可以通过"设置单元格格式"来改变数字的显示方式,比如显示为货币格式或百分比格式。　　　　(　　　)

3. WPS 表格支持从外部数据源(如 Excel 文件、CSV 文件等)导入数据。　(　　　)

4. "查找和替换"功能只能用于文本数据,不能用于数字或其他类型的数据。(　　　)

5. WPS 表格支持通过复制粘贴的方式将格式从一个单元格应用到另一个单元格。

(　　　)

6. 在 WPS 表格中,对工作表数据进行分类汇总之前必须先对数据区域按照分类字段进行排序。　　　　(　　　)

7. 在 WPS 表格中,C6$6 是正确的单元格地址。　　　　(　　　)

8. 在 WPS 表格中,选定一个单元格后按【Delete】键,除删除单元格中的内容外,该单元格的格式也会被一并删除。　　　　(　　　)

9. WPS 表格单元格中输入的内容可以是文字、数字、公式。　　　　(　　　)

10. WPS 表格中输入的字符不能超过单元格的宽度。　　　　(　　　)

11. WPS 表格中同一个工作簿中可以存在两个同名的工作表。　　　　(　　　)

四、操作描述题

1. 描述如何在工作表中将时间日期格式修改为"××××-××-××"。

2. 描述如何设置下拉选项？

3. 描述智能填充和快速填充在用法上有何区别？

4. 请说出如何在单元格插入和编辑公式。

5. 请说出相对引用和绝对引用分别适用于哪些情景？

6. 在 WPS 表格中，写出自动筛选操作的方法。

7. 在 WPS 表格中，写出插入数据透视表的方法。

8. 在 WPS 表格中，写出如何使用高级筛选功能筛选信息。

9. 在 WPS 表格中，常见的图表有哪些？分别适用于什么场景？如何插入图表？

第 **8** 章 信息多媒体展示

信息多媒体的展示与交流是信息表达的重要方式之一,可以利用多种信息媒体展示工具来呈现、展示、汇报、交流、让信息得到传播与分享,熟练的信息展示与发布技能,可以给数据增光添彩,可以更加直观地将数据分析结果展示出来。

WPS演示软件是信息多媒体展示的常用软件,在技术分享、产品宣传、教育教学等方面有着广泛的应用,本章我们将主要学习WPS演示软件的使用。

8.1 多媒体基础知识

知识目标:
- 了解多媒体基础知识的构成、种类和文件类型。
- 了解不同媒体文件的应用领域和环境。

能力目标:
- 提高信息获取能力,利用多媒体技术,学会筛选和辨别有价值的信息。
- 增强信息处理和评价能力,利用多媒体技术对信息进行整理归纳、分析和评估。
- 培养信息创造能力,利用多媒体技术制作和编辑多媒体作品,表达自己的观点,展示创造力。

素养目标:
- 培养信息意识、科技创新精神。
- 培养综合应用信息技术能力,建立职业信息素养。

本节内容思维导图如图8.1所示。

【思考】

问题1:除文字外,多媒体的信息表达元素主要有哪些?

问题2:图片的常见格式有哪些?

问题3:你使用过图像编辑软件吗?

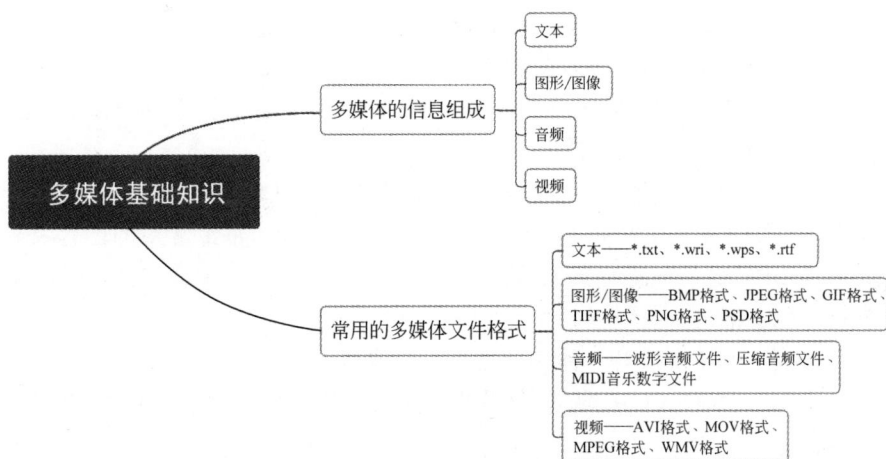

图 8.1　多媒体基础知识思维导图

8.1.1　多媒体基础知识概述

多媒体是指通过多种媒体技术将文字、图形、音频、视频等不同形式的信息集成在一起的技术和应用系统。多媒体技术是一种对多种媒体信息进行综合处理的技术,其常见的定义如下:多媒体技术是以计算机为核心,交互地综合处理文本、图形图像、音频、视频等多种媒体信息,并通过计算机进行有效控制,使这些信息建立逻辑联系,以表现出更加丰富、更加复杂信息的信息技术和方法。

1. 多媒体的信息组成

多媒体表达元素主要有文本、图形/图像、音频、视频等。

(1) 文本。文本信息是多媒体的基本组成部分,主要由文字编辑软件生成,由汉字、英文或其他文字符号组成。文本信息是人类表达信息的最基本的方式,具有表达能力强、易于理解等特点。

(2) 图形/图像。图形/图像是多媒体中另一个重要组成部分,可通过摄影、绘图等方式创造出来,通过描述形状、颜色、纹理等信息给用户更多视觉上的体验。图形指矢量图形,具有无论如何放大,都不会失真的特点,占据的存储空间较小,主要应用在图画、美术字、统计图、工程制图等方面。图像通常指的是位图,由像素点组成,像素点越多,图像越清晰,当位图放大到一定程度时会失真,主要应用在照片、图画等方面。

(3) 音频。音频即声音信息,可通过录音、创造音乐等方式产生。声音是人们用于传递信息最方便、最熟悉的方式,可以传递语音、音乐等信息。

(4) 视频。能连续地随时间变化的图像称为视频,也叫运动图像,由连续的图像帧组成,以一定的速度播放形成动态影像。视频信息具有直观性和生动性的特点。

2. 常用的多媒体文件的格式

(1) 文本。常见的文本文件格式有纯文本文件格式(＊.txt)、写字板文件格式(＊.

wri)、WPS 文字文件格式(＊.wps)、Rich Text Format 文件格式(＊.rtf)等。

(2) 图形/图像。常见的图形/图像格式如下：

- BMP 格式。BMP(BitMap)是一种与硬件设备无关的图像文件格式，广泛使用在 Windows 操作系统中，文件后辍名为".bmp"。

- JPEG 格式。JPEG 是由联合图像专家组制定的压缩标准产生的压缩图像，该格式具有很好的压缩比，文件后辍名为".jpg"或".jpeg"，是非常常用的图像文件格式。它可调压缩比，是一种有损压缩，目前是网络上最流行的图像格式，各类浏览器都支持 JPEG 格式。

- GIF 格式。GIF 格式是一种流行的彩色图像格式，常见应用于网络，分为静态 GIF 和动画 GIF 两种。GIF 的原理是将多幅图像保存为一个图像文件，从而形成动画。

- TIFF 格式。TIFF 是一种灵活的位图格式，主要用来存储包括照片和艺术图在内的图像，TIFF 文件以".tif"为扩展名。TIFF 分为压缩和非压缩两大类，其中非压缩格式兼容性极佳，几乎所有的图像处理软件和排版软件都对其提供了很好的支持，因此被广泛应用于程序之间和计算机平台之间进行图像数据交换。

- PNG 格式。PNG 是集合了 GIF 和 JPEG 的优点，且存储形式丰富的一种图像格式。它增加了一些 GIF 文件格式所不具备的特性，采用了无损数据压缩算法。

- PSD 格式。PSD 是 Photoshop 软件的默认文件格式，在 Photoshop 软件中，这种格式的文件存取速度比其他格式都要快，功能也很强大，典型的特点是具有"图层"，即图片中的背景层、人像层、文字层等可分开编辑。PSD 格式受到了一些非线性编辑软件的支持，但不适用于输出。

(3) 音频。常用的音频格式如下：

- 波形音频文件，通常以".WAV"为后缀名。波形音频文件是以数字编码方式保存在计算机文件中的音频波形信息，特点是声音质量好，但文件通常比较大。波形音频可以按照一定的格式进行压缩编码转换为压缩音频。

- 压缩音频文件，通常以".MP3""".WMA"等为后缀名。在 MPEG 视频信息标准中，规定了视频伴音系统，也包括音频压缩方面的标准。压缩音频文件是将原始的波形音频经过一定算法的压缩编码后生成的音频文件。

- MIDI 音乐数字文件。MIDI 音乐数字文件是音乐与计算机结合的产物，与波形音频文件和压缩音频文件不同，MIDI 不是对实际声音波形进行数字化采样和编码，而是通过数字方式将电子乐器弹奏音乐的乐谱记录下来，通过计算机声卡的音乐合成器生成音乐声波。即它记录的不是声音信息本身，它只是对声音的一种数字化描述方式。因此，与波形文件相比，MIDI 文件要小得多。

(4) 视频。常用的视频格式如下：

- AVI 格式。AVI 是由微软公司(Microsoft)发布的视频格式，具有调用方便、图像质量好，压缩标准可任意选择等优点，是应用最广泛、也是应用时间最长的视频格式之一。

- MOV 格式。MOV 由苹果公司(Apple)开发，是 Quick Time 影片的文件格式。

用于存储常用数字媒体类型,包括音频和视频信息,目前 Windows 系统的主流计算机平台也支持该类型的文件。

- MPEG 格式。MPEG 是包括了 MPEG-1、MPEG-2 和 MPEG-4 在内的多种视频格式。MPEG 系列标准已成为国际上影响最大的多媒体技术标准,MPEG-4(ISO/IEC 14496)则是基于第二代压缩编码技术制定的国际标准,它以视听媒体对象为基本单元,采用基于内容的压缩编码,以实现数字视音频、图形合成应用及交互式多媒体的集成。

- WMV 格式。WMV 是一种独立于编码方式的,在 Internet 上实时传播多媒体的技术标准,由微软公司开发。WMV 的主要优点在于,可扩充、本地或网络回放、可伸缩、流的优先级化、多语言支持、扩展性强等。

8.1.2 实践操作

1. 图像的编辑

日常生活中,我们经常会使用电子版证件照,但往往会对照片的格式、大小有明确的规定,例如格式要求:JPG 格式、尺寸为 295 像素×413 像素、文件大小为 20～100KB、2 寸(35mm×45mm)。

现有"蓝底一寸证件照.jpg"的证件照,请使用 Photoshop 软件将这张蓝底一寸证件照调整为白底二寸证件照,尺寸为 35mm×45mm,大小为 20～100KB,并以"白底二寸证件照.jpg"为名,保存为 JPG 格式。

主要操作过程如下:

步骤 1:在"开始"菜单下启动 Photoshop,打开主界面后,单击"文件"按钮,浏览素材文件夹下的"蓝底一寸证件照.jpg"。

步骤 2:添加素材照片后,选择主体,单击"选择"菜单下的"主体"按钮,然后再单击"选择并遮住"。

步骤 3:利用第 2 个画笔,小心去除头发边缘的蓝色。

步骤 4:在右侧属性栏中,选择"净化颜色"并单击"确定"按钮,输出到新建图层。

步骤 5:设置前景色为白色,白色的 RGB 为(255,255,255),设置完成后如图 8.2 所示。

步骤 6:单击右下角"新建图层",选中新建的图层,使用快捷键【Alt＋Del】填充前景色,如图 8.3 所示。

步骤 7:用鼠标将图层拖到人物下方即可,如图 8.4 所示,调整图层顺序。

步骤 8:选择"图像"菜单下的"图像大小",在弹出的对话框中输入尺寸为 295 像素×413 像素,如图 8.5 所示,然后保存图片。在保存时,选择"文件"菜单下的"存储为",选择保存类型为 JPG,可通过调整品质来调整图片的大小。

2. 视频的编辑

目前短视频在网络上非常流行,请使用剪映软件将"秋冬季流感预防"文件夹中的图片及音频制作成一小段视频。

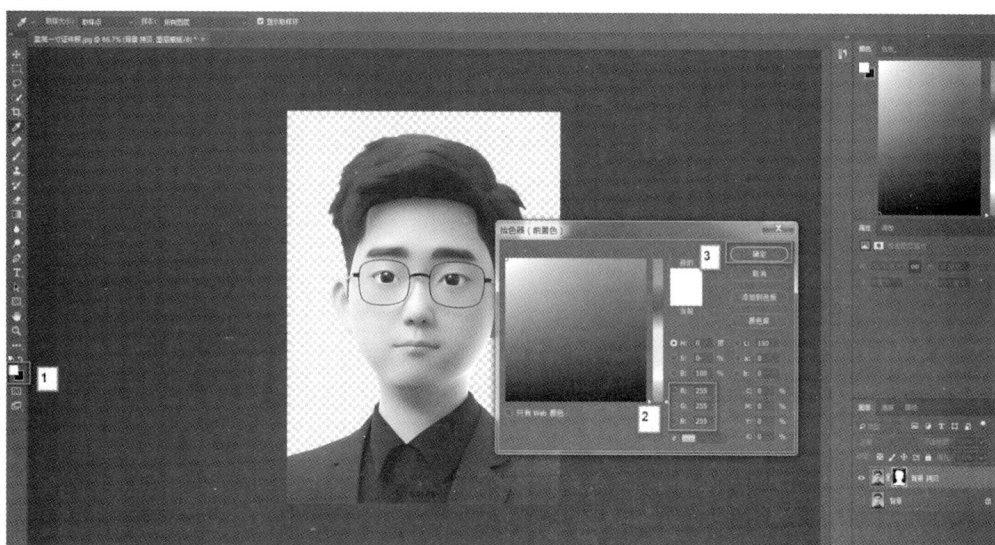

图 8.2　设置前景色为白色

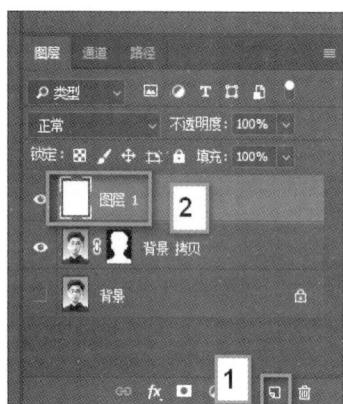

图 8.3　填充前景色

图 8.4　调整图层顺序

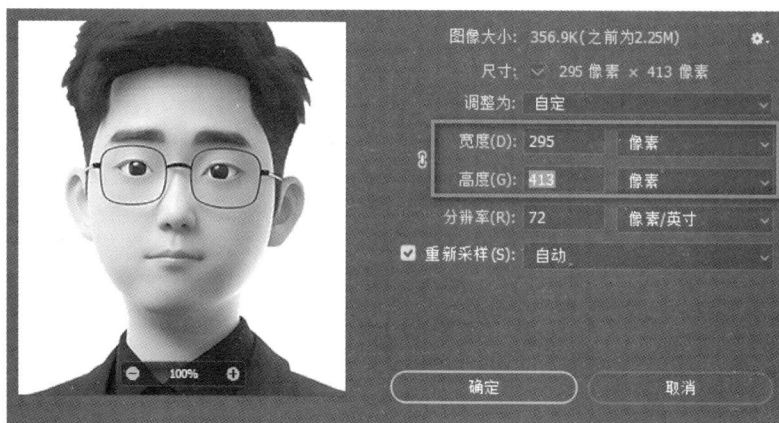

图 8.5　更改尺寸

步骤1：启动。打开已在计算机中安装好的剪映软件，软件界面如图8.6所示，单击"开始创作"。

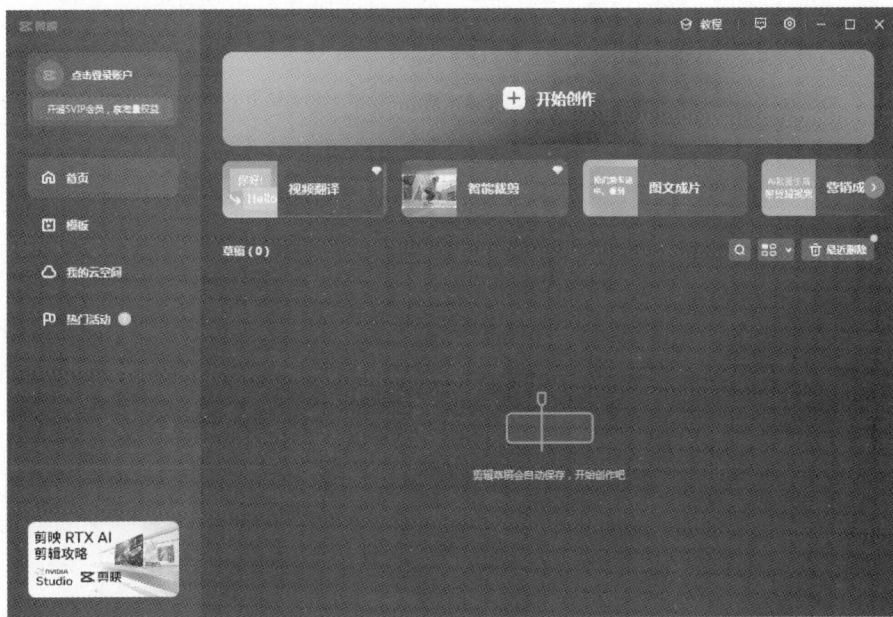

图 8.6　剪映界面

步骤2：导入素材。单击"导入"按钮，将本节内容素材"秋冬季流感预防"文件夹中的图片及音频全部导入进来，素材导入成功后会显示在左上方的素材窗格中。

步骤3：添加图片。将素材窗格中的图片按顺序拖动到下方的素材轨道上，可适当为图片的切换添加转场。

步骤4：添加音频。将音频素材拖动到图片轨道下方的音频轨道上，并按照图片显示时间的长短调整音频的长短，还可以为音频设置淡入、淡出效果，如图8.7所示。

图 8.7　添加音频到轨道并设置

步骤5：预览视频。在上方小窗格中可进行预览，没问题后单击右上方的"导出"按钮导出视频。

步骤6：保存视频。单击"导出"按钮后，在弹出的对话框中添加视频标题、选择存储路径、视频分辨率等，单击"导出"按钮即可，如图8.8所示。

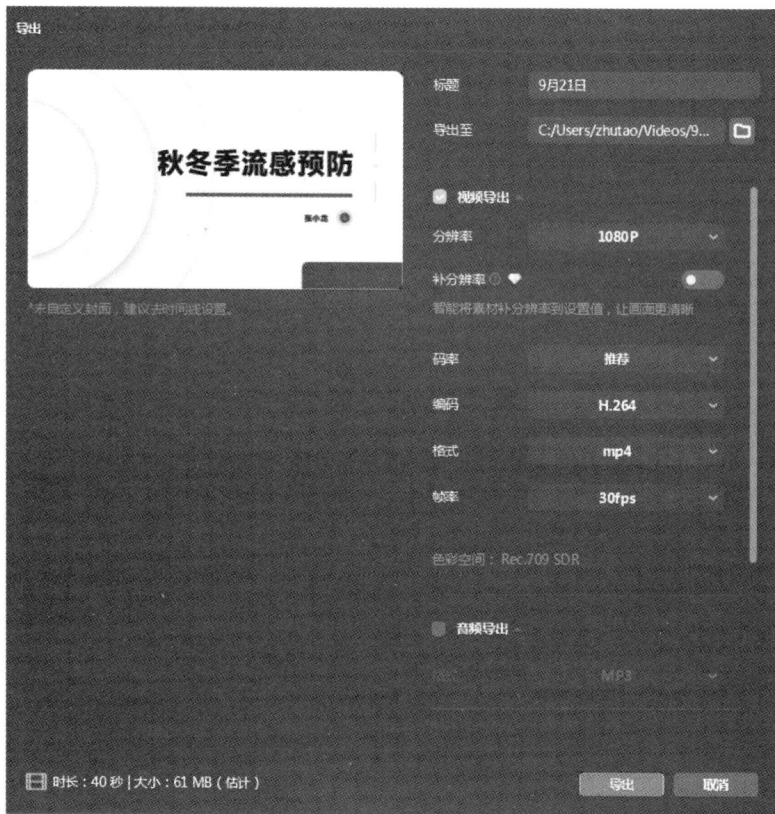

图8.8　保存视频

8.2　新建 WPS 演示文稿与基本设置

知识目标：
- 掌握创建、打开、保存 WPS 演示的方法。
- 掌握添加不同版式幻灯片的方法。
- 熟悉 WPS 演示中的模板、版式和母版的设置方法。
- 掌握使用主题、配色方案、背景美化幻灯片的方法。

能力目标：
- 能选择合适的模板、母版与版式呈现内容、展示信息。
- 能够根据需求合理设计 WPS 演示的内容和结构。

- 能够熟练使用 WPS 演示中不同视图方式进行设置。

素养目标：
- 通过美化幻灯片感受信息技术中的设计美学，在实际操作中感受美、欣赏美、创作美，制作有观赏性的幻灯片。
- 具有综合应用信息元素设计幻灯片的信息素养。

本节内容思维导图如图 8.9 所示。

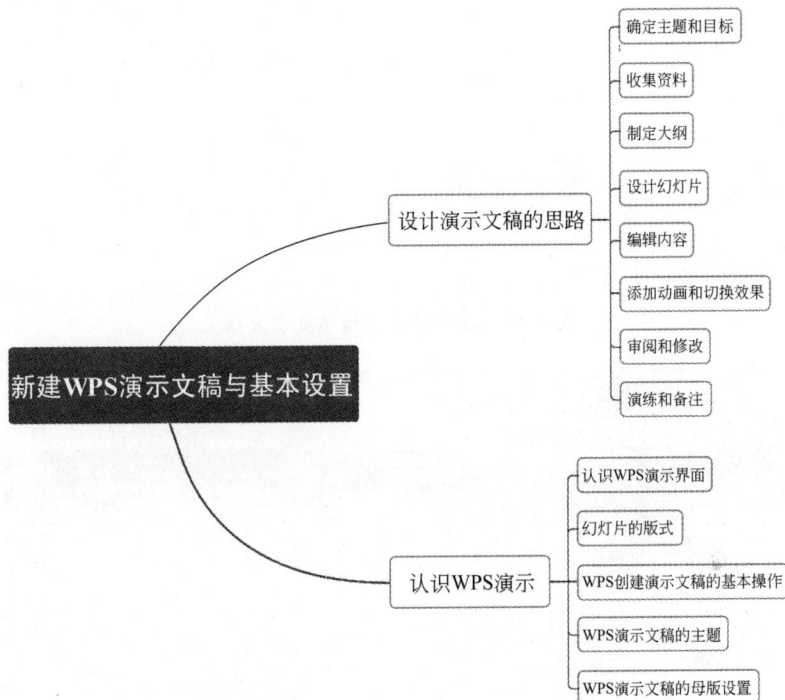

图 8.9　新建 WPS 演示文稿与基本设置思维导图

【思考】

问题 1：WPS 演示文稿的常见扩展名是什么？

问题 2：在 WPS 演示文稿中能添加哪些多媒体信息元素？

问题 3：模板、版式、母版有什么区别？

8.2.1　WPS 演示概述

　　掌握健康知识和技能，养成文明健康、绿色环保的生活方式，成为全社会的共识。秋冬季节是流感的高发时段，制作以"秋冬季流感预防"为主题的 WPS 演示任务，进行预防宣传。如何构思 WPS 演示的框架和内容是最先考虑的问题，首先需将 WPS 演示主体结构写在 WPS 文字中，然后在 WPS 文字中对"秋冬季流感预防"主题的大纲文字设置文字级别，如图 8.10 所示，然后将 WPS 文字转换为 WPS 演示后，再对 WPS 演示进行主题、母版设计。完成此过程后，最终效果如图 8.11 所示。

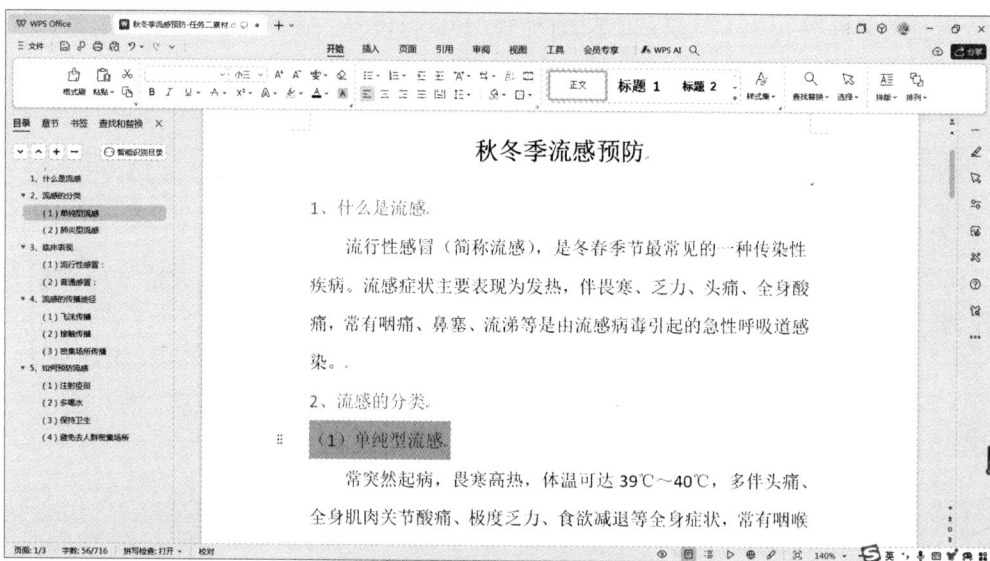

图 8.10 秋冬季流感预防文字大纲

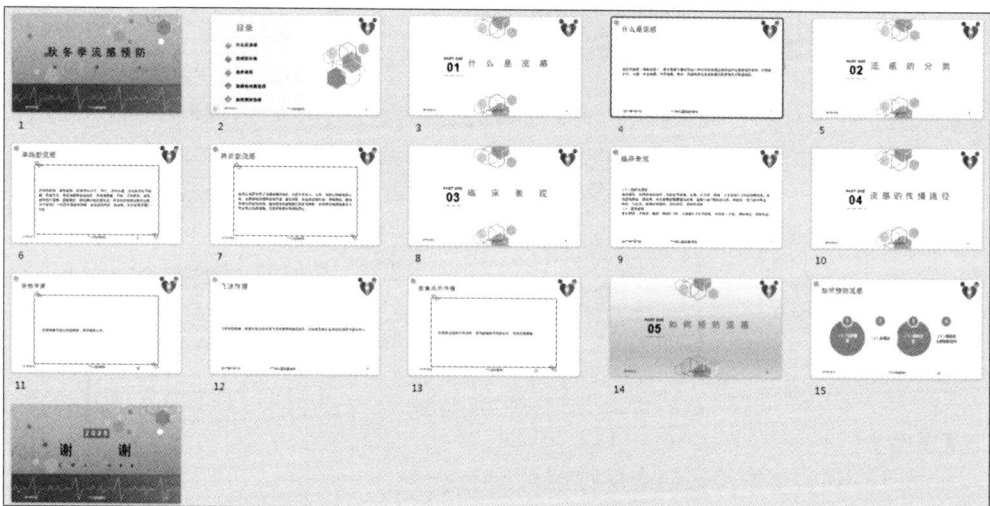

图 8.11 "秋冬季流感预防"WPS 演示任务

1. 设计演示文稿的思路

在制作 WPS 演示之前,应该有清晰的设计思路,WPS 演示的设计与制作主要分以下几个步骤:

(1)确定主题和目标。首先要明确主题和目标,以便能够有针对性地进行设计。在本任务中主题很明确,就是流感的预防宣传教育,需要让大家知道什么是流感,流感的特征有哪些,与普通感冒的区别,以及如何对流感进行预防等。

(2)收集资料。在开始制作之前,需要收集相关资料和素材,整理文字、图片、音视频、动画等。

（3）制定大纲。根据收集到的资料和主题目标制定大纲，确定 WPS 演示的结构和内容。

（4）设计幻灯片。在制作 WPS 演示的过程中，需要进行幻灯片的设计。包括设置母版或者选择合适的主题、颜色搭配、字体样式等。

（5）编辑内容。将收集到的资料和制定好的大纲，根据幻灯片的设计风格，选择合适的幻灯片版式，进行内容的编辑和排版。

（6）添加动画和切换效果。为了增强 WPS 演示的效果，可以在幻灯片中添加一些动画和切换效果，让演示更加生动。

（7）审阅和修改。完成演示文稿之后，需要进行审阅和修改，确保内容和形式都达到预期效果。

（8）演练和备注。在正式演讲之前需要进行多次演练，熟练掌握演示文稿的内容和操作技巧，确保能够应对各种情况。

2. 认识 WPS 演示

WPS 演示是金山公司推出的一款功能强大的演示文稿制作软件，能够制作出集文字、图片、音频、视频等多媒体元素于一体的演示文稿，可用于设计制作广告宣传、职场演讲、工作汇报、辅助教学、学术交流等多种场合。其"轻办公、云办公"的理念体现得非常到位，丰富的在线模板和各种素材，让演示文稿的制作变得更加容易，同时文件在线存储功能让用户可以随时随地在计算机、手机、平板等多平台切换自如。

（1）认识 WPS 演示界面。启动 WPS Office 以后，选择"新建"→"演示"→"空白演示文稿"，即可创建一个空白的演示文稿。如图 8.12 所示为普通视图的工作界面。WPS 演示有 4 种视图方式来显示演示文稿，分别为普通视图、幻灯片浏览、备注页和阅读视图。通过"视图"选项卡可以进行选择，或者在状态栏中的视图快捷选项在"普通视图""幻灯片浏览""阅读视图"之间进行切换。

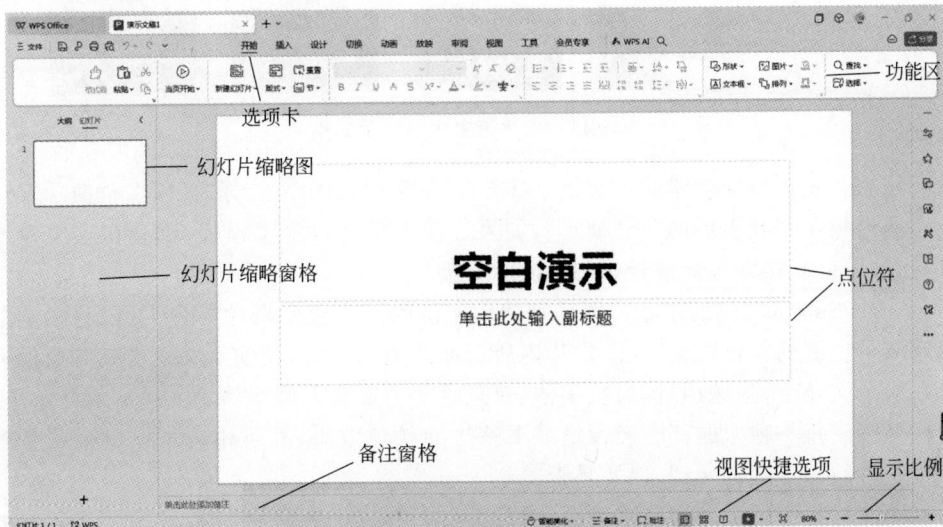

图 8.12　WPS 演示普通视图工作界面

（2）幻灯片的版式。幻灯片的版式是演示文稿中的一种常规排版的格式，通过幻灯片版式的应用可以对文字、图片等更加合理简洁地完成布局。版式由文字版式、内容版式、文字和内容版式与其他版式组成。通常软件已经内置几个版式类型供使用者使用，利用这几个版式可以轻松完成幻灯片制作和运用。当新建一个演示文稿时，默认的第一张幻灯片为标题幻灯片。

（3）WPS创建演示文稿的基本操作。在WPS演示中，我们把使用WPS演示制作出来的整个文件称为演示文稿，默认的扩展名为".pptx"，而组成演示文稿的每一页称为幻灯片。在WPS演示中可以选择创建"空白演示文稿"，也可以选择创建各种风格主题的演示文稿，或使用自定义模板创建演示文稿。

- 空白演示文稿：双击打开WPS Office，选择"新建"→"演示"→"空白演示文稿"，即可创建一个空白演示文稿。
- 创建带主题的演示文稿：双击打开WPS Office，选择"新建"→"演示"→"风格主题"，选择适合的主题单击使用即可，如图8.13所示。

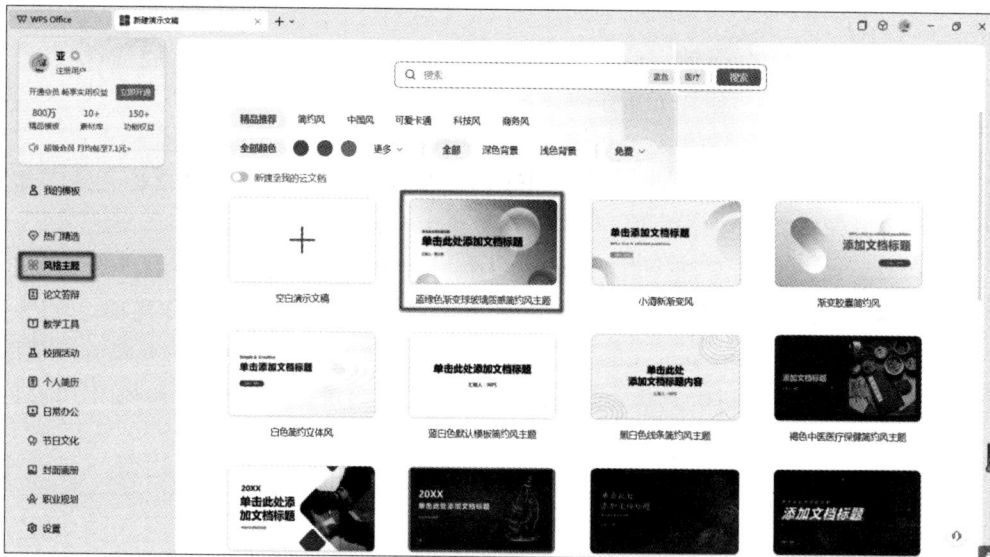

图8.13　新建带主题的演示文稿

- 使用自定义模板创建演示文稿：双击打开WPS Office，选择"新建"→"演示"→"我的模板"→"我上传的"→"演示"，如果之前上传过自定义模板，则会在这里显示出来，可以直接使用此模板来创建演示文稿。

（4）WPS演示文稿的主题。主题是演示文稿的一个重要概念，用户可以利用主题快速确定演示文稿的整体风格，让幻灯片内所有元素和谐一致，使演示文稿更具专业设计水准。在演示文稿中，主题通过颜色、字体、效果这3方面提升整个演示文稿的设计水平。

- 颜色。每一种主题都已经设定好了整体的颜色效果，并且用户可以通过预览查看是否适合自己的文档，以及是否美观。
- 字体。每一种主题均有自己设定好的字体，有用于标题的字体，也有用于正文的字体，用户在添加内容时均能保证新添加的内容与主题内的字体风格一致。

● 效果。每一种主题都指定了演示文稿中图片、图表、表格、文本、艺术字、形状、智能图形等内容的外观,包括规定了线条或框体粗细、发光、阴影、三维立体效果等内容。

在主题中设定颜色时,通常会为浅色文字搭配深色背景,为深色文字搭配浅色背景。但背景样式除纯色填充之外,还另外包含了渐变色、纹理、图案、图片、透明度等内容。

(5) WPS 演示文稿的母版设置。在学习母版前需要先能区分模板、版式和母版。

● 模板是已经做好了页面的排版布局设计,但没有实际内容的演示文稿。所有添加内容的地方,都只是放置了使用提示如"单击添加文字"的字样。

● 版式是指幻灯片的排版格式,通过幻灯片版式的应用可以使文字、图片等更加合理简洁地形成布局,版式有文字版式、内容版式与其他版式。

● 母版是演示文稿的重要组成部分,它是一切版式的根源,用于存储幻灯片的主题颜色、字体、版式等母版设计信息,以及所有幻灯片共有的页面元素。在 WPS Office 中有 3 种母版:幻灯片母版、讲义母版和备注母版。接下来介绍幻灯片母版。

幻灯片母版存储了有关演示文稿的主题和幻灯片版式的设计信息,如文本的格式及位置、项目符号、配色方案及图形项目的大小和位置等。一个演示文稿可包含一个或多个幻灯片母版。当我们想对整个演示文稿做统一修改时,可在幻灯片母版中进行修改,这样基于此母版的幻灯片都将随之改变,既节省了时间,又提高了效率。

打开幻灯片母版。选择"视图"选项卡,单击"幻灯片母版"按钮,即可打开幻灯片母版视图,如图 8.14 所示。母版视图左侧窗格中,最上方为"幻灯片母版",下方的母版版式页默认包含 11 个版式页,用户也可根据自身情况新增或删除版式页。

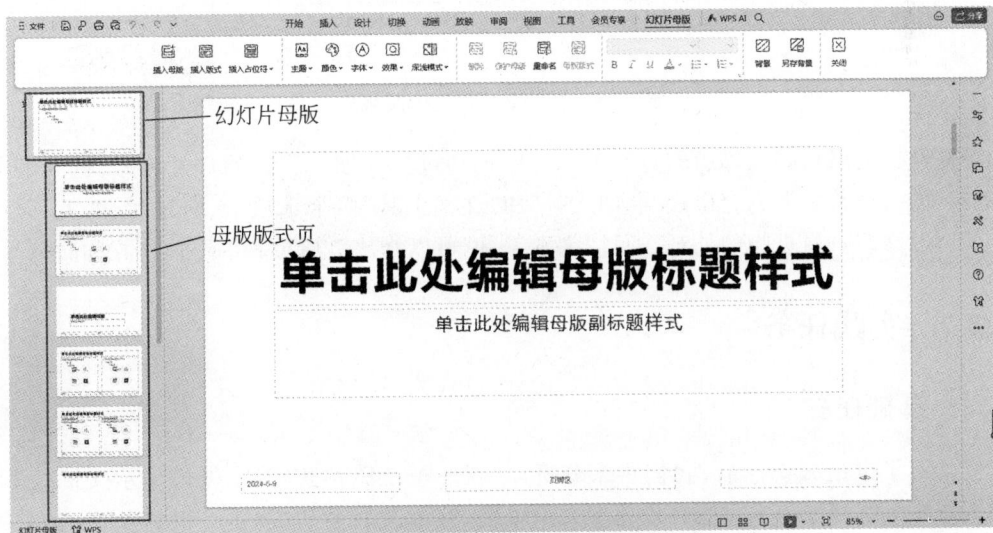

图 8.14　幻灯片母版视图

编辑幻灯片母版。在幻灯片母版中可以对已有版式的字体、背景、主题进行统一设置,也可以按照自己的需求对版式进行增删,或者修改为自定义的版式,具体的修改方法与普通幻灯片的编辑方法相同。一般设置幻灯片母版分为以下 5 部分:

- 修改字体。例如：要将所有的标题设置为红色 WPS 灵秀黑体，则要在幻灯片母版中选中标题占位符，然后选择字体和颜色。设置完成后，所有版式的标题都会随之更改。
- 设置主题。幻灯片母版下的"主题"按钮可以快速设置母版主题样式。
- 修改背景。幻灯片母版下的"背景"按钮可修改和选择合适的背景，右侧弹出的属性窗口可以做具体的设置。
- 自定义版式。如果母版中的版式不能满足用户的需求，可以在母版中添加自定义版式。首先单击幻灯片母版下的"插入版式"，即可插入一张只有标题占位符的幻灯片。然后单击"插入占位符"，即可按照自己的需求进行排版，如图 8.15 所示。

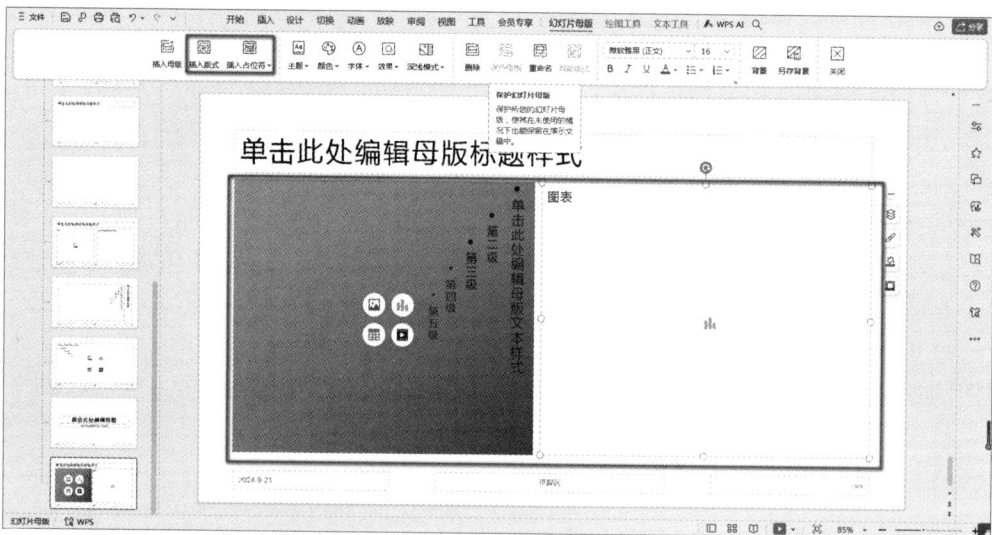

图 8.15　自定义幻灯片母版版式

- 设置页眉页脚。母版幻灯片中的页眉页脚包括日期、页脚、幻灯片编号，选中下方的占位符后上方会出现"绘图工具"和"文本工具"两个选项卡，通过"绘图工具"可以修改页眉页脚的外观，通过"文本工具"可以修改页眉页脚的字体格式和颜色等。

8.2.2　实践任务

1. 基础任务

学习了以上知识点后，我们再来分析以"秋冬季流感预防"为主题的演示文稿任务。首先需要将整理好的文字内容设置好大纲级别，再转换为 WPS 演示。得到 WPS 演示后如果有不合适的地方还可以再进行局部调整。选择一个合适的主题后进行幻灯片的制作，例如在幻灯片上添加文字、添加徽标，在页脚显示日期、幻灯片编号，设置幻灯片背景等为其进行美化。具体的任务要求如下：

（1）打开"秋冬季流感预防.docx"文件，并写好文字大纲内容，然后设置文档内容的级别，红色文本为"1 级"，蓝色文本为"2 级"，黑色文本为"正文文本"，保存文件。

（2）将"秋冬季流感预防.docx"以"秋冬季流感预防.pptx"为文件名，输出为演示文稿。

（3）将"秋冬季流感预防.pptx"演示文稿中的第 11 张和第 12 张幻灯片的位置互换。

（4）在第 5 张幻灯片后面新增一张版式为"仅标题"的幻灯片。

（5）隐藏新增的第 6 张幻灯片。

（6）在第 1 张幻灯片中将文本框"演讲人"中的内容替换为"演讲人：***"（输入内容不包含引号）。

（7）为素材应用合适的主题。

（8）在幻灯片母版中为每张幻灯片右上角添加医院的 logo，设置其置于顶层，并为所有幻灯片添加日期，页脚显示"***中心医院宣传科"，添加幻灯片编号。

（9）将第 15 张幻灯片背景设置为"渐变填充"，删除第 6 张幻灯片。

（10）保存文件。

根据以上任务要求，任务实施具体操作过程如下：

步骤 1：打开任务二素材包中的"流感预防.docx"文档，在大纲视图下按要求将红色文字设置为"1 级"，蓝色文字设置为"2 级"，其余为"正文文本"，保存文档。

步骤 2：在"流感预防.docx"中，选择"文件"→"输出为 PPTX"，选择默认的幻灯片主题，待预览效果结束后，单击"导出 PPT"，并以"秋冬季流感预防.pptx"为文件名保存文件。

步骤 3：在普通视图下的左侧幻灯片缩略窗格中，选中第 12 张幻灯片，按住鼠标左键向上拖动到第 11 张幻灯片上方后，松开鼠标左键即可实现幻灯片位置的互换。

步骤 4：在普通视图下的左侧幻灯片缩略窗格中，选中第 5 张幻灯片，单击"开始"选项卡下的"新建幻灯片"下拉菜单，选择"版式"下的"标题和内容"，如图 8.16 所示。

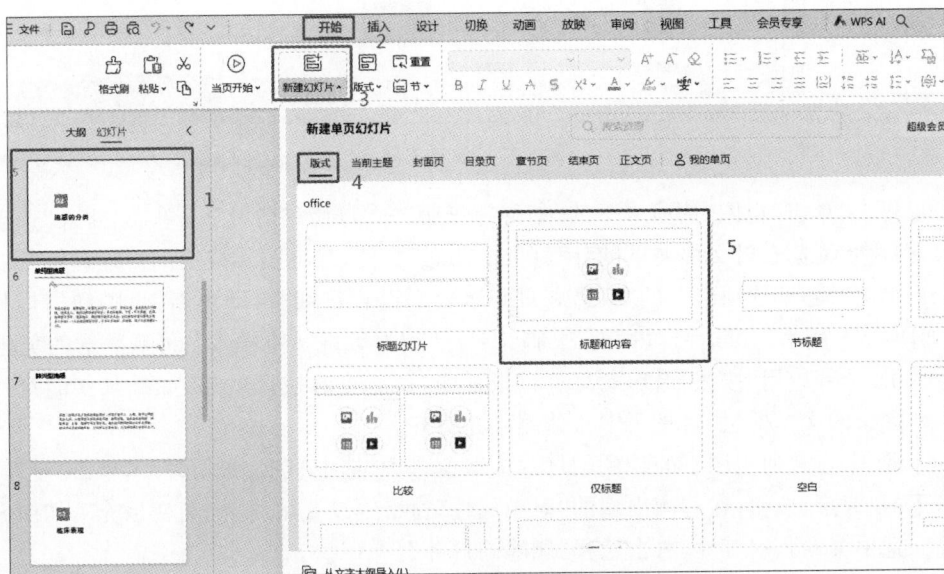

图 8.16 新建"标题和内容"幻灯片

步骤 5：选中新建的第 6 张幻灯片，右击选择"隐藏幻灯片"。

步骤 6：在普通视图下的左侧幻灯片缩略窗格中，选中第 1 张幻灯片，在右侧的幻灯片编辑区中，选择下方的文本框，将内容"演讲人"修改为"演讲人：***"。

步骤 7：在"设计"选项卡下单击"全文美化"→"全文换肤"，在弹出的对话框中，"风格"选择"商务"，"场景"选择"不限"，"专区"选择"免费专区"，下拉滚动条找到"医疗医务通用模板"，预览并应用，如图 8.17 所示（注：WPS 演示中的免费主题会不定期更换，选择合适的主题进行应用即可）。

图 8.17 设置主题

步骤 8：单击"视图"选项卡下的"幻灯片母版"，在母版幻灯片下，单击"插入"选项卡下的"图片"，浏览素材文件夹下的"医院 logo.png"文件，并将图片拖至幻灯片母版的右上角。再单击"插入"选项卡下的"页眉和页脚"，分别设置日期、自动更新、页脚和幻灯片编号，如图 8.18 所示。可适当对日期、页脚、幻灯片编号等做字体样式及外观轮廓的美化。

单击"全部应用"按钮，退出幻灯片母板视图，预览查看应用效果，如果某些幻灯片中有一些多余的文本框（如目录页中），请删除并对齐。

步骤 9：在普通视图下的左侧幻灯片缩略窗格中，选中第 15 张幻灯片，单击"设计"选项卡下的"背景"按钮，在右侧出现的"对象属性"窗格中设置填充为"渐变填充"，如图 8.19 所示。选中第 6 张幻灯片，右击选择"删除幻灯片"。

步骤 10：浏览整个演示文稿，保存关闭文件。

图 8.18　设置页眉页脚

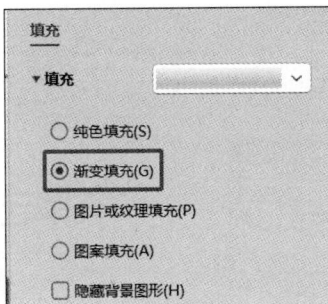

图 8.19　设置"渐变填充"背景

2. 进阶提高

通过之前的任务,我们基本掌握了新建 WPS 演示的方法,以及如何对幻灯片进行基本的美化设置等。如果提高演示文稿设计要求,遇见如下任务,请思考如何进行设置。

进阶任务要求:

(1) 以"吸烟有害健康"为主题,设计宣传海报式演示文稿,比例为"16∶9",要求至少15 张幻灯片。

(2) 创建一个名为"健康"的幻灯片母版,要求仅保留"标题幻灯片""标题和内容""图片与标题"3 个版式。

(3) 在上述幻灯片母版最下方添加一个名为"标题和智能图形"的新版式,并在此版式内添加一个智能图形的占位符;添加一个"尾页"版式,在其中插入 2 个文本占位符。

(4) 将素材文件夹中的图片"标题幻灯片背景.jpg"作为标题幻灯片版式的背景,并设置透明度为"35%",将"正文背景.jpg"作为其他版式的背景。

(5) 将幻灯片内容分为 4 个结构,分别是"香烟的自述""香烟的危害""我国青少年吸烟现状""拒绝吸烟"。

(6) 根据内容对幻灯片版式、内容等进行设置,基本完成幻灯片的美化。

(7) 将幻灯片分成 4 个节,分别对应幻灯片 4 个结构。

(8) 完成后将演示文稿另存为图片格式。

根据以上任务要求,参考操作提示如下:

提示 1:新建并打开名为"吸烟有害健康"的空白幻灯片,单击"视图"选项卡下的"幻灯片母版",将 WPS 演示自带的幻灯片母版重命名为"健康"。

提示 2:光标定位在每一个母版版式页,查看是否为需要保留的 3 个版式,删除多余的版式。

提示 3:在"幻灯片母版"选项卡下单击"插入版式",右击选择"重命名版式",输入"标题和智能图形"。单击"插入占位符",选择"智能图形"。

提示 4：选中"标题幻灯片版式"，单击"幻灯片母版"选项卡下的"背景"按钮，在右侧弹出的"对象属性"窗格中选中"图片或纹理填充"，"图片填充"选择"本地图片"，将素材文件夹下的"标题幻灯片背景.jpg"添加进来，并设置透明度为"35％"，如图 8.20 所示。

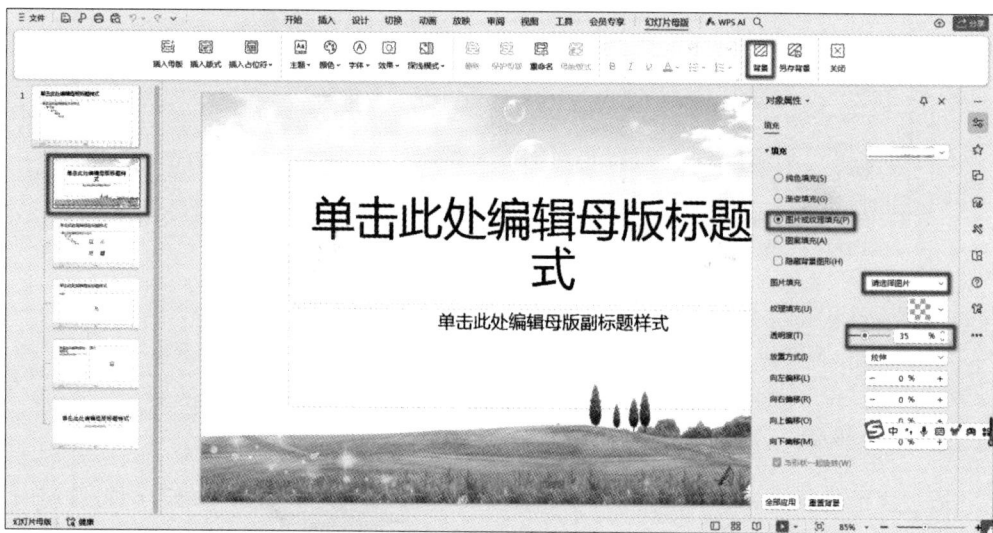

图 8.20　添加背景

8.3　编辑 WPS 演示文稿对象

知识目标：

- 熟练掌握 WPS 演示文稿的编辑技巧，包括文本输入、格式设置、图片插入、形状。
- 熟悉绘制、表格插入、表格样式设置、音视频插入与剪切放映设置等。
- 熟悉文本、图片图形、表格、音频、视频的美化方法。
- 掌握智能图形的使用方法。

能力目标：

- 学会使用多媒体素材增强演示文稿的吸引力和表现力。
- 通过学习幻灯片的图片排版，培养审美能力。
- 理解演示文稿的设计原则，提高演示文稿的整体美观度和易读性。
- 激发创造能力。

素养目标：

- 通过完成任务培养动手操作、主动学习和团结协作能力。
- 激发对 WPS 演示文稿编辑的兴趣和热情。
- 培养审美能力和创新意识。

本节内容思维导图如图 8.21 所示。

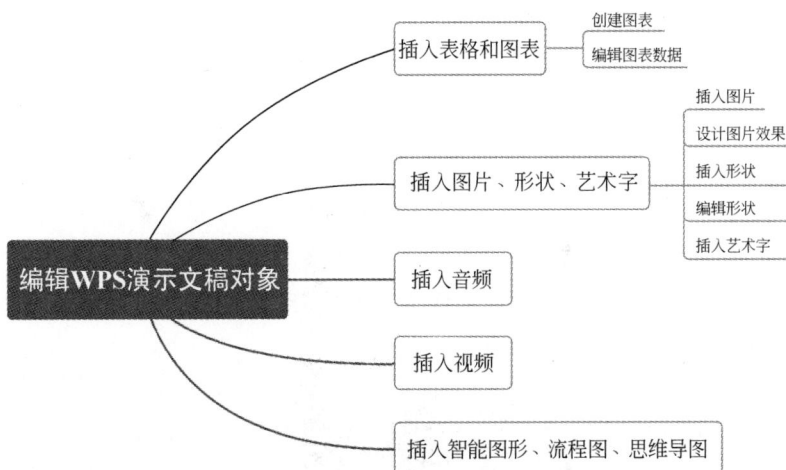

图 8.21 编辑 WPS 演示文稿对象思维导图

【思考】

问题 1：WPS 演示文稿的文字放在什么对象里？

问题 2：占位符和文本框相同吗？

问题 3：如何添加背景音乐？

8.3.1 WPS 演示文稿对象的插入与编辑

通过前一个任务制作出了演示文稿的雏形，并为演示文稿设置了合适的主题和母版，进行了初步的美化，请在此基础上对每张幻灯片做细致的编辑，例如添加表格、图片、音频、视频等丰富此幻灯片的元素，或者对纯文本内容做更合理的排版，改变效果如图 8.22 所示。

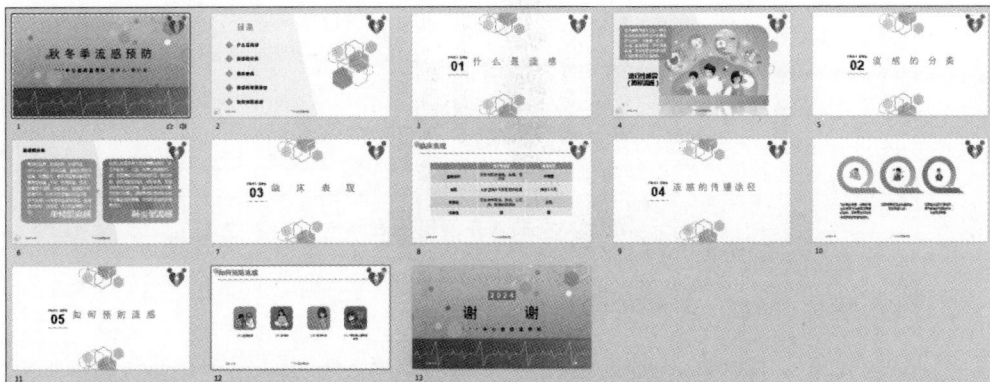

图 8.22 WPS 演示文稿对象的插入与编辑完成效果

幻灯片就像是一张画纸，需要展示的所有元素均以对象的形式插入，如文本框、艺术字、图片、剪贴画、自选图形、影片、声音、图表、表格、超链接等，本节主要讲解在 WPS 演示中使用频率较高的几种对象。

1. 插入表格和图表

在 WPS 演示中插入表格和图表能够更加直观地展示数据，在"插入"选项卡下即可完成，操作与 WPS 文字中插入表格和在 WPS 表格中生成图表类似，具体可参考 WPS 文字插入表格操作。

图表是演示文稿中的重要组成内容，丰富多样的图表能使数据表达更加直观和生动。WPS 提供了丰富的图表类型，常用的有柱形图、折线图、饼图、条形图等，在 WPS 表格中有详细介绍，不同类型的图表具有不同的侧重点。

（1）创建图表。打开演示文稿后，选中需要插入图表的幻灯片，在"插入"选项卡下单击"图表"按钮，在弹出的"图表"对话框中根据数据的类型选择合适的图表类型。

（2）编辑图表数据。WPS 演示插入图表后需要首先进行数据编辑，具体操作方法如下：选中图表，单击"图表工具"选项卡→"编辑数据"，程序自动打开 WPS 演示中的图表，表格中有相应的表格数据，可对数据进行编辑或修改，如修改表格的数据，则图表会随之自动调整，修改完成后关闭 WPS 表格即可。插入并编辑图表如图 8.23 所示。

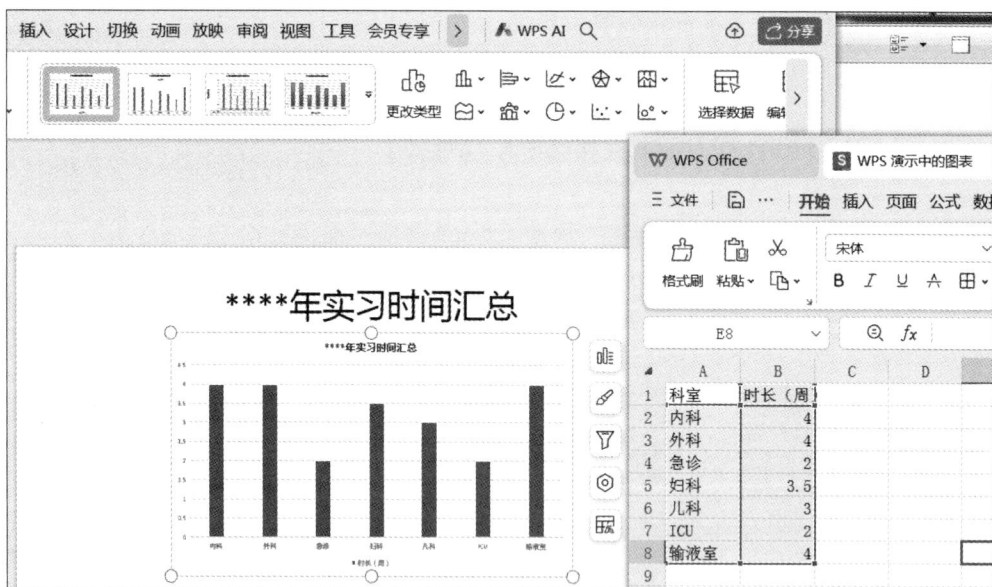

图 8.23　插入并编辑图表

2. 插入图片、形状、艺术字等

幻灯片中可以方便地插入图像、剪贴画、形状、艺术字，能美化幻灯片并达到增强演示的效果，使听众更容易理解和感受演讲者想要传达的信息。这些功能都在"插入"选项卡下，使用起来比较简单方便。

（1）插入图片。选中需要插入图片的幻灯片，单击"插入"选项卡下的"图片"下拉按钮，在下拉菜单中选择插入图片的路径来源。

- 本地图片：即计算机本地的图片，这是最常用的图片插入方式。一个特定主题的演示文稿中经常需要插入大量与主题相关的图片，这些图片一般都由设计者自行搜集并保存到本地计算机上，随时调用。
- 分页插图：是 WPS 演示的特色功能，其能一键将已排好顺序的图片一次性导入演示文稿中，且自动为每张图片新建一张幻灯片。
- 手机图片/拍照：设计者可通过"手机传图"将存储在手机中的图片素材传入当前文稿并插入相应的幻灯片。

（2）设计图片效果。插入图片后更重要的是图片样式效果的设置，这不仅能使幻灯片页面更加美观，还能达到更好的展示效果。具体操作方法如下：选中插入的图片，通过"图片工具"选项卡的样式工具快捷功能按钮对图片的形状样式、透明度与亮度、大小位置、效果、轮廓、组合、对齐等进行设置；也可以先选中图片再右击，在弹出的快捷菜单中选择"设置对象格式"命令，在右侧的"对象属性"窗格对图片样式效果进行设置。

（3）插入形状。将光标定位到需要插入形状的幻灯片上，单击"插入"选项卡下的"形状"下拉按钮，在下拉面板中选择所需要的形状并单击，光标变成十字形，拖动鼠标左键即可绘制图形。

（4）编辑形状。
- 形状样式调整。选中已插入的形状，可以在上方菜单栏的"绘图工具"选项卡中找到"形状样式"选项，进行形状的填充颜色、轮廓颜色、线条粗细等属性的调整。也可以右击，选择"编辑文字"，在形状内填入文字，并设置文字的字体、大小、颜色等属性。
- 形状位置与大小调整。通过拖动鼠标可以直接改变形状的位置。在形状上右击，选择"大小和位置"选项，可以精确调整形状的大小和位置参数。
- 形状组合与拆分。若想将多个形状组合成一个整体，可以使用"绘图工具"选项卡中的"组合"功能。若想拆分已组合的形状，同样可以使用"绘图工具"选项卡中的"取消组合"功能。

（5）插入艺术字。艺术字一般应用于幻灯片的标题和需要重点讲解的部分，能快速美化文字，达到立体化艺术效果。但是在一张幻灯片中不宜添加太多艺术字，过多地添加艺术字反而会影响演示文稿的整体风格。WPS 演示中艺术字的插入和效果设置与 WPS 文字中的操作相同，此处不再过多介绍，具体可参考 WPS 文字中艺术字的插入与设置。

3. 插入音频

为了突出重点，WPS 演示提供了在幻灯片放映时播放声音、音乐、旁白等功能。播放音频文件需要计算机配置声卡、音箱等。

在幻灯片中插入声音或音乐的操作如下：在幻灯片缩略窗格中，选择要插入音频的幻灯片，单击"插入"→"音频"下拉菜单中的"嵌入音频"即可浏览计算机的本地音频文件，进行上传。需要注意的是，嵌入音频采用的是嵌入的方式插入音频，会使幻灯片文档占用的空间变大，但在分享或传输幻灯片时比较方便，不需要再单独传输音频被文件就可以使文档中的音频被正常播放。用户也可以选择"链接到音频"，采用这种方式可以关联计算机的本地音频文件或存储在云端的音频,这种方式并没有把音频嵌入幻灯片中,所以如果需要传输幻灯片的话需要把该音频一起传输过去。

插入音频后,幻灯片中会出现声音图标,单击声音图标,其下方会出现一个播放控制条,该控制条可以用来调整播放进度和音量等。

通过音频工具,可以对插入的声音对象进行编辑,包括裁剪、淡入淡出设置、音量大小调整、音频开始和停止播放的方式、循环次数等。

4. 插入视频

在 WPS 演示文稿中,可以插入多种格式的视频文件,如 MOV、WMV、MP4 等。在幻灯片中插入视频的方法如下:

(1)在幻灯片缩略窗格中,选择要插入视频的幻灯片,单击"插入"→"视频"下拉菜单中的"嵌入视频"即可浏览计算机的本地视频文件,进行上传。同嵌入音频一样,嵌入视频也会将视频嵌入演示文稿中,会使文档的占用存储空间变大。

(2)插入视频后,幻灯片中会出现相应的视频图标,单击视频图标,其下方会出现一个播放控制条,该控制条可以用来调整播放进度和音量等。

(3)单击幻灯片上的视频图标,在出现的"视频工具"选项卡中可以对视频文件进行编辑,包括裁剪视频、音量大小调整、视频开始播放的方式、是否全屏播放等。

5. 插入智能图形、流程图、思维导图

对于有一定组织架构的文本内容或图片素材而言,智能图形是一个十分便利且高效的排版工具,掌握好这个工具将大大提升工作效率,节省优化版面的时间。WPS 演示提供了丰富的智能图形、流程图、思维导图,使用户可以快速、高效的创建高质量的演示文稿。

WPS 演示中智能图形插入,文本录入,项目编辑,级别设定,布局、颜色、样式设置等与 WPS 文字操作相同,但 WPS 演示中还增加了将文本转换为智能图形的功能,具体操作方法:首先选中文本,单击"文本工具"选项卡下的"转智能图形",再选择合适的智能图形即可,如图 8.24 所示。

WPS 演示中插入流程图和思维导图的方法与 WPS 文字中插入流程图和思维导图的方法类似:选中需要插入流程图的幻灯片后,单击"插入"选项卡下的"在线流程图"或"在线思维导图",选择合适的模板进行绘制即可。

8.3.2　实践任务

1. 基础任务

继续美化"秋冬季流感预防"幻灯片,具体的变化如下:
变化 1:原第 4 张幻灯片由纯文本修改为图文混排幻灯片,完成效果如图 8.25 所示。
变化 2:将原第 6、7 张幻灯片合并为一张幻灯片,并用比较版式来突出"单纯型流感"

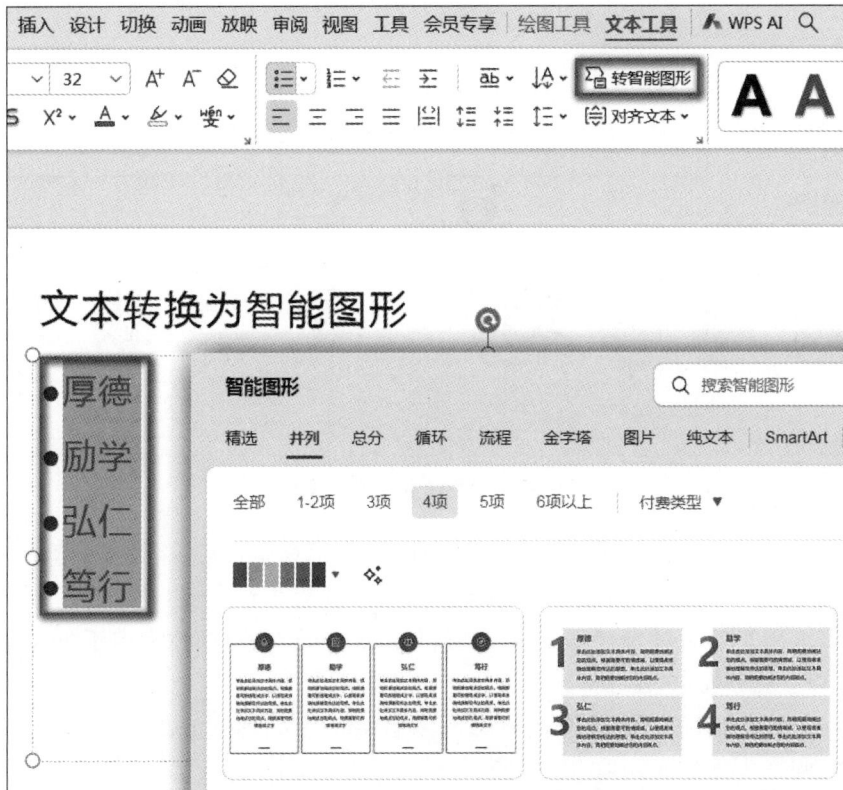

图 8.24 文本转换为智能图形

图 8.25 第 4 张幻灯片完成效果

与"肺炎型流感"的区别。

变化 3：原第 9 张幻灯片，将临床表现的内容用一个清晰、简单、明了的表格表示。

变化 4：将原幻灯片中的第 11～13 张幻灯片中的内容整合到一张幻灯片中，并用智能图形表示。

变化 5：美化修改后的第 12 张幻灯片，将"如何预防流感"中 4 个圆角正方形内的小图形分别替换为素材文件夹中的 4 张图片，如图 8.26 所示。

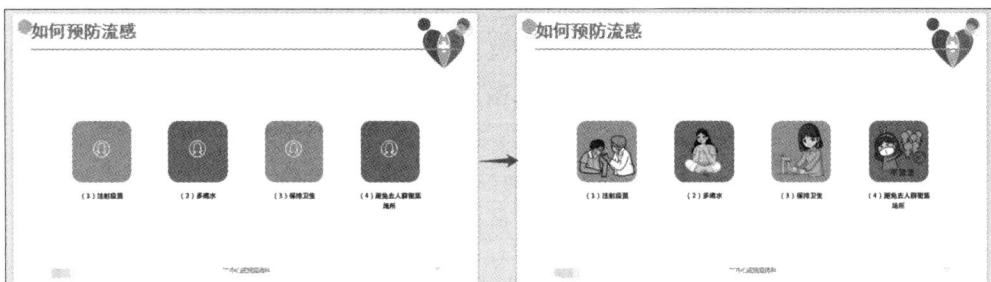

图 8.26　第 12 张幻灯片变化

变化 6：在第 1 张幻灯片中插入素材文件夹中的"背景音乐.mp3"，设置音频自动播放，音量为"低"，循环播放，直至停止，将该音频设置为背景音乐。

最后，以任务"秋冬季流感预防-对象编辑.pptx"为名保存文件(命名不包含引号)。

根据以上任务要求，任务实施具体操作过程如下：

步骤 1：打开"秋冬季流感预防-任务三素材.pptx"文件，在左侧第 4 张幻灯片下，选中文本框，调整其高为"6.50 厘米"，宽为"10.00 厘米"，如图 8.27 所示，并使用跟随主题颜色的"渐变填充-无线条"的预设样式，如图 8.28 所示。单击"插入"→"图片"→"本地图片"，浏览素材文件夹下的"流感配图1.jpg"，对此图片按预设基本形状"圆角矩形"裁剪。在"对象属性"窗口中为其添加阴影"透视-左上对角透视"和预设倒影"紧密倒影、接触"的图片效果，如图 8.29 所示。

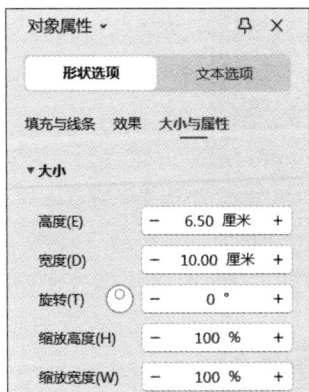

图 8.27　设置文本框大小

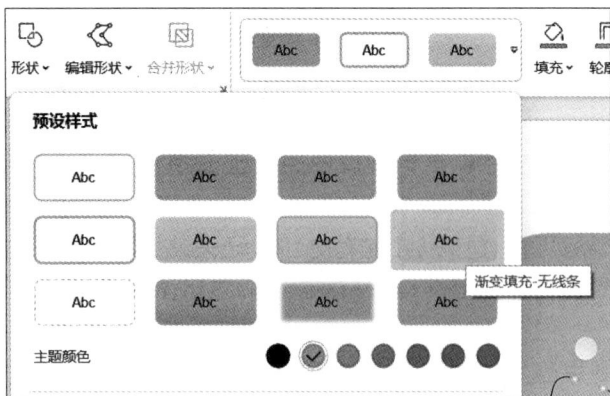

图 8.28　设置文本框预设样式

步骤 2：在左侧第 7 张幻灯片下，单击"＋"，新建单页幻灯片，选择"比较"版式的幻灯片，填入原幻灯片中关于单纯型流感和肺炎型流感的介绍，并对文本框设置预设样式为"填充-无线条-弥散"。

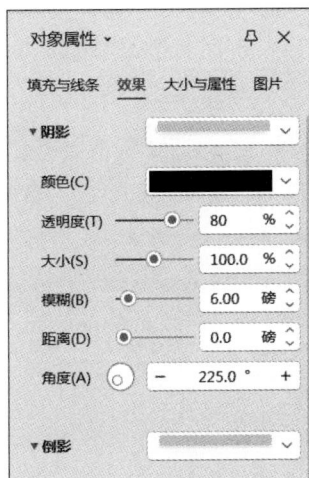

图 8.29　设置图片属性

步骤 3：在原第 9 张幻灯片内，先将文本框移动至一旁，单击插入 5 行 3 列的表格，并将文本框的内容填入表格，如图 8.30 所示。适当调整表格的大小，对表格内文字设置居中对齐，删除文本框。

图 8.30　修改第 9 张幻灯片

步骤 4：在"流感的传播途径"幻灯片下，新建一张空白版式的幻灯片。单击"插入"→"智能图形"，选择"并列"→"3 项"→"免费"，选择一个合适的智能图形（WPS 演示中的智能图形会不定期更换），插入幻灯片后适当调整图形大小。将智能图形内的图片替换为素材中的 3 种传播方式的图片，然后将 3 种传播方式的文本粘贴到智能图形的下方。删除第 11~13 张幻灯片，如图 8.31 所示。

步骤 5：在第 12 张幻灯片中，将素材文件夹中的图片添加进来，如图 8.32 所示。

步骤 6：在第 1 张幻灯片中，单击"插入"→"音频"→"嵌入音频"，浏览素材文件夹中的背景音乐。插入音频后，会显示一个小喇叭，单击这个小喇叭，在上方的"音频工具"中

图 8.31　设置智能图形

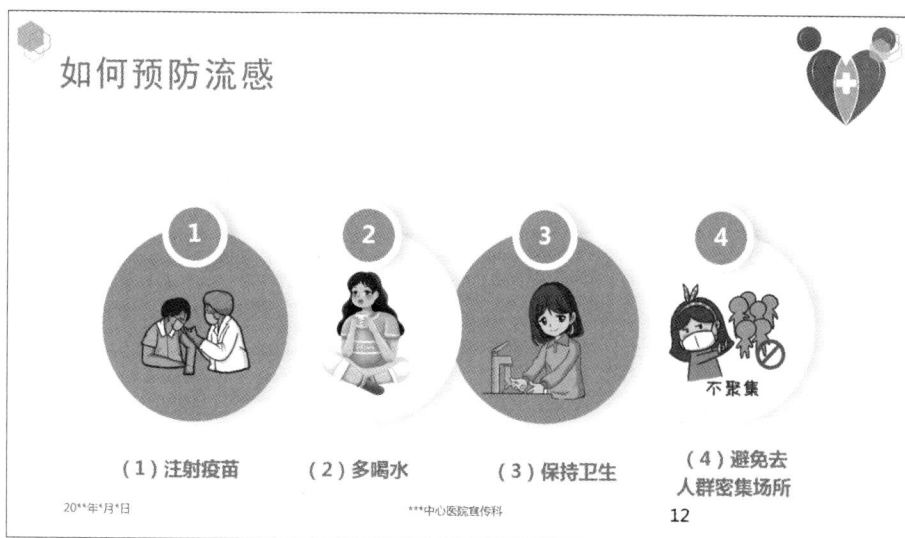

图 8.32　第 12 张幻灯片效果

设置"音量低""自动播放""循环播放,直至停止""设置为背景音乐"即可。

步骤7:选择"文件"→"另存为",输入文件名为"秋冬季流感预防-对象编辑.pptx",保存幻灯片。

2. 进阶提高

使用 WPS 打开"二十四节气.pptx",按要求完成以下各项操作。

(1) 在第 1 张幻灯片中插入预设样式为"填充-浅绿,着色 4,软边缘"的艺术字,输入文本内容"二十四节气"(输入内容不包含引号)。

(2) 设置艺术字的文本效果为"阴影"→"外部"→"右上斜偏移","倒影"→"倒影变体"→"紧密倒影,接触"。

(3) 在第 2 张幻灯片中以"链接"形式插入素材文件夹下的"二十四节气.mp4"视频,将其移动到幻灯片页面范围之外,将幻灯片中的"视频播放图标"设置为"视频播放触发器”，单击该图标时全屏播放视频。

（4）保存文件。

根据以上任务要求，参考操作提示如下：

提示1：打开"二十四节气.pptx"，在第1张幻灯片中单击"插入"→"艺术字"，"艺术字预设"选择"填充-浅绿，着色4，软边缘"样式的艺术字，单击插入并输入"二十四节气"。

提示2：选中艺术字，在出现的"文本工具"选项卡下选择"效果"→"阴影"和"倒影"选项，如图8.33所示。

图8.33　设置艺术字效果

提示3：在第2张幻灯片中，单击"插入"→"视频"→"链接到视频"，浏览素材文件夹下的"二十四节气视频.mp4"，插入视频后，缩小幻灯片的显示并将视频移动到幻灯片页面范围之外。单击"动画"选项卡，打开"动画窗格"，在右侧能看到视频其实是一个动画，如图8.34所示，现在需要给这个动画添加触发器。

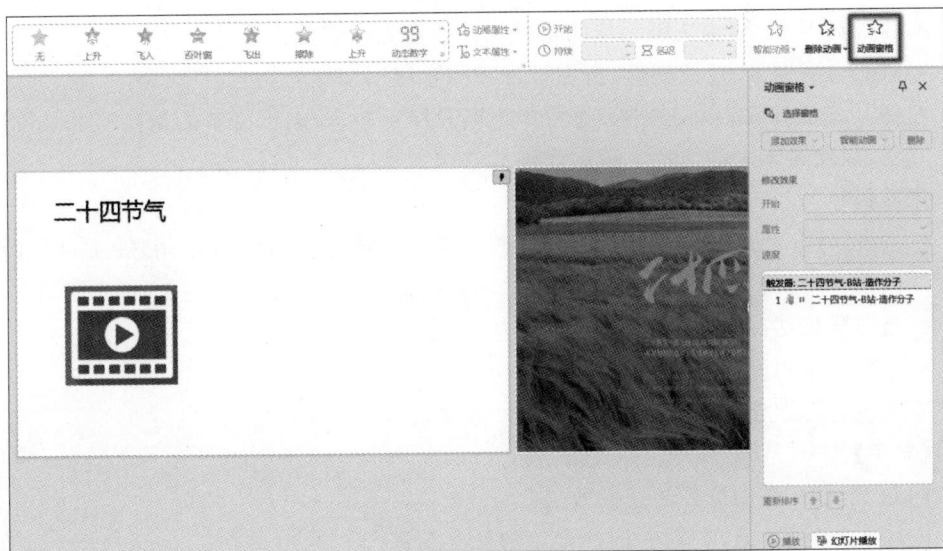

图8.34　插入视频

右击"动画窗格"中的动画,选择"效果选项",在弹出的对话框中选择"计时",选中"单击下列对象时启动效果",选择"视频播放图标",如图 8.35 所示。

图 8.35　添加触发器

最后,在视频播放设置中,勾选"全屏播放"即可。

8.4　WPS 演示文稿的切换与动画设计

知识目标:

- 掌握在 WPS 演示中设置幻灯片切换效果的方法。
- 学会为幻灯片中的对象添加动画效果,并调整动画参数。
- 掌握超级链接的创建与管理方法,以及如何通过动作设置实现更复杂的交互效果。

能力目标:

- 提升对 WPS 演示文稿制作的实践操作技能和审美能力。
- 培养自我探索、自我创新、自主学习和综合应用知识的能力。
- 提升总结归纳能力,在学习过程中不断总结经验,归纳出有效的切换与动画设计方法,以便在未来的演示文稿制作中能够更加高效地完成任务。

素养目标:

- 激发学习 WPS 演示文稿的兴趣,鼓励学生发挥想象力创造作品,展示自我,自我激励,体验成功,在不断尝试中激发求知欲。
- 培养学生精益求精的工匠精神。
- 培养学生的设计、审美能力。

本节内容思维导图如图 8.36 所示。

【思考】

问题 1:什么是幻灯片的切换效果?

问题 2:动画效果在 WPS 演示中扮演什么角色?

问题 3:WPS 演示中有哪些内置的切换效果和动画效果?

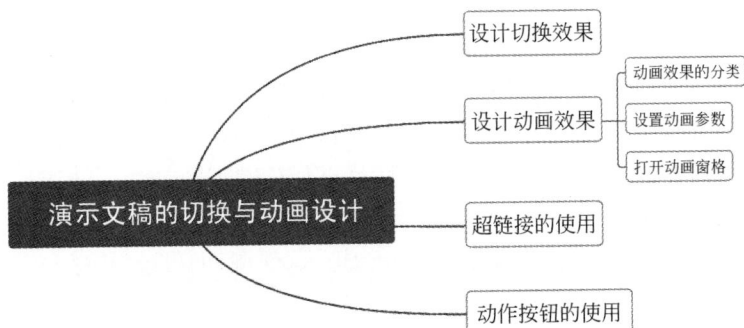

图 8.36　演示文稿的切换与动画设计思维导图

8.4.1　WPS 演示文稿的切换与动画设计概述

通过前面的学习,已经为 WPS 演示丰富了表格、音频、视频等元素,使整个 WPS 演示更加饱满,更加多元化,内容上变得更充实。为了使放映效果达到最佳,在静态的幻灯片中插入一些动画和切换效果,增强演示效果,请为每一张幻灯片中的重点对象添加动画或超链接以及切换效果。

幻灯片的切换和动画效果设计是使用 WPS 演示文稿进行演示时的重要环节,它决定了演示文稿是否生动。WPS 演示文稿提供了强大的动画制作功能,通过巧妙运用这些功能,可以使幻灯片更加生动有趣,吸引观众的眼球,增强演示效果。本节将介绍一些常用的幻灯片切换和动画效果设计技巧,帮助用户打造出精彩的演示内容。

1. 设计切换效果

幻灯片切换效果是在幻灯片放映时从一张幻灯片切换到下一张幻灯片时出现的动画效果。选择合适的切换效果可以使演示更具吸引力和流畅性。通过设计切换效果可以控制切换的速度、添加声音,甚至还可以对切换效果的属性进行自定义设置。

设计切换效果的具体步骤如下:

步骤 1:选择幻灯片。打开 WPS 演示文稿,找到左侧的幻灯片缩略窗格。单击想要添加切换效果的幻灯片。如果要一次性为多个幻灯片添加相同的切换效果,可以按住【Ctrl】键来选择多个幻灯片。

步骤 2:选择切换效果。在"切换"选项卡下可选择切换效果。WPS 演示中提供了丰富的切换效果,用户可单击想要应用的切换效果来预览它。

步骤 3:设置切换效果。用户可以根据需要对切换效果进行设置。不同的切换效果具有不同的效果选项,此处以"擦除"效果为例,用户可以自主选择擦除的方向,有 8 个方向可选择。同时,用户还可以在"切换"选项卡的右侧设计切换效果的速度、声音、换片方式等,不同的切换效果有不同的默认设置。通过"全部应用"按钮,用户可选择是否将上述设置应用到整个演示文稿。

步骤 4:设置完毕后,单击保存关闭演示文稿即可。

2. 设计动画效果

动画效果是指在幻灯片中的文字、图片或其他元素上添加的动态效果。通过设置动画,能够改变幻灯片中各对象在播放时出现的顺序和时间,及对象播放时的动作和声音,有利于突出重点,控制信息流程,从而使幻灯片更加生动形象。演示文稿中的所有对象,如表格、形状、图片、文本、艺术字、智能图形、图表等都可以添加动画效果。

(1)动画效果的分类。动画效果主要分为进入、强调、退出、动作路径/绘制自定义路径这几类。

- 进入动画:当一个元素第一次出现在幻灯片上时所添加的动画效果。常见的进入动画效果包括"出现""飞入""缓慢进入""切入"等。
- 强调动画:为了突出某个元素而添加的动画效果。例如,可以通过变换颜色、旋转、放大等方式来强调某个元素。
- 退出动画:当一个元素在幻灯片上消失时所添加的动画效果。常见的退出动画效果包括"飞出""缓慢移出""切出"等。
- 动作路径/绘制自定义路径动画:使一个元素沿着系统定义好的路径或用户自定义路径移动的动画效果。例如,可以让一个元素按照特定的形状或者线条移动。

了解了动画效果的种类后,我们就可以开始为幻灯片制作动画效果了。下面将详细介绍如何制作各种动画效果。

添加进入动画:选中要添加动画的元素;然后选择"动画"选项卡,选择合适的进入动画效果;接下来,可以通过"开始""持续""延迟"等选项来调整动画的播放方式、速度和持续时间等。

添加强调动画:选中要添加动画的元素;选择"动画"选项卡,选择合适的强调动画效果;然后,可以通过"开始""持续""延迟"选项来调整动画的速度和持续时间。

添加退出动画:选中要添加动画的元素;选择"动画"选项卡,选择合适的退出动画效果;然后,可以通过"开始""持续""延迟"选项来调整动画的速度和持续时间。

添加动作路径/绘制自定义路径动画:选中要添加路径动画的元素;选择"动画"选项卡,选择"动作路径"下的某一路径,即可完成路径动画的设置;或者选择"自定义路径"选项,然后在幻灯片上绘制出路径,再选择路径的起点和终点。

(2)设置动画参数。添加完动画后,可在右侧设置该动画的效果,"动画属性"包括飞入的方向等,"文本属性"指的是为文本框添加动画效果时,可选择文本框整体播放、文本框内按段落播放或者是逐字播放等。还可以设置动画的开始方式,动画的持续时长、延迟时间等。设置动画参数如图8.37所示。

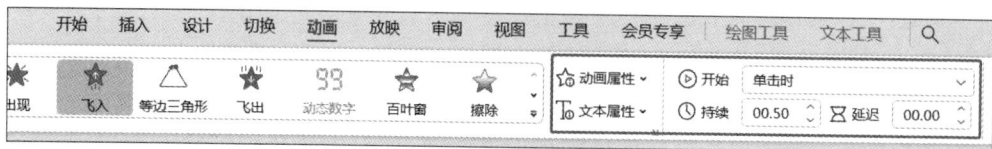

图8.37 设置动画参数

如果有多个对象要添加相同的动画效果,可以先选中这些对象,再添加同一动画,或者给第一个对象添加完动画效果后,使用"动画刷",即可将该动画复制给其他对象。

（3）打开动画窗格。在为多个对象添加动画时,我们需要经常调整动画的顺序以及每个动画的效果,此时使用动画窗格会让我们的操作更加清晰明了。动画窗格列表能显示当前幻灯片页内的所有动画,在幻灯片中有动画的对象会显示一个数字,这个数字表示动画在该页上出现的顺序,若在动画窗格中选中了一个动画,则幻灯片的动画数字颜色也会加深。

当想要调整某一个动画出现的顺序时,只需要在动画窗格中选中某一个动画后长按左键拖动即可。拖动到位置后,幻灯片中还会有文字提示移动后的结果。动画窗格如图 8.38 所示。

除此之外,当我们要对一个对象添加多个动画时,例如可以同时对标题文本框添加进入动画、强调动画、退出动画(也可以为同一个对象添加多个同一类型的动画)。在前面的学习的基础上,可以先为标题文本框添加一个"飞入"动画,然后打开"动画窗格",单击"添加效果",选择强调动画中的"放大/缩小",即可将强调动画添加上。用同样的方法,可以再对该文本框添加一个退出动画。添加完后,动画窗格内可看到该文本框上有 3 个动画效果,如图 8.39 所示。

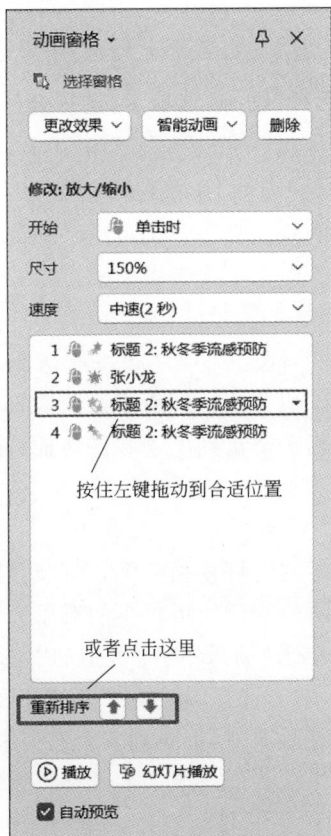

图 8.38　动画窗格

图 8.39　同一对象添加多种动画

要删除某个动画时也需要在动画窗格中操作。当要删除某个动画时，首先在"动画窗格"中选中要删除的一个或多个动画，然后右击选择"删除"即可。

动画窗格中还可以进行基础的属性设置。选中某个动画后右击，可进行效果选项设置、计时等。需要注意的是，在计时中可添加"触发器"，如图 8.40 所示。

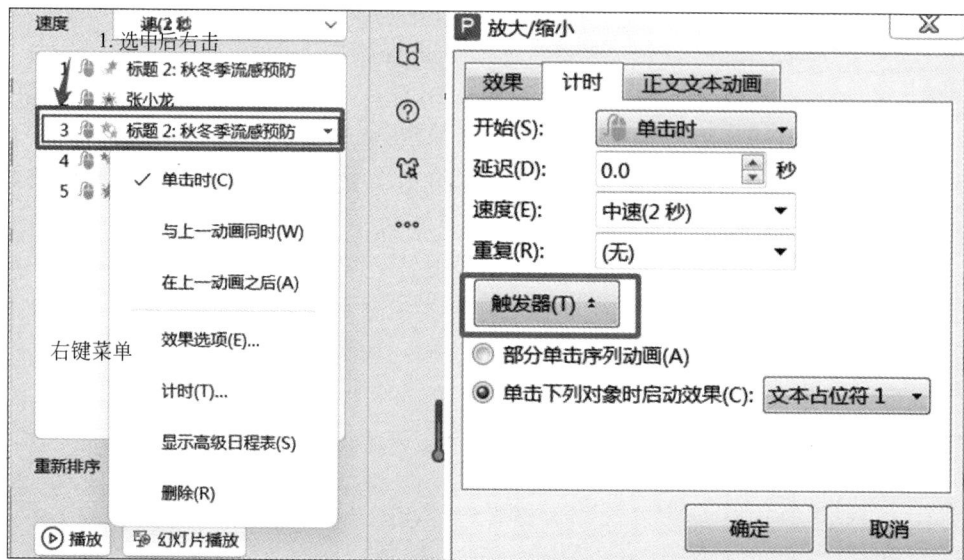

图 8.40　添加触发器

最后我们经常会用到，也是一个很重要的习惯就是添加完动画后预览查看最终的演示效果。在 WPS 演示动画窗格的下方，有一个"播放"按钮，单击即可对本张幻灯片的所有动画效果进行预览，尤其可以帮助我们查看动画的顺序是否正确，以便及时调整。

3. 超链接的使用

在 WPS 演示文稿中添加超链接能方便观众在不同幻灯片之间快速切换，或者链接到其他文件、程序、网站上等。通过超链接，观众可以快速跳转到所需要的内容上，提高了演示文稿的互动性和吸引力。此外，超链接还可以用于链接到电子邮件地址、社交媒体账号等，方便观众与演讲者或其他相关人员进行交流。

添加超链接的具体步骤如下：

步骤 1：选择对象。选择想要在其中添加超链接的幻灯片缩略图，在此幻灯片中选择添加超链接的元素，这里的元素可以是文本、形状、图片等任何可单击的对象。

步骤 2：打开"插入超链接"对话框。用户可以单击"插入"选项卡中的"超链接"按钮打开该对话框，也可以在选中添加超链接的元素后，右击选择"超链接"来打开该对话框。

步骤 3：设置超链接的目标。在"插入超链接"对话框中，将看到多个选项来选择超链接的目标。

- "本文档中的位置"：可以链接到演示文稿中的另一张幻灯片，选择此选项，并从列表中选择目标幻灯片。

- "原有文件或网页"：如果想链接到一个外部文件或网页，则选择此选项，并在"地址"栏中输入目标文件的路径或网页的统一资源定位系统（Uniform Resource Locator，URL）。
- "电子邮件地址"：如果想链接到一个电子邮件地址，则选择此选项，并输入电子邮件地址和主题（可选）。

步骤4：设置超链接的显示方式（可选）。在"插入超链接"对话框中，还可以选择超链接的显示方式，例如更改链接的文本颜色或下画线样式，以便在演示文稿中区分链接文本和非链接文本。

步骤5：完成设置并关闭对话框。完成所有设置后，单击"确定"按钮关闭"插入超链接"对话框。

步骤6：测试超链接。在演示文稿中，选择刚刚添加超链接的元素，并尝试单击它。确保它按预期跳转到目标位置或打开目标文件/网页/电子邮件。

步骤7：保存演示文稿。

4. 动作按钮的使用

动作按钮是 WPS 演示文稿中不可或缺的一部分，它能增加用户与演示文稿的交互性。当单击或用鼠标指向这些按钮时，它们可以执行特定的操作，如链接到某一张幻灯片、某个网站或文件，播放某种音效，甚至运行某个程序。这种交互性使得演示文稿更加生动和吸引人。在演示过程中动作按钮还能进行导航。例如，可以使用"后退"或"前进"按钮在幻灯片之间轻松切换，或者使用"第一张"按钮快速回到演示文稿的开头。这种导航控制使得演示过程更加流畅和易于控制。

添加动作按钮的具体步骤如下：

步骤1：选择想要在其中添加动作按钮的幻灯片缩略图。

步骤2：单击"插入"→"形状"，选择动作按钮样式。在弹出的形状列表中，可以看到一系列可用的形状，包括多种动作按钮样式，如"第一张""后退或前一项""前进或下一项"等。

步骤3：在幻灯片中绘制动作按钮。将光标移动到幻灯片中希望放置动作按钮的位置。按住鼠标左键并拖动，绘制出需要的动作按钮大小。

步骤4：设置动作按钮属性。绘制完成后，松开光标左键，此时会弹出"动作设置"对话框（或右击刚刚绘制的形状，选择"动作设置"）。在"动作设置"对话框中，选择需要的动作（如"超链接到"）来链接某个幻灯片或某个网页。

步骤5：如果选择了"超链接到"，可以在下方选择具体链接到的位置。可以根据需要设置鼠标单击或鼠标经过时的动作，还可以勾选"播放声音"选项，为动作按钮添加声音效果。

步骤6：完成设置并关闭对话框。完成所有设置后，单击"确定"按钮关闭"插入超链接"对话框。

步骤7：测试超链接。在演示文稿中，选择刚刚添加超链接的元素，并尝试单击它。确保它按预期跳转到目标位置或打开目标文件/网页/电子邮件。

步骤8：保存演示文稿。

8.4.2　实践任务

1. 基础任务

为丰富演示文稿,我们需要为其添加交互效果,具体要求如下:

(1) 为所有幻灯片添加"随机"切换效果。

(2) 为演示文稿"秋冬季流感预防-任务四素材.pptx"中第 2 张幻灯片的 5 个标题分别添加超链接,使其分别能连接到第 3、5、7、9、11 张幻灯片。

(3) 第 3、5、7、9、11 张幻灯片设置以 5 秒间隔自动换片,伴随预设切换声音"照相机"。

(4) 在第 4 张幻灯片中,调整文本及图片的格式,然后按照以下顺序设置动画:

- 将标题内容"流行性感冒(简称流感)"的强调效果设置为"波浪型",并且在幻灯片放映 0.5 秒后自动开始,而不需要单击。
- 将文本内容的进入效果设置为从左侧擦除。
- 将图片的强调效果设置为较大的"放大/缩小"。

(5) 为第 6 张幻灯片中的"单纯型流感"和"肺炎型流感"的组合框分别添加跨越式"棋盘"进入动画,持续 0.5 秒,延迟 0.25 秒,并伴随预设声音"打字机"进入。

(6) 为第 8 张幻灯片中的表格设置组合动画:以"向内溶解"的方式进入,速度为"非常快(0.5 秒)";以"忽明忽暗"的方式进行强调,速度为"快速(1 秒)";以"百叶窗"的方式退出,速度为"中速(2 秒)"。3 个动画均为单击时开始。

(7) 为第 10、12 张幻灯片中的组合框分别添加"上升"的进入动画,单击时开始。

(8) 将最后一张幻灯片中的"谢谢"文本框的进入效果设置为在上一动画之后"上升",退出效果设置为在上一动画之后"上升"。对"****中心医院宣传科"文本框进行相同的动画效果设置。

根据以上任务要求,任务实施具体操作过程如下:

步骤 1:打开"秋冬季流感预防-任务四素材.pptx"演示文稿,在左侧的幻灯片缩略窗格中使用快捷键【Ctrl＋A】选中全部幻灯片,然后选择"切换"选项卡,选择最后一个"随机"。

步骤 2:单击第 2 张幻灯片,选中第 1 个标题,右击,在弹出的菜单中选择"超链接",然后在弹出的对话框中选择"本文档中的位置",再选择第 3 张幻灯片。其余几个标题的设置方法相同,如图 8.41 所示。

步骤 3:在左侧的幻灯片缩略窗格中分别选中第 3、5、7、9、11 张幻灯片,然后选择"切换"选项卡,设置"声音"为"照相机",勾选"自动换片",并设置时间为"5 秒"。

步骤 4:选中第 4 张幻灯片中的标题"流行性感冒(简称流感)",然后选择"动画"选项卡,选择"强调"→"华丽型"→"波浪型",并在右侧设置开始方式为"在上一动画之后","延迟"为"0.5 秒",如图 8.42 所示。

为文本框添加动画的方法为,先选中内容文本框,然后在"动画"选项卡下选择进入效果,选择"擦除",最后在"动画窗格"中设置"方向"为"自左侧"。

选中第 4 张幻灯片中右侧的图片,选择"动画"选项卡下的"强调"→"放大/缩小"。

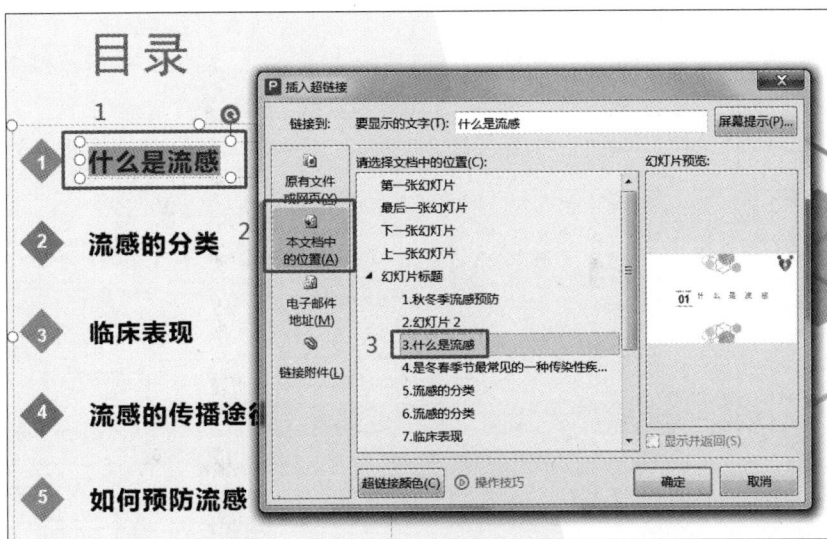

图 8.41　添加超链接

图 8.42　设置第 4 张幻灯片切换效果

步骤 5：选中第 6 张幻灯片中左侧的组合框，在"动画"选项卡中添加"棋盘"的进入效果，并在"动画窗格"中设置"方向"为"跨越式"，设置持续时间为"0.5 秒"，"延迟"为"0.25秒"。单击"动画窗格"，在该动画处右击，选择"效果选项"，在弹出的对话框中选择"声音"为"打字机"。设置完毕后，使用"动画刷"，将此动画效果复制给右侧的组合框即可。设置第 6 张幻灯片动画如图 8.43 所示。

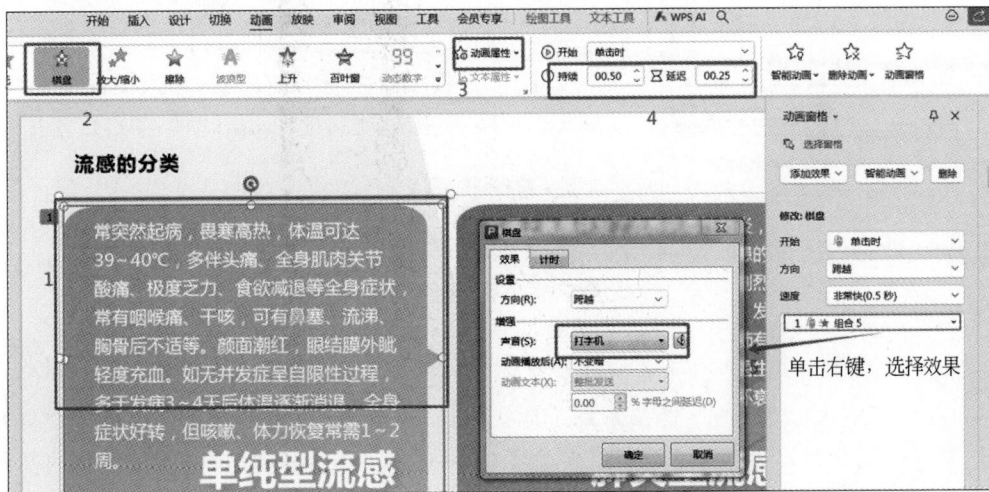

图 8.43　设置第 6 张幻灯片动画

步骤6：选中第8张幻灯片中的表格，选择"动画"选项卡，首先添加一个"向内溶解"的进入动画，单击"动画窗格"，在此设置"速度"为"非常快（0.5秒）"；然后再单击"动画窗格"中的"添加效果"，选择"强调"下的"忽明忽暗"，修改"速度"为"快速（1秒）"；再次单击"添加效果"，选择"退出"下的"百叶窗"，修改"速度"为"中速（2秒）"，效果如图8.44所示。

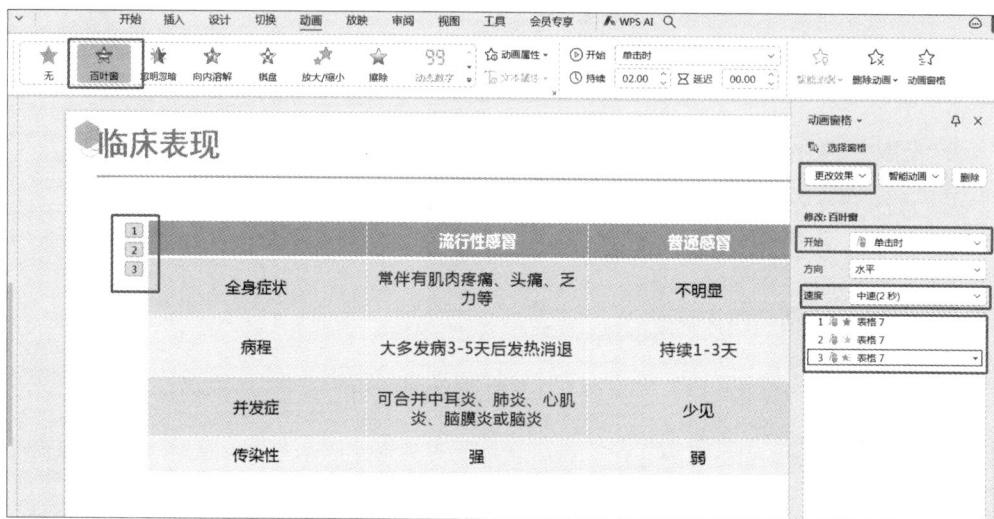

图8.44　设置第8张幻灯片动画

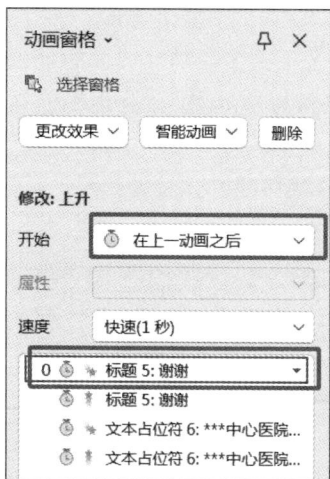

图8.45　设置最后一张幻灯片动画

步骤7：分别选中第10、12张幻灯片中的组合框，选择"动画"选项卡，添加"上升"的进入效果，可以使用"动画刷"为后面的组合框设置相同的效果。

步骤8：选中最后一张幻灯片中的"谢谢"文本框，添加"上升"进入效果，打开"动画窗格"，设置开始方式为"在上一动画之后"，单击"添加效果"，添加"上升"的退出效果，如图8.45所示。使用"动画刷"将此动画复制给"＊＊＊＊中心医院宣传科"文本框。

步骤9：选择"文件"→"另存为"，输入文件名为"秋冬季流感预防-切换与动画设计.pptx"，保存幻灯片。

2. 进阶提高

使用WPS打开"动画设置-进阶提高1素材.pptx"，按要求完成以下各项操作。

（1）在第2张幻灯片中，为3个对角圆角矩形添加"飞入"的进入动画，持续时间为"0.5秒"，"了解"形状先自动出现，"开始熟悉"和"达到精通"两个形状在前一个形状的动画完成之后，依次自动出现。为弧形箭头形状添加"擦除"的进入动画效果，方向为"自底部"，持续时间为"1.5秒"，要求和"了解"形状的动画同时开始，和"达到精通"形状的动画同时结束。

（2）为第 3 张幻灯片中的艺术字添加"上升"动画效果，要求按字逐个先后出现，设置延迟百分比为"80％"。

（3）保存文件。

使用 WPS 打开"动画设置-进阶提高 2 素材.pptx"，按要求完成以下各项操作。

（1）在第 2 张幻灯片中，4 幅图片下方有 4 个按钮，要求当单击下方的按钮时，上方对应的图片飞入，当再次单击按钮时，上方对应的图片飞出。

（2）保存文件。

根据以上任务要求，参考操作提示如下：

提示 1：打开"动画设置-进阶提高 1 素材.pptx"，在第 2 张幻灯片中，单击"了解"圆角矩形，添加"飞入"的进入动画，持续时间为"0.5 秒"，开始方式为"在上一动画之后"，依次为"开始熟悉"和"达到精通"设置与之相同的动画效果。为弧形箭头添加"擦除"的进入效果，将"动画窗格"中的"方向"设置"自底部"，并设置持续时间为"1.5 秒"。由于题目要求弧形箭头与"了解"形状同时开始，且与"达到精通"形状同时结束，且弧形箭头持续的时间与 3 个圆角矩形持续时间之和相等均为 1.5 秒，因此，需要调整动画顺序。将弧形箭头动画上移到第一位，"了解"圆角矩形动画开始方式为"与上一动画同时"；"开始熟悉"圆角矩形动画开始方式为"与上一动画同时"，"延迟"为"0.5 秒"；"达到精通"圆角矩形动画开始方式为"与上一动画同时"，"延迟"为"0.5 秒"。预览动画效果。设置第 2 张幻灯片动画如图 8.46 所示。

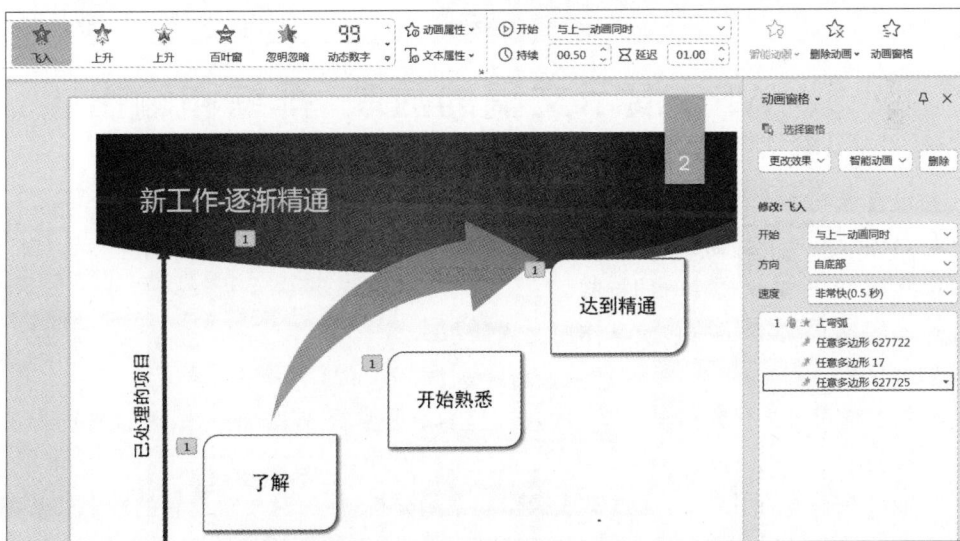

图 8.46　设置第 2 张幻灯片动画

提示 2：选中第 3 张幻灯片中的艺术字，添加"上升"的动画效果，在"动画窗格"中右击动画，选择"效果选项"，"动画文本"选择"按字母"，设置延迟百分比为"80％"。

提示 3：打开"动画设置-进阶提高 2 素材.pptx"，在第 2 张幻灯片中，单击图片"南国桃园"，添加进入动画"飞入"，在"动画窗格"中，右击该动画，选择"效果选项"，在弹出的对话框中选择"计时"选项卡，单击"触发器"，选择单击"南国桃园-按钮"时启动效果。再次单击图片"南国桃园",添加退出动画"飞出",在"动画窗格"中,右击该动画,选择"效果选项",在弹出的对话框中选择"计时"选项卡,单击"触发器",选择单击"南国桃园-按钮"时启动效果。添加触发器如图8.47所示。

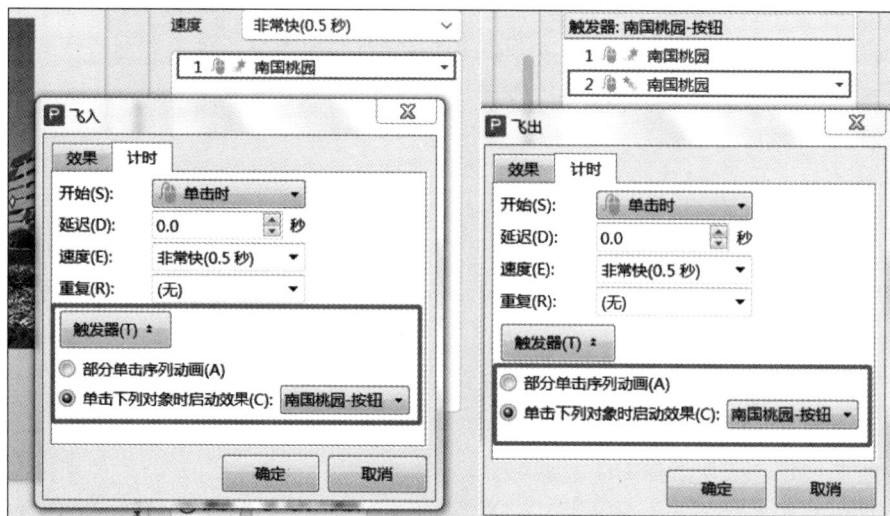

图 8.47 添加触发器

再依次对其他图片进行类似的操作,保存文件。

8.5 WPS 演示文稿的放映、排练和输出

知识目标:

* 熟练掌握 WPS 演示放映的基本设置,包括自动放映、设置放映时间等。
* 掌握 WPS 演示放映时的控制。
* 了解 WPS 演示的打包及其作用。

能力目标:

* 能够通过自主探究和写作学习的方式,学习并掌握 WPS 演示放映设置的方法和技巧。
* 能够在教师的引导下,通过实践操作和案例分析,加深对放映设置的理解和掌握。
* 能够学会运用信息技术工具(如 WPS 演示)进行信息的表达和交流,提高信息素养和综合能力。

素养目标:

* 培养对信息技术课程的兴趣和热情,增强学习的主动性和积极性。
* 培养自主学习和探究学习能力,鼓励学生勇于尝试和创新。
* 培养团队协作和沟通能力,在合作中共同进步和成长。

本节内容思维导图如图8.48所示。

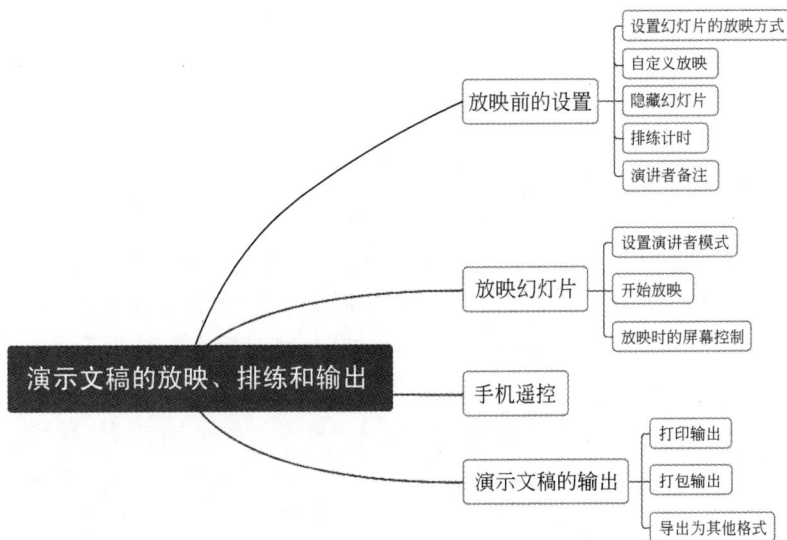

图 8.48　演示文稿的放映、排练和输出思维导图

【思考】

问题 1：如何将文档输出为 PDF？

问题 2：如何将文档输出为图片？

问题 3：如何调整水印透明度？

8.5.1　WPS 演示文稿的放映设置

通过前面的学习,我们已经能够完成演示文稿的设计和撰写,如果需要应用演示文稿配合讲演,确保演讲流畅,时间分配得当,并且能够熟练操作幻灯片则需要设置好演示文稿的放映方式,利用排练计时控制好演讲时间,并将最后的演示文稿输出为一份 PDF 版的文件材料留存。

制作演示文稿的主要目的就是放映,即通过大屏幕、投影仪或者其他显示设备将演示文稿的内容播放出来。通过演示加上演说者的讲解,能达到的效果要远远好于观众自行阅读。

1. 放映前的设置

(1) 设置幻灯片的放映方式。WPS 演示文稿中,幻灯片有两种放映类型,分别是演讲者放映和展台自动循环放映。演讲者放映方式为传统的全屏放映方式,常用于演讲者需要亲自播放演示文稿的情况。展台自动循环放映是一种自动运行全屏放映的方式,放映结束 5 分钟之内,若用户没有指令则重新放映。

(2) 自定义放映。用户可以根据需要选择演示文稿中的特定幻灯片进行放映,以满足不同观众的需求。设置自定义放映的方法通常是在"幻灯片放映"选项卡下选择"自定义放映",然后新建并添加所需的幻灯片。

（3）隐藏幻灯片。如果有幻灯片应包含在演示文稿文件中，但用户不希望它显示在幻灯片放映中，则可以"隐藏"该幻灯片。

隐藏的幻灯片保留在文件中，它仅在运行幻灯片放映视图时隐藏。用户可以在演示文稿中随意切换某张幻灯片为"隐藏幻灯片"或"取消隐藏幻灯片"。

在"普通"视图中编辑幻灯片时，可以在左侧导航窗格中隐藏或取消隐藏幻灯片。

对幻灯片执行隐藏操作后，在幻灯片视图窗格的"幻灯片"选项卡中，该幻灯片的编号上出现了一个斜线方框，表示该幻灯片已被隐藏，在放映过程中不会被放映。

（4）排练计时。"排练计时"就是用来演示排练的，它能设置每一页幻灯片的放映切换时间。具体操作方式：单击"放映"选项卡下的"排练计时"，系统即开始从首页放映演示文稿，同时，在屏幕左上角会出现一个"预演"浮动窗。

"预演"浮动窗包含"下一项""暂停""幻灯片放映时间""重复""幻灯片放映总时间"等控制功能。通过操作这些控制功能，即可控制每一张幻灯片中每一个对象的动画速度和幻灯片切换速度。在录制完成后（或者录制中途按【Esc】键退出时），系统弹出询问窗口，显示幻灯片放映共需多少时间，询问是否保留排练中的计时，如果保留，则各张幻灯片的切换时间都因此发生改变。

（5）演讲者备注。演讲者备注是 WPS Office 演示的一个重要功能，它允许演讲者在演示过程中添加个人备注，以便在演讲时提醒自己或作为辅助信息。用户可以通过单击"放映"选项卡下的"演讲备注"，打开一个对话框或窗口，可以输入备注内容；或者直接在"备注窗格"中输入内容。当用户采用演讲者视图放映幻灯片时，备注内容将会呈现在用户自己的显示器上，而不会被观众看到。

2. 放映幻灯片

（1）设置演讲者模式。放映幻灯片时设置演讲者视图是一个常见的需求，特别是在需要向观众展示 PPT 的同时，演讲者还希望能在自己的屏幕上看到额外的信息（如备注、下一张幻灯片预览等），这就需要单击"放映"→"放映设置"，在"设置放映方式"对话框中提前设置好。在"放映类型"中选中"演讲者放映（全屏幕）"，勾选下方的"显示演讲者视图"。当连接上大的投影仪或电子屏幕时，幻灯片会放映到主要显示器也就是投影仪或电子屏幕，如图 8.49 所示，而演讲者在自己的计算机上看到的则是带有备注的视图，如图 8.50 所示，此时更加有利于演示者的发挥。

（2）开始放映。幻灯片开始放映可以选择"从头开始"（快捷键为【F5】），也可以选择"当页开始"（快捷键为【Shift＋F5】），当用户想退出放映时可以按【Esc】键或者单击鼠标右键选择"结束放映"。

（3）放映时的屏幕控制。幻灯片开始放映后可选择黑屏或白屏，在放映过程中临时关掉屏幕画面，以便集中观众的注意力。屏幕控制包含幻灯片漫游、定位、上一页、下一页等帮助用户进行定位的功能，以及放大、墨迹、屏幕焦点等功能。

3. 手机遥控

WPS 演示的手机控制放映功能，使得用户可以在手机上进行翻页、标注等操作，而无

图 8.49　主要显示器视图

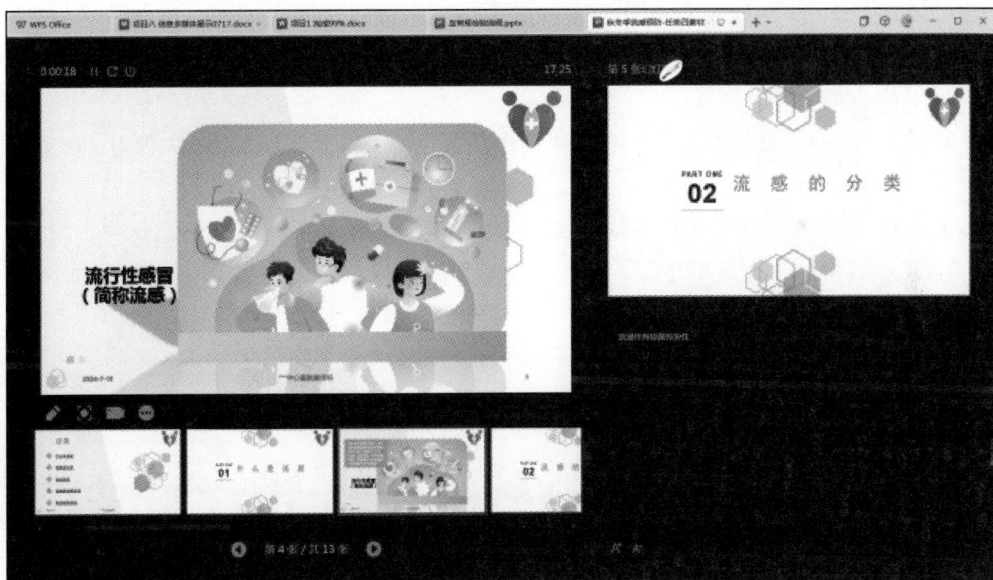

图 8.50　第二显示器视图

须直接操作计算机或投影仪。这一功能特别适用于会议、教学等需要远程控制的场景。

（1）在计算机上启动 WPS Office 软件，并打开需要播放的演示文档。

（2）在 WPS 演示的菜单栏中，找到并选择"放映"选项卡，然后单击"手机遥控"。WPS 会生成一个二维码，用于手机与计算机的连接。

（3）在手机上打开 WPS Office 应用（确保已安装并登录同一账号），单击右上角的"扫一扫"功能，扫描计算机屏幕上显示的二维码。扫描成功后，手机与计算机将建立连接，此时即可通过手机遥控播放。

4. 演示文稿的输出

（1）打印输出。幻灯片经常会被打印成讲义分发给观众,可以通过"文件"菜单中的"打印"选项进行设置。在打印之前,可以进行页面设置、打印范围选择、打印份数设置等操作。此外,还可以选择打印幻灯片、备注页、大纲视图或讲义等不同的打印形式。

（2）打包输出。为了方便在另一台计算机上运行演示文稿,可以使用打包功能。将演示文稿及其所链接的各种声音、图片等外部文件,以及有关的播放程序都放在一个打包文件中,然后存放在可移动盘中。在目标计算机上,只需解包并运行播放程序,即可放映演示文稿。WPS演示打包输出主要包括两种方式:将演示文稿打包成EXE文件或压缩文件。这些功能在"文件"选项卡下均可完成,但打包成EXE文件的功能可能因WPS Office的版本和设置而有所不同。

（3）导出为其他格式。WPS演示还支持将演示文稿导出为其他文件格式,如PDF、XPS、GIF、JPG、PNG等。这些格式的文件具有结构稳定、易于分享和阅读的特点,特别适合用于打印、阅读或在线分享。不同的发布形式解决了因演示文稿制作软件版本不同带来的不兼容问题,确保用户可以在多种环境中顺利播放演示文稿。

- 输出为PDF,就是将WPS演示文稿转换为PDF文档,原文档中的动画、超链接将不能体现。
- 输出为图片,就是将WPS演示文稿中的每一张幻灯片以图片形式保存,原文档中的动画、超链接将不能体现。
- 输出为视频,就是将WPS演示文稿中的内容、动画等以视频的形式保存。

以上功能均在文件菜单下。

8.5.2　实践任务

1. 基础任务

为呈现演示文稿最好的演讲效果,需要进行多次排练,请按以下要求进行准备:

（1）在需要的幻灯片备注窗格中做好备注。

（2）使用排练计时功能为每张幻灯片设置自动换片时间。

（3）设置好演讲者模式。

（4）设置好手机遥控。

（5）将幻灯片以PDF文件格式输出。

根据以上任务要求,任务实施具体操作过程如下:

步骤1:打开"秋冬季流感预防-任务五素材.pptx"演示文稿,从头依次浏览每张幻灯片,并在需要备注的幻灯片的备注窗格中做好备注。

步骤2:单击"放映"选项卡下的"排练计时",可选择"排练全部"。排练完成后在"切换"选项卡下会有每张幻灯片的"自动换片"时间,可再根据自己的演讲情况进行调整,如图8.51所示。

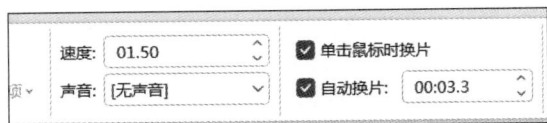

图 8.51　设置自动换片时间

步骤 3：单击"放映"选项卡下的"放映设置"，"放映类型"选择"演讲者放映（全屏幕）"，勾选下方的"显示演讲者视图"，如图 8.52 所示。

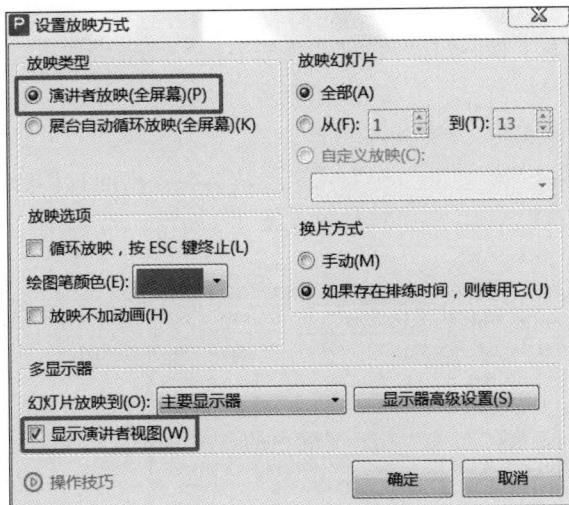

图 8.52　设置演讲者模式

步骤 4：单击"放映"选项卡下的"手机遥控"，弹出如图 8.53 所示的二维码，用手机上的 WPS 软件登录同一账号后，扫描该二维码即可开始手机遥控，如图 8.53 所示。

图 8.53　设置"手机遥控"

步骤 5：选择"文件"菜单下的"输出为 PDF"，在弹出的对话框中单击"开始输出"即可。

2. 进阶提高

使用 WPS 打开"放映排练输出进阶提高素材.pptx",按要求完成以下各项操作。

(1) 设置演示文稿为"自动放映"。

(2) 使用排练计时功能为每张幻灯片设置自动换片时间,总时间不超过 10 分钟。

(3) 在该演示文稿中创建一个演示方案,该演示方案包含第 1、2、3、5 页幻灯片,并将该演示方案命名为"放映方案 2"。

根据以上任务要求,任务实施具体操作过程如下:

提示 1:打开素材文件,选择"放映"选项卡下的"放映设置"→"自动放映"。

提示 2:使用"放映"选项卡下的"排练计时"→"排练全部",为每一张幻灯片设置自动换片时间,总时间控制在 10 分钟以内。

提示 3:选择"放映"选项卡下的"自定义放映",在弹出的对话框中将左侧的幻灯片按照题目要求添加到右侧,并输入名称"放映方案 2",如图 8.54 所示。

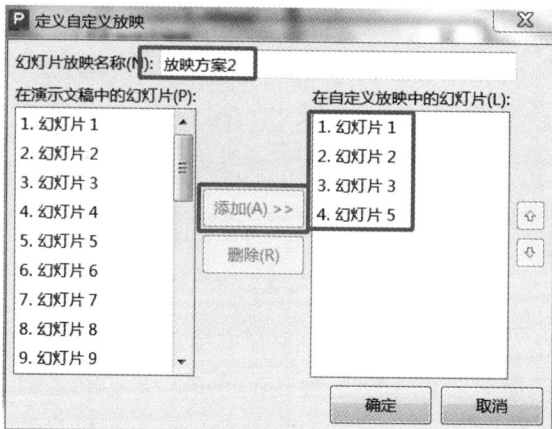

图 8.54 设置"自定义放映"

练 习 题

一、单选题

1. 以下不是多媒体的信息表达元素的是(　　　)。

    A. 音频　　　　　　B. 字号　　　　　　　C. 图片　　　　　　　D. 文本

2. QQ 影音不支持播放的文件格式是(　　　)。

    A. MOV　　　　　　B. AVI　　　　　　　C. MP3　　　　　　　D. JPG

3. 计算机存储信息的文件格式有多种,TXT 格式的文件用于存储的信息是(　　　　)。

    A. 图片　　　　　　B. 音频　　　　　　　C. 文本　　　　　　　D. 视频

4. 新建空白演示文稿后,创建的演示文稿默认的视图方式为(　　　)。

A. 幻灯片浏览视图   B. 普通视图

C. 幻灯片阅读视图   D. 备注页视图

5. WPS 演示中在（   ）视图下，可以在一个窗口同时显示多张幻灯片。

    A. 大纲视图   B. 幻灯片浏览视图

    C. 备注页视图   D. 阅读视图

6. 在幻灯片中插入声音对象，下列说法正确的是（   ）。

    A. 只能用鼠标单击声音图标，才能开始播放

    B. 只能在有声音图标的幻灯片中播放，不能跨幻灯片连续播放

    C. 只能连续播放声音，中途不能停止

    D. 可以按需要灵活设置声音元素的播放

7. 在 WPS 演示中，若想在幻灯片上绘制椭圆，选择"插入"选项卡下的"形状"后（   ）。

    A. 按【Shift】+拖动鼠标   B. 拖动鼠标直接绘制

    C. 按【Ctrl】+拖动鼠标   D. 按【Alt】+拖动鼠标

8. 在 WPS 演示中，"开始"选项卡中无法进行（   ）操作。

    A. 打开查找对话框   B. 插入表格

    C. 新建幻灯片   D. 修改幻灯片版式

9. 在 WPS 演示幻灯片中选定多个占位符，须按住（   ）键，并用鼠标选定。

    A.【F10】   B.【Alt】   C.【Shift】   D.【Tab】

10. 在 WPS 演示中，当在幻灯片中插入了声音以后，幻灯片中将会出现（   ）。

     A. 喇叭标记   B. 一段文字说明

     C. 链接说明   D. 链接按钮

11. 在 WPS 演示中，修改幻灯片中文本框内的内容，应该（   ）。

     A. 首先删除文本框，然后再重新插入一个新的文本框

     B. 选择该文本框中所要修改的内容，然后重新输入文字

     C. 重新选择带有文本框的版式，然后向文本框内输入文字

     D. 用新插入的文本框覆盖原文本框

12. 在 WPS 演示中，若将已有的一幅图片放置层次为标题文字的背后，则正确的操作方法是选中图片对象，将叠放次序设置为（   ）。

     A. 置于顶层   B. 置于底层

     C. 置于文字上方   D. 置于文字下方

13. 在 WPS 演示中，下列说法中正确的是（   ）。

     A. 单击占位符后，可以直接输入文字

     B. 必须先删除占位符中的文字，然后才能输入文字

     C. 选中幻灯片，可以直接输入文字

     D. 必须先删除占位符，然后才能输入文字

14. 在 WPS 演示中，不可以插入的是（   ）。

     A. EXE 文件   B. WMA 文件   C. WAV 文件   D. BMP 文件

15. 在 WPS 演示中，如果要从第 2 张幻灯片跳转到第 8 张幻灯片，应使用（   ）。

A. 超链接　　　　　B. 添加动画　　　　C. 幻灯片切换　　　D. 页面设置

16. 在 WPS 演示中,超级链接的作用的(　　　)。

    A. 演示文稿中幻灯片之间的移动　　　　B. 幻灯片之间的跳转

    C. 在演示文稿中插入幻灯片　　　　　　D. 幻灯片放映方式的改变

17. 在 WPS 演示中,为图表添加动画效果,先选中图表,然后单击(　　　)。

    A. "动画"→"添加动画"　　　　　　　B. "设计"→"效果"

    C. "切换"→"换片方式"　　　　　　　D. "幻灯片放映"

18. 在 WPS 演示中,为某张幻灯片中的图片设置动画效果,选中图片后,应单击(　　　)。

    A. "动画"→"添加动画"　　　　　　　B. "设计"→"效果"

    C. "切换"→"换片方式"　　　　　　　D. "幻灯片放映"

19. 在 WPS 演示中,超级链接只有在(　　　)视图中才能被激活。

    A. 幻灯片普通视图　　　　　　　　　B. 幻灯片大纲视图

    C. 幻灯片浏览视图　　　　　　　　　D. 幻灯片放映视图

20. 在 WPS 演示的"切换"选项卡中,正确的描述是(　　　)。

    A. 设置幻灯片切换时的视觉效果和听觉效果

    B. 只能设置幻灯片切换时的听觉效果

    C. 只能设置幻灯片切换时的视觉效果

    D. 只能设置幻灯片切换时的定时效果

21. 在 WPS 演示中,要设置幻灯片从第 2 张开始放映,应(　　　)。

    A. 在"开始"选项卡中单击"从当页开始"

    B. 在"放映"选项卡中单击"从当页开始"

    C. 在"幻灯片浏览"视图中选择第 2 张幻灯片并双击

    D. 在"设计"选项卡中设置幻灯片顺序

22. 在 WPS 演示中,设置幻灯片自动放映的是(　　　)。

    A. 在"设计"选项卡中单击"自动放映"

    B. 在"放映"选项卡中单击"自动放映"

    C. 在"文件"选项卡中单击"自动放映"

    D. 无法设置

23. 在 WPS 演示中,以下不属于幻灯片放映时的换片方式的是(　　　)。

    A. 单击鼠标时换片　　　　　　　　B. 每隔一定时间自动换片

    C. 按【Ctrl】键时换片　　　　　　　D. 按回车键时换片

24. 在 WPS 演示中,放映时要在幻灯片上写字,正确的操作是(　　　)。

    A. 按住鼠标右键直接写字

    B. 右击选择"墨迹画笔"→"箭头"

    C. 右击选择"墨迹画笔"→"笔型"及"颜色"

    D. 右击选择"指针选项"→"屏幕"

25. 在 WPS 演示的(　　　)视图中只能浏览幻灯片不可以对幻灯片进行修改,仅可以使用绘图笔绘图,但不对原幻灯片产生影响。

    A. 幻灯片放映   B. 备注页   C. 幻灯片浏览   D. 大纲视图

二、填空题

1. 在 WPS 演示浏览视图中,选中不连续的幻灯片,需要按住_____键。

2. 播放 WPS 演示文稿时,想要跳过某张幻灯片,可以进行_____操作。

3. WPS 演示中,创建空白演示文稿,建成的演示文稿中默认生成新建第一张幻灯片,这张幻灯片的版式是_____。

4. WPS 演示中包含下列 3 种母版,分别是_____、_____和_____。

5. 在 WPS 演示中,如果想要让某个对象(如图片)在幻灯片播放时以特定的路径移动,可以用_____动画效果。

三、判断题

1. 在 WPS 演示中插入超链接时,可以链接到音频或视频文件。   (   )

2. 在 WPS 演示中,同一个对象只能设置一个动画效果。   (   )

3. 在 WPS 演示中,不同类型的动画效果,其时间轴会以不同的颜色进行显示。

    (   )

4. WPS 演示中,可以设定切换持续时间。   (   )

5. WPS 演示中,在"切换"选项卡中可以设置幻灯片切换时的视觉效果和听觉效果。

    (   )

6. 在 WPS 演示中,不能自动切换幻灯片。   (   )

7. WPS 演示中,图表中的元素不可以设置动画效果。   (   )

8. WPS 演示中,所有幻灯片可以使用相同的切换效果。   (   )

9. WPS 演示中不能在图片上建立超链接。   (   )

10. WPS 演示中已建立的超链接,既不可以修改也不可以删除。   (   )

11. WPS 演示中的"演讲者放映"模式允许观众在放映过程中控制幻灯片的播放。

    (   )

12. 使用 WPS 演示的排练计时功能,可以预先设定每张幻灯片的播放时间,并在放映时自动按照这些时间进行切换。   (   )

13. 在 WPS 演示中,可以为幻灯片中的任意对象(如文字、图片等)设置超链接,以链接到其他幻灯片、网页或文件。   (   )

14. 在 WPS 演示的放映过程中,可以通过按【Esc】键来结束放映。   (   )

15. 在 WPS 演示中"观看放映"命令的快捷键是【F5】。   (   )

16. 在 WPS 演示中,超链接只有在幻灯片放映视图中才能被激活。   (   )

17. 在 WPS 演示中,放映时只能从第一张幻灯片开放映。   (   )

18. 在 WPS 演示中,放映时能从第一张幻灯片跳转到其他任意一张幻灯片。(   )

19. 在 WPS 演示中,放映时的墨迹不能被保存。   (   )

20. 在 WPS 演示中,可以对幻灯片进行放大。   (   )

四、简答题

1. 多媒体技术是指什么？

2. 请说明以下概念：媒体、数据、图像、音频、视频、动画、文本。

3. WPS 演示幻灯片浏览视图下，鼠标拖动某张幻灯片可以实现什么操作？

4. WPS 演示中，设置幻灯片母版的方法是什么？

5. 在 WPS 演示中，新建一张幻灯片，在幻灯片中出现的虚线框是什么？

6. 简述在 WPS 演示中插入视频文件的步骤。

7. 简述演示文稿切换效果（不得少于 5 种）。

8. 如何为 WPS 演示中的幻灯片添加切换效果？

9. 动画效果的属性包括哪些？如何进行调整？

10. 如何将相同的动画效果快速应用到多个元素或幻灯片上？

五、操作题

1. 新建一个空白的 WPS 演示文稿，自定义主题配色方案，改变主题字体和效果，选择渐变背景，保存自定义的主题为"我的主题"。

2. 新建一个空白的 WPS 演示文稿，完成以下操作：

（1）插入一张空白版式的幻灯片，并在该幻灯片中插入一张从网上搜索的医院检验科的图片，图片高 6 厘米、宽 8 厘米。

（2）为图片添加边框，边框颜色为标准蓝色，线型为 1.5 磅，图片效果为"发光-发光变体-巧克力黄，5pt 发光，着色 2"。

（3）设置图片水平位置相对于左上角 9 厘米，垂直位置相对于左上角 8 厘米。

（4）以"检验科.pptx"为名，保存文件。

3. 新建一个空白的 WPS 演示文稿，完成以下操作：

（1）插入一张空白版式的幻灯片，并在该幻灯片中插入一个 3 行 4 列的表格，设置表格的单元格高度为 3 厘米，宽度为 5 厘米。

（2）合并表格的第一行单元格，在第一行中输入文本"检验科 5 月值班表"（输入内容不包含引号），调整字号大小为 28，设置文本垂直、水平居中对齐。

（3）设置表格样式为预设样式"浅色系-浅色样式 3-强调 6"。

（4）以"值班表.pptx"为名，保存文件。

参 考 文 献

[1] 武马群. 计算机应用基础：创新版[M]. 3版. 北京：高等教育出版社，2021.

[2] 刘艳松. 信息技术基础[M]. 北京：高等教育出版社，2023.

[3] 贾清水. 计算机应用基础[M]. 北京：清华大学出版社，2020.

图 书 资 源 支 持

感谢您一直以来对清华版图书的支持和爱护。为了配合本书的使用，本书提供配套的资源，有需求的读者请扫描下方的"书圈"微信公众号二维码，在图书专区下载，也可以拨打电话或发送电子邮件咨询。

如果您在使用本书的过程中遇到了什么问题，或者有相关图书出版计划，也请您发邮件告诉我们，以便我们更好地为您服务。

我们的联系方式：

清华大学出版社计算机与信息分社网站：https://www.shuimushuhui.com/

地　　　址：北京市海淀区双清路学研大厦 A 座 714

邮　　　编：100084

电　　　话：010-83470236　010-83470237

客服邮箱：2301891038@qq.com

QQ：2301891038（请写明您的单位和姓名）

资源下载： 关注公众号"书圈"下载配套资源。

资源下载、样书申请

图书案例

书 圈

清华计算机学堂

观看课程直播